HTML+CSS+JavaScript
前端开发技术教程

安兴亚 关玉欣 云静 李雷孝 编著

清华大学出版社
北京

内 容 简 介

本书从实用角度出发,通过综合案例贯穿内容,详细讲解了 HTML、HTML5、CSS 以及 JavaScript 的基本语法和设计技巧,由浅入深地引导读者掌握 Web 前端开发的流程和实现方法。全书共分为 13 章,各章都配有案例,并包括完整的实现代码。第 1 章主要讲述 Web 前端开发技术的基本概念,第 2~6 章介绍了 HTML 基本标签及相关属性等;第 7 章介绍表格的标签和属性;第 8 章介绍 CSS 的语法及属性;第 9 章主要介绍当前流行的 DIV 布局技术;第 10 章主要介绍表单的制作与应用;第 11 章主要介绍目前流行的前端开发技术 HTML5 和 CSS3 技术;第 12 章主要介绍 JavaScript 的语法基础及运用;第 13 章主要介绍 jQuery 的应用。本书知识全面,案例较丰富,通俗易懂,配有案例的全部代码及素材资源,方便读者学习和掌握 Web 前端开发技术。

本书可以作为计算机相关专业本专科学生"Web 前端开发技术""静态网站设计"等课程的教材或参考书,也可以作为 Web 前端开发程序员的参考书。

图书在版编目(CIP)数据

HTML＋CSS＋JavaScript 前端开发技术教程/安兴亚等编著.—北京:清华大学出版社,2020.7 (2025.2重印)
ISBN 978-7-302-55620-6

Ⅰ. ①H…　Ⅱ. ①安…　Ⅲ. ①超文本标记语言－程序设计－教材 ②网页制作工具－教材 ③JAVA 语言－程序设计－教材　Ⅳ. ①TP312.8 ②TP393.092.2

中国版本图书馆 CIP 数据核字(2020)第 087931 号

责任编辑:张　玥　薛　阳
封面设计:常雪影
责任校对:李建庄
责任印制:宋　林

出版发行:清华大学出版社
　　　网　　　址:https://www.tup.com.cn, https://www.wqxuetang.com
　　　地　　　址:北京清华大学学研大厦 A 座　　　　　　邮　　编:100084
　　　社 总 机:010-83470000　　　　　　　　　　　　　邮　　购:010-62786544
　　　投稿与读者服务:010-62776969, c-service@tup.tsinghua.edu.cn
　　　质量反馈:010-62772015, zhiliang@tup.tsinghua.edu.cn
　　　课件下载:https://www.tup.com.cn, 010-83470236
印 装 者:三河市科茂嘉荣印务有限公司
经　　销:全国新华书店
开　　本:185mm×260mm　　　印　　张:20.5　　　字　　数:471 千字
版　　次:2020 年 7 月第 1 版　　　　　　　　　印　　次:2025 年 2 月第 11 次印刷
定　　价:69.80 元

产品编号:084638-02

前 言
PREFACE

Web 前端开发技术由网页设计演化而来,内容涉及页面设计及交互。由于不同的网站具有不同的显示风格,因而 Web 前端开发个性化较强。Web 前端开发与普通的网页设计比较,其特点是更加注重 CSS 和 JavaScript 的运用,这样才能设计出美观的页面,并能实现前端页面间良好的交互。本书从 Web 前端开发的基础技术入手,以实际工程项目为主线,重点讲解了 HTML、CSS、JavaScript 等前端开发主流技术在实际项目开发中的应用。

本书以 IT 企业对开发人员的技术能力要求为基础,以工程能力培养为目标,梳理了软件工程对计算机语言要求的知识点,并形成相应知识单元;按照工程需求顺序进行课程内容组织,便于学习和掌握;本书提供一定数量的案例,注重实践能力的培养。使用本教材,可以提高学生的工程能力和软件开发能力。

本书具有以下特点。

(1) 遵照教学指导委员会最新计算机科学与技术和软件工程专业及相关专业的培养目标和培养方案,合理安排 Web 前端开发技术知识体系。

(2) 注重理论和实践的结合,融入工程实践背景的项目案例,可使学生在掌握理论知识的同时提高在前端开发过程中分析问题和解决问题的能力,启发学生的创新意识,使学生的理论知识和实践技能得到全面提高。

(3) 每个知识点都包括基础案例,每章都有一个综合案例,知识内容层层推进,使学生易于接受和掌握相关知识内容。每章综合案例以“班级网站”为基础,以开发过程为主线,将知识点有机地串联在一起,便于学生理解与掌握。

(4) 在章习题中提供一定数量的课外实践题目,采用课内外结合的方式,激发学生对软件开发的兴趣,增强学生的工程实践能力,使得学生能够满足当今社会对软件开发人员的要求。

(5) 提供配套的课件、例题、章节案例和综合案例的源代码。

本书由安兴亚、关玉欣、云静和李雷孝共同编写。其中,安兴亚编写了第 9~12 章并统稿,关玉欣编写了第 2、4、5、7、8 章,云静编写了第 1、3、6 章,李雷孝编写了第 13 章。在本书的编写过程中,得到了刘利民教授、马志强教授的支持和帮助,还得到了清华大学出版社的大力支持,在此表示诚挚的感谢。

由于编者水平和教学经验有限,书中不妥和疏漏之处在所难免,恳请各位读者和同行批评指正。

编　者

2020 年 4 月

目 录

CONTENTS

Web 前端开发技术概述

Web 是一种分布式应用结构,Web 应用中的信息交换与传输涉及客户端和服务器端,因此 Web 开发技术分为客户端开发技术和服务器端开发技术两大类。Web 前端(客户端)开发的主要任务是设计 Web 页面或 App 等前端界面,将信息呈现给用户,通过 HTML、CSS 及 JavaScript 以及衍生出来的各种技术、框架、解决方案,来实现网站整体风格优化与改善用户体验。

1.1 Web 技术概述

Web 前端从网页制作演变而来,名称上有很明显的时代特征。在互联网的演化进程中,网页制作是 Web1.0 时代的产物。早期网站主要内容都是静态的,以图片和文字为主,用户使用网站的行为也以浏览为主。随着互联网技术的发展和 HTML5、CSS3 的应用,现代网页更加美观,交互效果显著,功能更加强大。2005 年以后,互联网进入 Web2.0 时代,更注重用户的交互作用。Web 页面不再是简单地展示静态的文字和图片,而是有了大量的交互。用户不再是一个单纯的浏览者,同时也是网站内容的制造者。随着网站功能的丰富、设计风格的发展以及网站代码质量的要求,网页端的开发也变得复杂起来,其代码量和逻辑复杂度都增加不少。同时还需要考虑网站的性能、浏览器兼容及网站安全性方面的问题。新的 Web3.0 强调的是任何人在任何地点都可以创新。代码编写、协作、调试、测试、部署、运行都在云计算上完成。互联网发展由技术创新走向用户理念创新。

从 Web1.0、Web2.0 再到 Web3.0,我们可以深深体会到 Web 技术在一步步地发展。相信在这个信息不断强化的时代里,Web 技术的发展会有更大的进步空间。

1.1.1 Web 的起源

1980 年,欧洲核子研究组织(European Organization for Nuclear Research,CERN)的科学家 Tim Berners Lee 建议建立一个以超文本系统为基础的项目,使得科学家之间能够分享和更新他们的研究成果。他与 Robert Cailliau 一起建立了一个叫作 ENQUIRE 的原型系统。1984 年,Tim Berners Lee 创建了万维网,并编写了第一个客户端浏览器(World Wide Web)和第一个 Web 服务器 httpd(超文本传输协议守护进程)。

1990 年 11 月,第一个 Web 服务器开始运行,由 Tim Berners Lee 编写的图形化 Web 浏览器第一次出现在人们面前。1991 年,CERN 正式发布了 Web 技术标准。Tim 发明了全球网络资源唯一认证系统:统一资源标识符(Uniform Resource Identifier,URI),从此互联网开始向社会大众普及。

为了让 World Wide Web 不被少数人所控制,Tim 组织成立了万维网联盟(World Wide Web Consortium,W3C),致力于"引导 Web 发挥其最大潜力"。人们所熟知的 HTML 协议各个版本都出自 W3C。目前,与 Web 相关的各种技术标准都由 W3C 组织管理和维护。

1.1.2　Web 相关概念

1. Web 的基本概念

Web 直译是蜘蛛网和网的意思,现广泛译为网络。Internet 采用超文本和超媒体的信息组织方式,将信息的链接扩展到整个 Internet 上。Web 就是一种超文本信息系统。Web 的一个主要概念就是超文本链接,它使得文本不再像一本书一样是固定的、线性的,而是可以从一个位置跳到另外的位置,通过这种方式可以从中获取更多的信息,也可以转到别的主题上,这种多连接性可以称为 Web。

超文本是超级文本的简称,是一种全局性的信息结构,它将文档中的不同部分通过关键字建立链接,使信息得以用交互的方式进行搜索。超媒体是超级媒体的简称,是一种采用非线性网状结构对块状多媒体信息(包括文本、图像、视频等)进行组织和管理的技术。超媒体是超文本和多媒体在信息浏览环境下的结合,超媒体使用户不仅能从一个文本跳到另一个文本,还可以激活一段声音,显示一个图形,甚至播放一段动画。超文本传输协议(Hyper Text Transfer Protocol,HTTP)是用于从 Web 服务器传输超文本到本地浏览器的传输协议。它可以使浏览器更加高效,使网络传输减少。HTTP 不仅用于保证计算机正确快速地传输超文本文档,还用于确定传输文档中的哪一部分,以及哪些内容首先显示。

在不同的领域,Web 也有不同的含义。对于普通用户,Web 仅仅是互联网的使用环境、氛围、内容等;而对于网站制作、设计、开发工程师来讲,它是一系列技术(网站的前端开发、后台程序、美工、数据库等技术)的复合总称。

网页是网站中的一个页面,通常是 HTML(Hyper Text Markup Language)格式,需要通过浏览器来阅读。

2. Internet

Internet 是在全球范围内,由采用 TCP/IP 协议簇的众多计算机网络相互连接而成的最大的开放式计算机网络,是世界范围内网络和网关的集合体,是一个开放的网络系统。

Internet 起源于美国国防部高级研究计划局(Defense Advanced Research Projects Agency,DARPA)建立的用于支持军事研究的计算机实验网(ARPAnet),该网于 1969 年投入使用。自 1991 年开发出了万维网，以及浏览器 Netscape Navigator 推出，互联网开始爆炸性普及。

3. 协议

1）超文本传输协议

超文本传输协议详细规定了浏览器和万维网服务器之间互相通信的规则，是通过因特网传送万维网文档的数据传输协议。HTTP 是互联网上应用最为广泛的一种网络协议，所有的 Web 文件都必须遵守这个标准。设计 HTTP 最初的目的是为了提供一种发布和接收 HTML 页面的方法。

2）超文本传输安全协议

超文本传输安全协议（Hyper Text Transfer Protocol over Secure Socket Layer，HTTPS），是以安全为目的的 HTTP 通道。HTTPS 的安全基础是 SSL，在 HTTP 传输中加入 SSL 层，加密详细内容，用于安全的 HTTP 数据传输。

4. URL 和域名

1）统一资源定位符

统一资源定位符（Uniform Resource Locator，URL）是资源标识符最常见的形式，可以理解为网页地址。如同在网络上的门牌号，URL 是因特网上标准资源的地址，描述了一台特定服务器上某资源的特定位置。URL 最初是由 Tim Berners Lee 发明用来作为万维网的地址，现在已经被万维网联盟编制为因特网标准 RFC1738。

在 Internet 上，每个 Web 文件都有一个唯一的 URL 地址，它包含文件的位置以及浏览器应该怎么处理它。完整的 URL 通常由四部分组成：协议、服务器名称、路径和文件名。URL 的组成如图 1-1 所示。

图 1-1　URL 的组成

第一部分是协议（或称为服务类型），如表 1-1 所示。第二部分是资源主机的域名（服务器名称）或 IP 地址，http 默认的端口号是 80。第三、四部分是主机资源在服务器上的具体地址，如路径和文件名等。第一部分和第二部分之间用“://”符号隔开，第二部分和第三部分用“/”符号隔开。第一部分和第二部分是不可缺少的，第三、四部分有时可以省略，如例 1-1 所示。

【例 1-1】　URL 的应用示例。

```
http://www.deu.cn/kexuetansuo/index.html
http://www.info.cn/main/
http://202.207.16.1:8080/web/index.html
http://www.lib.com/
```

表 1-1　URL 中的协议

序号	服务(协议)类型	含　　义
1	http	超文本传输协议
2	https	用加密传送的超文本传输协议
3	ftp	文件传输协议
4	mailto	电子邮件地址
5	ldap	轻量目录访问协议
6	News	Usenet 新闻组
7	File	当地计算机或网上分享的文件
8	gopher	Internet Gopher Protocol(Internet 查找协议)

2) 域名

域名(Domain Name)是由一串用点分隔的名字组成的 Internet 上某一台计算机或计算机组的名称,用于在数据传输时标识计算机的电子方位。网域名称系统(Domain Name System,DNS,有时也简称为域名)是因特网的一项核心服务,它作为可以将域名和 IP 地址相互映射的一个分布式数据库,能够帮助人们更方便地访问互联网,而不用去记住能够被机器直接读取的 IP 地址数字串。

5. 服务器

服务器的构成和通用计算机架构类似,包括处理器、硬盘、内存、总线系统等。但服务器需要提供高可靠的服务,因此在处理能力、稳定性、可靠性、安全性、可扩展性、可管理性等方面要求较高。

在网络环境下,根据服务器提供的服务类型不同,分为文件服务器、数据库服务器、应用程序服务器、Web 服务器等。

Web 服务器也称为网站,是指在 Internet 上提供 Web 访问服务的站点,是由计算机软件和硬件组成的有机整体。必须为 Web 服务器配置 IP 地址和域名,才能对外提供 Web 服务。网站都是 B/S(Browser/Server,浏览器/服务器)架构,采用 PHP、JSP、ASP 等技术开发而成。网站是将若干网页有序地组织在一起,用户看到的第一个网页也称为主页,所以主页的设计非常重要。目前主流的三个 Web 服务器是 IIS、Apache、Nginx。

6. Web 标准

Web 标准不是某一个标准,而是一系列标准的集合。网页主要由三部分组成:结构(Structure)、表现(Presentation)和行为(Behavior)。对应的标准也分为三个方面:结构化标准语言,主要包括 XML、XHTML 和 HTML5;表现标准语言,主要包括 CSS;行为标准,主要包括对象模型(如 W3C DOM)、ECMAScript 等。这些标准大部分由万维网联盟(W3C)起草和发布,也有一些是其他标准组织制定的标准,比如 ECMA(European Computer Manufacturers Association)的 ECMAScript 标准。

7. 超链接

Web 页面一般是由若干超链接构成的。超链接(Hyper Link)是从一个网页指向另一个目标的连接关系,这个目标可以是另一个网页,也可以是相同网页上的不同位置,还可以是一个图片、一个电子邮件地址、一个文件,甚至是一个应用程序。

文本超链接在浏览器中表现为带有下画线的文字,将鼠标移到文字上时,浏览器会将光标转变为手的形状。

网页中的超链接格式如下所示。

```
<a href="http://www.baidu.com" >百度</a >
```

代码中<a>与</a>是超链接的开始与结束标记;"百度"是超链接标题;href 是超链接的链接目标属性,当用户选择超链接"百度"时,网页就跳转到 href 所指向的目标网站 http://www.baidu.com。

1.1.3　Web 工作原理

用户通过客户端浏览器访问 Internet 上的网站或者其他网络资源时,需要在客户端的浏览器的地址栏中输入需要访问网站的统一资源定位符(Uniform Resource Locator, URL),或者通过超链接方式链接到相关网页或网络资源;然后通过域名服务器进行全球域名解析,并根据解析结果决定访问指定 IP 地址的网站或网页。

获取网站的 IP 后,客户端的浏览器向指定 IP 地址上的 Web 服务器发送一个 HTTP 请求;在通常情况下,Web 服务器会很快响应客户端的请求,将用户所需要的 HTML 文本、图片和构成该网页的其他一切文件发送回用户。如果需要访问到数据库系统中的数据时,Web 服务器会将控制权转给应用服务器,根据 Web 服务器的数据请求读写数据库,并进行相关数据库的访问操作,应用服务器将数据查询响应发送给 Web 服务器,由 Web 服务器再将查询结果转发给客户端的浏览器;浏览器把将客户端请求的页面内容组织成一个网页显示给用户。这就是 Web 的工作原理,如图 1-2 所示。

大多数网站的网页中会包含很多超链接,有内链接和外链接。内链接连接到本地网站内部资源,外链接连接到外部网站的其他网页或网络资源。通过超链接可以设置资源下载、页面浏览及链接其他网络资源。像这样通过超链接把有用的相关资源组织在一起的集合,就形成了一个所谓的信息网。这个网运行在因特网上,使用十分方便,就构成了最早的万维网。

1.1.4　Web 的特点

1. 易导航和图形化的界面

Web 非常流行的一个很重要的原因就在于它可以在一页上同时显示色彩丰富的图形和文本,而在 Web 之前 Internet 上的信息只有文本形式。Web 可以具有将图形、音频、视频等信息集于一体的特性。同时,Web 导航非常方便,只需要从一个链接跳到另一个链接,就可以在各个页面、各个站点之间进行浏览了。

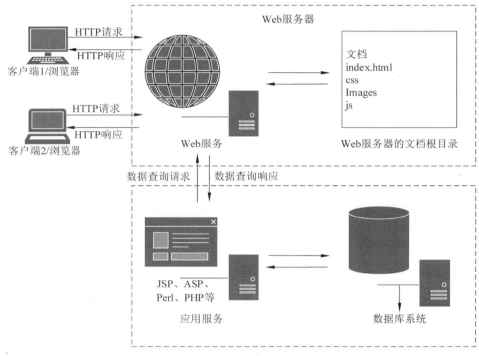

图 1-2　Web 的工作原理

2. 与平台无关性

无论计算机系统是什么平台,都可以通过 Internet 访问 WWW。浏览 WWW 对计算机系统平台没有任何限制。Windows、UNIX 以及其他平台都能通过浏览器实现对WWW 的访问。

3. 分布式结构

大量的图形、音频和视频信息会占用相当大的磁盘空间。对于 Web 来说,信息可以放在不同的站点上,而没有必要集中在一起。浏览时只需要在浏览器中指明这个站点就可以了。这样就使物理上不一定在一个站点的信息在逻辑上是一体的,从用户的角度来看这些信息也是一体的。

4. 动态性

由于各 Web 站点的信息包含站点本身的信息,信息的提供者可以经常对站点上的信息进行更新与维护。一般来说,各信息站点都应尽量保证信息的时效性,所以 Web 站点上的信息需要动态更新,这一点可以通过信息的提供者实时维护。

5. 交互性

Web 的交互性首先表现在它的超链接上,用户的浏览顺序和所访问的站点完全由用户自己决定。另外,通过表单 Form 的形式可以从服务器方获得动态的信息。用户通过填写 Form 可以向服务器提交请求,服务器根据用户的请求返回响应信息。

1.2　Web前端开发相关技术

随着 Internet 技术的飞速发展与普及,Web 技术也在同步发展,并且应用领域越来越广泛。WWW(World Wide Web)已经成为这个时代不可或缺的信息传播载体。全球范围内的资源互通互访、开放共享已经成为 WWW 最有实际应用价值的领域。开发具有用户动态交互、富媒体(Rich Media,RM)应用的新一代 Web 网站需要 HTML、CSS、JavaScript、DOM、AJAX 等组合技术,其中,HTML、CSS、JavaScript 三大技术称为"Web 标准三剑客"。

1.2.1　HTML

HTML 指的是超文本标记语言(Hyper Text Markup Language),是用来描述网页的一种语言。HTML 不是一种编程语言,而是一种标记语言。HTML 使用标记标签来描述网页。也就是说,HTML 是用来识别和描述一个文件中各个组件的系统,比如标题、段落和列表,标记表示文档的底层结构。

无论是静态网页还是动态网页,最终返回到浏览器端的都是 HTML,浏览器将 HTML 代码解释渲染后呈现给用户。

HTML 是标准通用标记语言(Standard Generalized Markup Language,SGML)下的一个应用,也是一种标准规范,它通过标记符号来标记要显示的网页中的各个部分。而 SGML 是一种定义电子文档结构和描述其内容的国际标准语言,是所有电子文档标记语言的起源。

HTML 文档是用来描述网页的,由 HTML 标记和纯文本构成文本文件。Web 浏览器可以读取 HTML 文档,并以网页的形式显示出它们。浏览器不会显示 HTML 标记,而是使用标记来解释页面的内容。这些内容可以是文字、图像、动画、声音、表格、链接等。在浏览器的 URL 中输入网址,如 http://www.baidu.com,所看到的网页就是浏览器对 HTML 文件进行解释的结果,如图 1-3 所示。

在浏览网页时可以右击网页的任何位置,从弹出菜单中选择"查看源代码"命令,即可以浏览网页的源代码。<head>、<meta>、<title>、<link>等都是 HTML 的标记,浏览器能够正确地理解这些标记,并呈现给用户。

1.2.2　CSS

HTML 标签原本被设计为用于定义文档内容。通过使用<h1>、<p>、<table>这样的标签,HTML 的初衷是表达"这是标题""这是段落""这是表格"之类的信息。同时文档布局由浏览器来完成,而不使用任何的格式化标签。由于 Netscape 和 Microsoft 两家公司在自己的浏览器软件中不断地将新的 HTML 和属性(比如字体标签和颜色属性)添加到 HTML 规范中,导致创建清晰的文档内容并独立于文档表现层的站点变得越来

图 1-3　浏览器打开的网页

越困难。为了解决这个问题,非营利组织万维网联盟(W3C)肩负起了 HTML 标准化的使命,并在 HTML4.0 之外创造出样式(Style)。所有的主流浏览器均支持层叠样式表(CSS)。

层叠样式表(CSS)用来描述网页内容如何显示,是能够真正做到网页表现与内容分离的一种样式设计语言。页面的外观成为"展示",字体、色彩、背景图片、行间距、页面布局等展示都是由 CSS 来控制的。只要对相应的代码做一些简单的修改,就可以改变同一页面的不同部分,或者同一个网站的不同页面的外观和格式。CSS3 还具有页面绘图、动画等功能。

CSS 语言是一种标记语言,不需要编译,属于浏览器解释型语言,可以直接由浏览器解释执行。CSS 标准由 W3C 的 CSS 工作组制定和维护。

【例 1-2】　CSS 的应用示例。

```
1  <html>
2    <head>
3     <title>CSS 样式应用</title>
4     <style type="text/css">
5      p{
6        font-size:24px;                    /*设置字号*/
7        font-family:黑体;                  /*设置字体*/
8        text-indent:2em;                   /*设置首行缩进*/
```

```
9          color:#FF0000;                    /*设置颜色*/
10        }
11      #div1 p{
12          font-size:18px;                   /*设置字号*/
13          color:blue;                       /*设置颜色*/
14          border:1px double #000099;        /*设置边框样式*/
15        }
16      </style>
17    </head>
18  <body>
19      <p>这是独立段落!字号 24px</p>
20      <div id="div1" class="">
21          <p>这是图层中的段落!字号 18px</p>
22      </div>
23  </body>
24  </html>
```

代码中的第 19 行使用的段落样式与第 21 行使用的段落样式是不同的。页面效果如图 1-4 所示。现在很多网站都设有网页换肤的功能,就是通过 CSS 样式文件来实现的。

图 1-4　CSS 样式应用效果

1.2.3　JavaScript

在 HTML 基础上,使用 JavaScript 可以开发交互式 Web 页面。JavaScript 的出现使得网页和用户之间实现了一种实时性的、动态的、交互性的关系,使网页包含更多活跃元素和更加精彩的内容。这也是 JavaScript 与 HTML DOM 共同构成 Web 网页的行为。

1. JavaScript 的由来

JavaScript 是一种基于对象和事件驱动并具有相对安全性的客户端脚本语言,同时也是一种广泛用于客户端 Web 开发的脚本语言,常用来给 HTML 网页添加动态的功能,例如响应用户的各种操作。JavaScript 最初由 Netscape(网景公司)设计,是一种由 Netscape 的 LiveScript 发展而来、原型化继承面向对象动态类型的客户端脚本语言,主要目的是为服务器脚本语言提供数据验证的基本功能。在 Netscape 与 Sun 公司合作之后,LiveScript 更名为 JavaScript。欧洲计算机制造商协会(European Computer Manufacturers Association,ECMA)以 JavaScript 为基础制定了 ECMAScript 标准。

2. JavaScript 的组成

一个完整的 JavaScript 实现是由 3 个不同部分组成的：核心（ECMAScript）、文档对象模型（Document Object Model，DOM）、浏览器对象模型（Browser Object Model，BOM）。JavaScript 程序其实是一个文本文件的文档，使用时需要嵌入到 HTML 文档中。所以任何文本编辑器都可以用来开发 JavaScript 程序。

【例 1-3】 JavaScript 的应用示例。代码如下所示，其页面效果如图 1-5 所示。

```html
1   <html>
2     <head>
3       <title>JavaScript 的简单应用</title>
4     </head>
5     <body>
6       <script type="text/javascript">
7         document.write("Hello,World!")    //直接在浏览器视窗显示
8         alert("Hello,World!")             //开启对话框显示
9       </script>
10    </body>
11  </html>
```

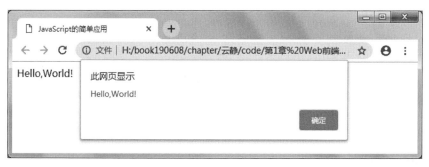

图 1-5　JavaScript 简单应用

代码中第 10 行向网页输出"Hello，World!"；第 11 行通过告警消息框输出同样的内容。

JavaScript 为网页增加互动性；JavaScript 能及时响应用户的操作，对提交表单做即时的检查，无须浪费时间交由 CGI 验证。

1.2.4　HTML DOM

HTML DOM(Document Object Model)即 HTML 文档对象模型。根据 W3C DOM 规范，DOM 是一种与浏览器、平台语言无关的接口，使得用户可以访问页面上其他的标准组件。DOM 与 JavaScript 结合起来实现了 Web 网页的行为与结构的分离。

1. DOM 的由来

DOM 的历史可以追溯到 20 世纪 90 年代后期 Microsoft 与 Netscape 两个公司的浏

览器大战。双方为了在 JavaScript 与 JScript 方面一决生死，于是大规模地赋予浏览器强大的功能。微软公司在网页技术上加入了不少专属内容，如 VBScript 平台、ActiveX 以及 DHTML 等，造成如果使用非微软公司平台及浏览器则无法正常显示网页。

简单理解，DOM 解决了 Netscape 的 JavaScript 和 Microsoft 的 JScript 之间的冲突，为 Web 设计师和开发者提供了一个处理 HTML 或 XML 文档标准的方法，方便访问站点中的数据、脚本和表现层对象。

借助于 JavaScript 可以重构整个 HTML 文档，可以添加、移除、改变或重排页面上的元素。JavaScript 需要获得对 HTML 文档中所有元素进行访问的入口，这个入口连同对 HTML 元素进行添加、移动、改变或移除的方法和属性，都是通过文档对象模型 DOM 来获得的，HTML DOM 定义了访问和操作 HTML 文档的标准方法。

2. DOM 的结构

DOM 是以层次结构组织的节点或信息片断的集合。DOM 将把整个页面规划称为由节点层次构成的文档。这个层次结构允许开发人员在树中遍历特定节点信息。由于它是基于信息层次的，因而 DOM 被认为是基于树或基于对象的。

【例 1-4】　展示 DOM 树形结构。代码如下所示，其页面效果如图 1-6 所示。

```
1  <html>
2    <head>
3      <title>DOM 树形结构</title>
4    </head>
5    <body>
6      <h3>网站导航</h3>
7      <a href="http://www.baidu.com">百度</a>
8      <a href="http://www.163.com">网易</a>
9    </body>
10 </html>
```

图 1-6　DOM 树形结构的网页效果

HTML DOM 把 HTML 文档呈现为带有元素、属性和文本的树结构（节点树）。DOM 可被 JavaScript 用来读取、改变 HTML、XHTML 以及 XML 文档。利用 JavaScript 获取 HTML 文档时，通过遍历获取 HTML 文档的所有节点，得到如图 1-7 所示的 DOM 树形结构。图中包含根元素（<html>）、元素节点（<head>、<body>、<title>、<a>、<h3>）、文本节点（DOM 树形结构、网站导航、百度、网易）、属性节点（href）。

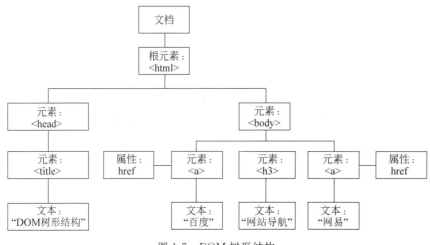

图 1-7   DOM 树形结构

1.2.5   BOM

BOM(Browser Objects Model,浏览器对象模型)定义了 JavaScript 可以进行操作的浏览器的各个功能部件的接口,提供访问文档各个功能布局(如窗口本身、屏幕功能部件、浏览历史记录等)的途径以及操作方法。

IE3.0 和 Netscape Navigator 3.0 浏览器提供了一个浏览器对象模型特性,可以对浏览器窗口进行访问和操作。使用 BOM,开发者可以移动窗口、改变状态栏中的文本以及执行其他与页面内容不直接相关的动作。由于没有相关的 BOM 标准,每种浏览器都有自己的 BOM 实现的方法。由于没有一个窗口对象和一个导航对象,不过每种浏览器可以为这些对象或者其他对象定义自己的属性和方法。

BOM 主要处理浏览器窗口和框架,不过通常浏览器特定的 JavaScript 扩展都被看作 BOM 的一部分。这些扩展包括:弹出新的浏览器窗口,移动、关闭浏览器窗口以及调整窗口大小,提供 Web 浏览器详细信息的定位对象,提供用户屏幕分辨率详细信息的屏幕对象,对 Cookie 的支持,Internet Explorer 对 BOM 进行扩展以包括 ActiveX 对象类,可以通过 JavaScript 来实现 ActiveX 对象。

常见的 BOM 对象有 Window、Navigator、Screen、History、Location 等。

1.2.6   jQuery

jQuery 是一套跨浏览器的 JavaScript 库,可以简化 HTML 与 JavaScript 之间的操作。由 John Resig 在 2006 年 1 月的 BarCamp NYC 上发布第一个版本,目前是由 Dave Methvin 领导的开发团队进行开发。全球前 10 000 个访问最高的网站中,有 59% 使用了 jQuery,它是目前最受欢迎的 JavaScript 库。

jQuery 由美国人 John Resig 创建,至今已吸引了来自世界各地的众多 JavaScript 高手加入其开发团队,包括来自德国的 Jorn Zaefferer、罗马尼亚的 Stenfan Petre 等。jQuery 是继 Prototype JS 框架之后又一个优秀的 JavaScript 框架,其宗旨是"Write

Less,Do More",即"写更少的代码,做更多的事情"。

1. 将 jQuery 库添加到网页中的方法

在 jQuery 的官方网站(http://jquery.com)中,下载最新版本的 jQuery 文件库,目前最新版本为 V3.4.1(jquery-3.4.1.min.js)。jQuery 库可以通过一行标记被添加到网页中。添加格式如下。

```
<head>
    <script type="text/javascript" src="jquery-3.4.0.min.js"></script>
</head>
```

可通过 script 标记的 src 属性引入外部 jQuery 文件库。

2. jQuery 库替代

若不想在自己的计算机上存放 jQuery 文件库,可以从 Google 或 Microsoft 内容分发网络(Content Delivery Network,CDN)加载 jQuery 核心文件。

1) 使用 Google 的 CDN

```
<head>
    <script
        src="http://ajax.googleapis.com/ajax/libs/jquery/1.8.0/jquery.min.
        js" type="text/javascript" >
    </script>
</head>
```

2) 使用 Microsoft 的 CDN

```
<head>
    <script
        src="https://ajax.aspnetcdn.com/ajax/jQuery/jquery-1.8.0.js" type
        ="text/javascript" >
    </script>
</head>
```

CDN 过去使用 microsoft.com 域名,现在已更改为使用 aspnetcdn.com 域名。这样做是为了提高性能,因为当浏览器引用 microsoft.com 域时,它会在每次请求时通过网络从该域发送任何 Cookie。通过重命名一个域名而不是 microsoft.com,性能可以提高多达 25%。注意,ajax.microsoft.com 将继续运行,但建议使用 ajax.aspnetcdn.com。

【例 1-5】 jQuery 简单应用示例。代码如下所示,其页面效果如图 1-8 所示。

```
1   <html>
2     <head>
3       <title>jQuery 简单应用</title>
4       <script src="https://ajax.aspnetcdn.com/ajax/jQuery/jquery-1.8.0.js"
5         type="text/javascript"></script>
```

```
6      <script>
7        $(document).ready(function(){
8          $("p").click(function(){ $(this).hide(); });
9        });
10     </script>
11   </head>
12   <body>
13     <p>如果您单击我，我会消失。</p>
14     <p>单击我，我会消失。</p>
15     <p>也要单击我哦。</p>
16   </body>
17   </html>
```

图 1-8　jQuery 简单应用

代码中第 4～5 行是引用 Microsoft 的 CDN 上的 jQuery 文件库；第 6～10 行使用 jQuery 代码，页面加载后为所有的段落 p 标记绑定一个单击事件，当鼠标单击某一个段落后，该段落就隐藏起来，直到所有的段落均隐藏程序运行结束；$ 符号表示使用 jQuery 变量，$() 等价于 jQuery()。jQuery 语言一般采用链式书写代码，一次性找到满足条件的所有段落，实现隐式循环。

1.3　综 合 案 例

本节以 Web 前端开发技术综合运用为例，介绍运用 HTML、CSS、JavaScript 三大技术实现 Web 网页设计。代码如下所示，其页面效果如图 1-9 所示。

```
1    <!--Web 前端开发技术综合案例 -->
2    <!doctype html>
3    <html lang="en">
4      <head>
5        <meta charset="UTF-8">
6        <title>Web 前端开发技术初步应用</title>
7        <style type="text/css">
8          p{font-size:20px;color:red;text-indent:2em;}
9          h3{font-size:24px;font-style:bolder;color:#000099;}
10       </style>
11     </head>
```

```
12    <body>
13      <h3>Web 前端开发技术</h3>
14      <p>HTML</p>
15      <p>CSS</p>
16      <p>JavaScript</p>
17      <h3>网络学习资源</h3>
18      <a href="http://www.w3cschool.com.cn/html/">HTML 教程</a>
19      <script src="https://ajax.aspnetcdn.com/ajax/jQuery/jquery-1.8.0.js"
20        type="text/javascript"></script>
21      <script type="text/javascript">
22        alert("Web 前端开发技术");
23      </script>
24    </body>
25  </html>
```

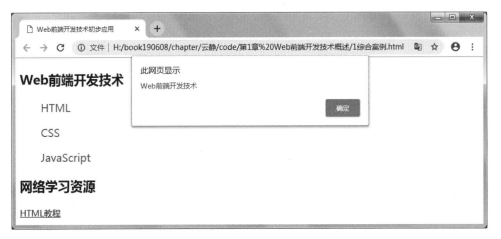

图 1-9　Web 前端开发技术综合实例

上述代码中第 4～11 行是 HTML 的头部,包含元信息标记的使用、页面标题和样式的定义。其中,第 8 行定义段落 p 标记样式,字大小为 20px,颜色为红色,段落缩进两个字符;第 9 行定义 3 号标题字 h3 标记样式,字大小为 24px,字体风格特粗,颜色为 ♯ 000099;第 12～24 行是 HTML 的主体,包含标题字、段落、超链接、脚本标记的定义,其中,第 13 行、第 17 行定义 h3 标题字,第 14～16 行定义 3 个段落 p 标记,第 18 行定义超链接 a 标记,第 21～23 行定义脚本 script 标记,在其中插入告警消息框 alert()输出信息 "Web 前端开发技术"。

习　　题

1. 选择题

(1) HTML 是一种(　　)语言。

    A. 编译型   B. 超文本标记

    C. 高级程序设计   D. 面向对象的编程

（2）设计 JavaScript 语言的公司是（　　）。

    A. Netscape   B. Microsoft   C. Sun   D. Google

（3）目前的 Web 标准不包括（　　）。

    A. 结构标准   B. 表现标准   C. 行为标准   D. 动态标准

2. 填空题

（1）HTML 文档是由_____构成的文件。

（2）世界上第一个网站的发明人是_____。

（3）从 IE 浏览器菜单中选择_____命令，可以在打开的记事本中查看网页的源代码。

HTML 基础

HTML(Hyper Text Markup Language)即超文本标记语言。网站中的网页都是使用 HTML 编写的,HTML 是所有网页制作技术的基础。HTML 文件实际上是一种文本文件,网页中所显示的文字、图像、动画等多媒体信息都要通过 HTML 来进行描述。当浏览器打开网页时,会对网页中的 HTML 代码进行解释,最终显示为人们看到的前端页面。

2.1 HTML 文档结构

HTML 文件本质上是一种纯文本文件,可以使用任何文本编辑软件来创建一个 HTML 文件,只是它的文件类型名为. html 或. htm。常用的文本编辑软件如 Adobe Dreamweaver、Sublime Text 等,都可以用来编辑 HTML 文件,甚至用普通的记事本编辑软件也可以书写 HTML 文件。

一个基本的 HTML 文档由三部分组成,如图 2-1 所示。

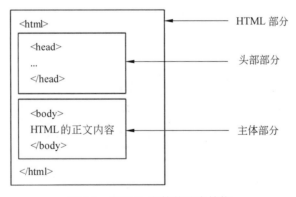

图 2-1　HTML 文档的基本结构

图 2-1 中通过<html></html>、<head></head>和<body></body>三组标签描述了 HTML 文档的基本结构。这三组标签在结构上存在着层级关系,其中,<head></head>和<body></body>标签包含在<html></html>内部;<head></head>与<body></body>处于同一层级。当然,一个完整的 HTML 文档不仅包含这三组标签,在以后的章节中还会对其他标签进行详细介绍。

2.1.1 HTML 部分

HTML 部分通过＜html＞标签来描述。＜html＞标签在 HTML 文档层级中处于较高层级,其他所有标签都要在这两个标签之间。这部分的作用是告诉浏览器这是一个 HTML 文档。当浏览器对 HTML 文档进行解释时,遇到＜html＞标签就开始根据 HTML 语法解释其后的内容,并按要求将这些内容显示出来。

2.1.2 HEAD 部分

HEAD 部分以＜head＞标签开始,以＜/head＞结束。HTML 文档的 HEAD 部分的功能是对文档的窗口标题、所使用的脚本语言、所使用的字符集、所使用的样式等进行设置和说明。这些设置要通过在 HEAD 标签内部嵌入其他的标签来实现,如＜title＞、＜script＞、＜meta＞、＜style＞等,这些标签将会在后续章节中陆续介绍。通常 HEAD 部分的内容不会在页面中显示,但是会对页面中的内容进行修饰或者说明。

2.1.3 BODY 部分

BODY 部分是网页的主体部分,网页中所显示的问题、图像、链接等内容绝大多数都要通过在 BODY 部分嵌入各个标签进行描述。这部分以＜body＞开始,以＜/body＞结束。

上述三部分构成了一个 HTML 文档的基本框架,仅通过描述这三部分结构的标签就可以实现一个简单网页的编辑。下述代码可以实现在网页上显示"Hello world!"的功能。

【例 2-1】 HTML 基本标签应用示例。

```
<!DOCTYPE html PUBLIC "-//W3C//DTD XHTML 1.0 Transitional//EN" "http://www.
w3.org/TR/xhtml1/DTD/xhtml1-transitional.dtd">
<html xmlns="http://www.w3.org/1999/xhtml">
    <head>
        <meta http-equiv="Content-Type" content="text/html; charset=utf-8"/>
        <title>第一个网页</title>
    </head>
    <body>
    Hello world!
    </body>
</html>
```

上述代码中出现了一些除了描述基本结构所需的标签之外的标签,如＜!DOCTYPE＞、＜meta＞、＜title＞等,这些也是描述 HTML 文档所必需的标签,其功能主要是告诉 Web 浏览器当前文档的一些必要信息,浏览器根据这些信息完成对 HTML 文档的初步解析,后续才能正确解析 BODY 部分的语句,这些标签可以理解为是预处理语句。

代码中的＜!DOCTYPE＞不属于 HTML 文档的基本结构中的标签,其作用是告知浏览器该文档使用哪种 HTML 或 XHTML 规范。"<!DOCTYPE html PUBLIC "-//W3C//DTD XHTML 1.0Transitional//EN" "http://www.w3.org/TR/xhtml1/DTD/xhtml1-transitional.dtd">"语句声明了文档的根元素是 html,它在公共标识符被定义为"-//W3C//DTD XHTML 1.0 Transitional//EN" 的 DTD 中进行了定义。浏览器将明白如何寻找匹配此公共标识符的 DTD。如果找不到,浏览器将使用公共标识符后面的 URL 作为寻找 DTD 的位置。

<html>标签中的 xmlns＝"http://www.w3.org/1999/xhtml"语句是在文档中的<html>标签中使用 xmlns 属性,以指定整个文档所使用的主要命名空间。

对于文档声明,了解这些就足够了。如果使用 Dreamweaver 等编辑软件制作前端页面的话,这行语句是自动生成的,无须手写。在 HTML5 中不再这么烦琐,只需要书写<!DOCTYPE html>就可以了。

上述代码编写完毕,就可以利用 Web 浏览器打开网页,常用的浏览器包括 Chrome、IE、火狐、360 等均可以浏览网页。该页面在 Chrome 中浏览效果如图 2-2 所示。

图 2-2　HelloWorld.html 浏览效果

从效果图中可以看出,<title>标签中的内容显示在浏览器的标题栏上;<body>标签中的内容显示在网页主体上。

2.2　HTML 语法

HTML 文档由预定义好的 HTML 标签和用户自定义内容编写而成。HTML 同其他的形式语言一样,在编程过程中要遵循相应的语法规则,这样才能正确地控制和显示页面上的文字、图像、表格、链接等内容。

2.2.1　标签

HTML 最大的特点,是通过标签来控制文档的内容和外观。HTML 标签在书写上有以下语法规则要求。

(1) 大多数 HTML 标签以一对尖括号"<>"作为起始标签,以"</>"作为结束标签。如<body>…</body>,其中,<body>叫作起始标签,</body>叫作结束标签。<body>和</body>标签中包含的内容,用来描述网页的主体。

(2) 标签不一定成对出现,部分标签是单一的,也可以完成特定的功能,如
,即可以完成强制换行功能。

(3) HTML 中标签书写大小写无关,HTML 不区分大小写,如<head>和<HEAD>

尽管大小写不同,但是表达的含义一样。

2.2.2　属性

HTML 属性一般都出现在起始标签内部(如果是单一标签则出现在单一标签内部),有时候一个标签内部可以拥有多个属性,用来描述标签括起来的内容的某些方面的特征,如修饰字体大小、颜色等。HTML 属性书写有以下语法要求。

(1) 每个属性都会有一个值,称为属性值。

(2) 该值要用双引号括起来(输入法半角状态下输入的双引号)。

(3) 属性与属性之间要有至少一个空格的分隔距离。

(4) 属性名与属性值要成对出现,缺一不可。

语法格式如下:

<标签名 属性 1="属性值" 属性 2="属性值" … 属性 n="属性值">内容</标签名>

下述代码通过相关标签和属性来实现对网页中文字格式的修饰。

【例 2-2】　HTML 属性的应用示例。

```
<!DOCTYPE html PUBLIC "-//W3C//DTD XHTML 1.0 Transitional//EN" "http://www.
w3.org/TR/xhtml1/DTD/xhtml1-transitional.dtd">
<html xmlns="http://www.w3.org/1999/xhtml">
  <head>
    <meta http-equiv="Content-Type" content="text/html; charset=utf-8"/>
    <title>对页面中文字格式的修饰</title>
  </head>
  <body>
    <font size="+6" color="#FF0000" face="Times New Roman">Hello world!</
font>
  </body>
</html>
```

上述代码中的<font>标签是字体标签,在该标签内部分别使用了 size、color 和 face 三个属性修饰<font>标签所作用的文字的大小、颜色和字体,效果图如 2-3 所示。

图 2-3　字体属性效果

2.2.3　注释

注释就是对代码的解释和说明,其目的是让人们能够更加轻松地了解代码。注释是编写程序时,编程者给一个语句、程序段、函数等的解释或提示,能提高程序代码的可读性。HTML 文档中包含很多标签和属性,会使得文档结构较复杂,造成阅读困难,因此非常有必要在 HTML 文档中插入适当的注释。当 Web 浏览器浏览 HTML 文档时,并不会对注释语句进行解释,注释语句只是给阅读者看程序的。

HTML 中的注释是通过一个特殊的标签来实现的,具体的语法格式如下。

```
<!--注释内容-->
```

2.3 HTML 基本标签

HTML 的最基本单位就是标签,为了创建一个文档,通常要使用大量标签进行描述,并且标签之间有相应的嵌套关系。本节将介绍 HTML 中最常用、最基本的标签以及与标签关联的属性。

2.3.1 ＜head＞标签

＜head＞标签用于定义文档的头部,它是所有头部元素的容器。＜head＞中的元素可以引用脚本、指示浏览器在哪里找到样式表、提供元信息等。文档的头部描述了文档的各种属性和信息,包括文档的标题、在 Web 中的位置以及和其他文档的关系等。绝大多数文档头部包含的数据都不会真正作为内容显示给读者。

头部标签是双标签,包括起始标签＜head＞和结束标签＜/head＞。下面将对＜head＞标签内部所嵌套的＜meta＞和＜title＞这两组基本标签进行详细介绍。

1. <meta> 标签

＜meta＞标签是单一标签,它是 HTML 的元标签,其中包含对应 HTML 的相关信息,客户端浏览器或服务器端程序都会根据这些信息进行处理。以下述代码为例:

```
<meta http-equiv="Content-Type" content="text/html; charset=utf-8"/>
```

＜meta＞标签中的 content 属性表示的是内容类型,语句 content＝"text/html"说明这个网页的格式是文本的。

charset 属性表示的是字符编码,charset＝utf-8 表示这个网页的编码是 UTF-8,需要注意的是这个是网页内容的编码,而不是文件本身的编码。这个编码也是中国大陆地区前端开发中默认采用的字符编码。

http-equiv 类似于 HTTP 的头部协议,它回应浏览器一些有用的信息,以帮助正确和精确地显示网页内容。常用的 http-equiv 类型有 Content-Type 和 Content-Language(显示字符集的设定)。

2. <title> 标签

＜title＞标签是双标签,包括起始标签＜title＞和结束标签＜/title＞。＜title＞标签是网页标题标签,HTML 文档的标题文字要书写在＜title＞和＜/title＞之间,标题可以反映当前页面的主题是什么,所以每个网页都应该有一个单独的＜title＞。标题内容并不显示在网页上,而是显示在浏览器的标题栏上。

＜title＞标签用于体现一个网页的重要内容,它对网站的排名是非常重要的,所以应正确写好网站的标题,标题中要包含自身的关键词,为了方便用户搜索,应该认真仔细地推敲网站中各页面的标题该如何命名。

2.3.2 ＜body＞标签

＜body＞标签用来定义文档的主体,它是双标签。body 元素包含文档的所有内容(如文本、超级链接、图像、表格和列表等),都要放在＜body＞和＜/body＞之间。当 Web 浏览器对＜body＞标签内部的代码进行解析后,最终显示为用户可以看到的网页,可以包含文本、图片、音频、视频等各种内容。

为了更好地修饰 HTML 文档中的内容,需要用到一些基本属性。本节主要介绍两个经常与＜body＞标签联用的属性:bgcolor 和 background。

1. bgcolor 属性

bgcolor 属性放在＜body＞标签中用于描述 HTML 文档的背景色,其属性值可以用代表颜色的英语单词表示,但是复杂的颜色要用代表颜色的十六进制数值来进行描述。以下代码展示了 bgcolor 的具体用法。

```
<body bgcolor="red">
```

上述代码将会设置 HTML 文档的颜色为红色。其中,颜色值也可以用十六进制数进行表示:bgcolor＝"♯FF0000",该语句与 bgcolor＝"red"的功能是一样的,只不过其属性值为十六进制数,不容易记忆。在进行 Web 前端开发时,一般采用较为智能的编辑软件,当需要确定颜色数值时会自动弹出颜色面板,供开发者进行颜色的选择,无须记忆颜色值,如图 2-4 所示。

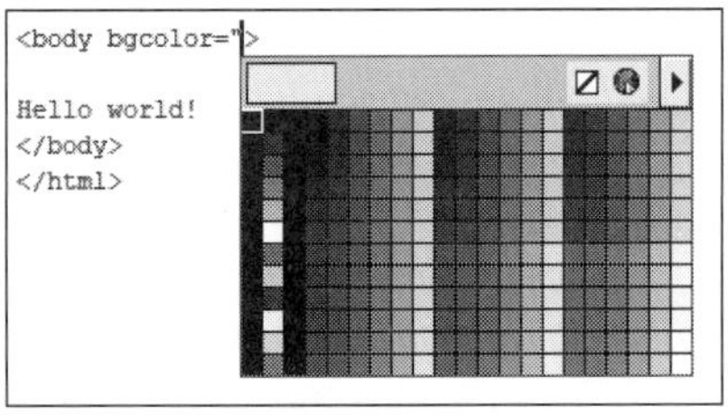

图 2-4　颜色面板

2. background 属性

background 属性放在＜body＞标签中用于设置 HTML 文档的背景图片。该属性与 bgcolor 属性一样都是用于修饰 HTML 文档的背景,但在设置背景时一般情况下只设置二者中之一。background 属性的具体使用语法格式如下。

```
<body background="路径/图片名.扩展名">
```

为 HTML 文档设置背景图片时有以下两点需要注意。

第一,图片名尽量用有特定含义的字母表示,避免使用汉字命名;且图片名的后面一定要写上完整的扩展名,否则会不能正常显示。以下代码展示了为 HTML 文档设置背景图片时的具体用法。

```
<body background="image/backimage1.jpg" >
```

第二,路径有两种表示方式,一种是绝对路径,另一种是相对路径。绝对路径是指背景图片所在本地硬盘的物理路径。相对路径是指背景图片相对于当前 HTML 文档的路径。为了更好地区别这两种路径的使用,下面以图 2-5 为例进行说明。

图 2-5　存储路径

图 2-5 展示了当前 HTML 文档和背景图片在本地硬盘上的存储位置,通常称之为站点。通过树形结构图可以看出,当前 HTML 文档 default. html 的存储位置是(D:\GUANyuxin\webroot),但是图片的存储位置是在一个名为 image 的目录之下,即 D:\GUANyuxin\webroot\image。

如果用绝对路径来描述 default. html 文档的背景图片的设置方法,则用下述代码描述。

```
<body background="D:\GUANyuxin\webroot image\backimage1.jpg">
```

如果用相对路径来描述 default. html 文档的背景图片的设置方法,则用下述代码描述。

```
<body background="image\backimage1.jpg" >
```

相对路径省略掉了 default. html 文档和 backimage1. jpg 背景图片的相同路径部分,而只描述了 backimage1. jpg 背景图片相对于 default. html 文档的有区别的路径部分。

事实上,在网页编程时,一般都会使用相对路径,很少会使用绝对路径。如果使用"D:\GUANyuxin\webroot image\backimage1.jpg"来指定背景图片的位置,在本地计算机上浏览会一切正常,但是上传到 Web 服务器上浏览就很有可能不会显示图片了。因为上传到 Web 服务器上时,可能整个站点并没有放在 Web 服务器的 D 盘,有可能是 E 盘或 F 盘,因此在浏览网页时会因为找不到图片所在的路径而不能正常显示背景图片。但是使用相对路径,则可避免上述问题,因为无论上传到 Web 服务器的哪个位置,default. html 文档和 backimage1. jpg 背景图片的相对位置是不变的。

2.4　HTML 文档编写规范

在编写 HTML 代码或者给 HTML 文件命名时,为了增强程序的规范性和可读性,需要遵守相应的编写规则,包括 HTML 文档的名字以及代码的书写规范。

2.4.1　HTML 文档命名规则

关于 HTML 文档的命名规则,有以下注意事项。

(1) 文档名称可以是字母、数字和下画线的组合,但开头必须是字母。

(2) 文档名称不能是汉字,也不能包含除了下画线之外的特殊符号。

HTML+CSS+JavaScript 前端开发技术教程

(3) 文件名区分大小写，一般以小写字母命名。

(4) 给文档起名要做到"见名知意"，用少量的字母达到最容易理解的意义。

2.4.2　HTML 代码书写规范

HTML 代码包含很多标签、属性，在书写 HTML 代码时要遵循以下规范。

(1) 标签可以嵌套使用，但要注意标签间的前后匹配，避免引起交叉而出现语法错误。

(2) HTML 代码不区分大小写，但在一个项目中应尽量使用同一种风格，即选择大写或小写模式中的一种。

(3) 标签中的属性都会有其属性值，属性值用""括起来。

(4) 编写代码时，为了便于阅读和理解网页结构，一般采用缩进风格。不同级的标签可以通过缩进显示其对应关系。

(5) HTML 文件的类型名可以是.htm 或者.html，一般采用.html 作为扩展名。

(6) 网站中的首页名一般是 index.html 或者 default.html。

2.5　综合案例

HTML 通过标签来描述网页中的文字和图像等信息。本章作为 HTML 的基础章节，通过<html>、<head>、<body>、<title>等标签描述班级网站中各个 HTML 文档的基本结构，文档的命名及书写也遵守编写规范。

本案例中班级网站由首页(index.html)、班级日志(classblog.html)、班级相册(classphoto.html)、班级新闻(classnews.html)、个人主页(personpage.html)、留言本(message.html)、注册(register.html)以及关于我们(about.html)等板块构成，每个板块对应一个页面。网站名称以及其组成的各个页面的文件名均以其实际代表的含义命名。这样的命名方式做到了"见名知意"，即根据网页的名字就能知道该网页的主体内容是什么。绝大多数正规的网站在给文件命名时均遵循此原则，程序员在进行前端开发时能够在繁多的 HTML 文档中根据文件名快速、精确地定位，提高开发速度；同时，这样的命名方式也会使得整个站点规范、合理。

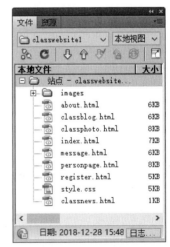

图 2-6　站点文件结构

在规划班级网站目录时，要尽量做到站内文件的分类管理，同一类文件放在同一目录下。本站点中，所有的 HTML 文档放在 classwebsite 目录下，所有的图像放在 images 二级目录下，如图 2-6 所示。

班级网站的所有页面的基本结构都是通过<html>、<head>、<body>、<title>基本标签来描述的。每个页面的<title>标签名称都点明了主题。classblog.html 文档的主题是"班级日志"，首页的主题是"软件一班"，等等。以"班级日志"页面为例，效果图

24

如图 2-7 所示。

图 2-7 班级日志页面效果图

立意明确的主题名称可以提高网站的知名度。在百度的搜索结果页中,所搜的关键词都是 title 标签内的内容。这说明搜索引擎在收录网页时是从 title 标签开始的,而且它对排名的影响是非常大的,对吸引用户、提高点击率也有很大的影响。

以班级日志(classblog.html)页面为例,实现该 Web 页面的主要代码如下。

```
1   <!DOCTYPE html PUBLIC "-//W3C//DTD XHTML 1.0 Transitional//EN" "http://
    www.w3.org/TR/xhtml1/DTD/xhtml1-transitional.dtd">
2   <html xmlns="http://www.w3.org/1999/xhtml">
3   <head>
4   <meta http-equiv="Content-Type" content="text/html; charset=utf-8" />
5    <title>班级日志</title>
6    <link rel="stylesheet" type="text/css" href="style.css" />
7   </head>
8   <body>
9   <div id="content">
10   <span class="logo floatl"><imgsrc="images/logo.png" /></span>
11   <span class="top-links floatr">
12    <ul>
13     <li><a href="index.html">首页</a></li>
14     <li><a href="classblog.html">班级日志</a></li>
```

25

```
15        <li><a href="classphoto.html">班级相册</a></li>
16        <li><a href="personpage.html">个人主页</a></li>
17        <li><a href="message.html">留言本</a></li>
18        <li><a href="about.html">关于我们</a></li>
19      </ul>
20    </span>
21  <div class="clear"></div>
22  <div class="header">
23    <div class="info floatr">博学躬行,尚志明德</div>
24  </div>
25  <div class="content-box">
26    <div class="left-col floatl">
27      <div class="class_blogfloatl">
28        <h1>班级日志</h1>
29        <div class="second_heading">Class Blog</div>
30        <div class="right-title">校园卡拉 OK 大赛</div>
31        <p><a href="#">学校将于近期举办校园卡拉 OK 大赛,报名截止日期 4 月 30
    日,报名处在班文艺委员处,希望同学们踊跃参加。</a></p>
32        <div class="second_heading">Class Blog</div>
33        <div class="right-title">校园卡拉 OK 大赛</div>
34        <p><a href="#">学校将于近期举办校园卡拉 OK 大赛,报名截止日期 4 月 30
    日,报名处在班文艺委员处,希望同学们踊跃参加。</a></p>
35        <div class="second_heading">Class Blog</div>
36        <div class="right-title">校园卡拉 OK 大赛</div>
37        <p><a href="#">学校将于近期举办校园卡拉 OK 大赛,报名截止日期 4 月 30
    日,报名处在班文艺委员处,希望同学们踊跃参加。</a></p>
38        <div class="second_heading">Class Blog</div>
39        <div class="right-title">校园卡拉 OK 大赛</div>
40        <p><a href="#">学校将于近期举办校园卡拉 OK 大赛,报名截止日期 4 月 30
    日,报名处在班文艺委员处,希望同学们踊跃参加。</a></p>
41      </div>
42    </div>
43    <div class="right-col floatr">
44      <div class="events-section">
45        <h1>公告栏</h1>
46        <div class="second_heading">Bulletin Board</div><br>
47        <marquee direction="up" height="190" onmouseover="this.stop()"
    onmouseout="this.start()">
48          <div class="right-title"><b>关于本学期期末考试安排的通知</b>
    </div>
49          <p>本次考试从 2019 年 1 月 7 日开始到 2019 年 1 月 18 日结束。具体考场安
    排见附表。请同学们考试时候携带有效考试证件。</p>
50          <div class="right-title"><b>关于开展返乡补助工作的通知</b></div>
51          <p>根据学工办通知,2018 年"冬衣补贴""返乡补助"申请工作开始,同学们请
```

自行到学工办网站下载表格,经过本人申请,学院审核,学工处复审通过。</p>

```
52            </marquee>
53          </div>
54        </div>
55      </div>
56      <div class="clear"></div>
57      <div class="footer">
58        <div class="footer-links">
59          <ul>
60            <li><a href="index.html">首页</a></li>|
61            <li><a href="classblog.html">班级日志</a></li>|
62            <li><a href="classphoto.html">班级相册</a></li>|
63            <li><a href="personpage.html">个人主页</a></li>|
64            <li><a href="message.html">留言本</a></li>|
65            <li><a href="about.html">关于我们</a></li>
66          </ul>
67          <div class="clear"></div>
68          Copyright &copy; 2016-2020 软件一班 All rights reserved.
69        </div>
70      </div>
71    </body>
72  </html>
```

代码解释:

第 1 行声明了文档的根元素是 html,它在公共标识符被定义为"-//W3C//DTD XHTML 1.0 Transitional//EN"的 DTD 中进行了定义,浏览器将明白如何寻找匹配此公共标识符的 DTD。

第 3～7 行<head>标签描述 HTML 文档的类型、字符编码,并且设置了页面标题。

第 8～72 行<body>标签,描述网页的组成。

习　　题

1. 选择题

(1) 以下 HTML 标签中,属于单标签的是(　　)。
　　A.　<title>　　　　B.　<body>　　　　C.　
　　　　D.　<html>

(2) 用于设置 Web 页面标题的标签是(　　)。
　　A.　<caption>　　B.　<head>　　　C.　<body>　　　D.　<title>

(3) Web 页面上所显示的各类元素都包含在(　　)标签中。
　　A.　<caption>　　B.　<head>　　　C.　<body>　　　D.　<title>

(4) <meta>标签中的"charset＝utf-8"代表的含义是(　　)。
　　A.　网页的类型　　　　　　　　　　B.　网页字符的编码

C. 网页的浏览方式   D. 网页标题的编码

（5）以下（   ）是 HTML 中的注释语句的正确表示形式。

    A. ∥内容   B. /＊内容＊/

    C. '内容'   D. ＜!--内容--＞

2. 填空题

（1）相对路径省略掉了两个相比较的文件的_____，而只保留可区别的路径。

（2）HTML 中的大多数标签是_____出现的，由_____和_____组成。

（3）content 属性表示的是_____，content＝"text/html"说明网页的格式是文本的。

（4）HTML 中标签书写大小写_____，如＜head＞和＜HEAD＞尽管大小写不同，但是表达的含义一样。

（5）HTML 属性一般都出现在_____内部，如果是单一标签则出现在单一标签内部，用来描述标签括起来的内容的某些方面的特征。

文本与段落

Web 页面设计需要遵循简洁、一致、友好、高对比度的设计原则。简洁是指以满足人们的实际需求为目标，要求简练、准确。一致是指网站中各个页面使用相同的页边距，页面中的每个元素与整个页面以及站点的色彩和风格上的一致。对比度的目的是强调突出关键内容，以吸引浏览者，鼓励他们去发掘更深层次的内容。

网页内容排版包括文本格式化、段落格式化和整个页面的排版格式化，这是设计一个网页的基础。文本格式化标记分为字体标记、文字修饰标记。字体标记和文字修饰标记包括对于字体样式的一些特殊修改。段落格式分为段落标记、换行标记、水平分割线标记等。

通过文本与段落格式化知识的学习，能够掌握页面内容的初步设计，理解并掌握 HTML 标题字标记、空格及特殊符号的使用。理解格式化标记中的文本修饰标记、计算机输出标记、引用和术语标记的语法及字体 font 标记的语法及使用；理解段落与排版标记的语法，学会编写简单的 Web 页面代码。

3.1 文字内容

网页最重要的意义在于传递信息。文字是信息传递的一种常用方式，也是视觉传达最直接的载体。在网页设计中首先必须对文字材料进行处理，才能得到最终理想的版面效果。这里先介绍文本的添加及修改。

3.1.1 添加文字

在 HTML 文件中，主体内容被包含在<body></body>标记之间，同时 body 标记也有很多自身的属性，例如设置页面背景、设置页面边框间距等。

1. 定义和用法

body 元素定义文档的主体，包含文档的所有内容（如文本、超链接、图像、表格和列表等），是一个简单的 HTML 文档必须包含的最基本的标记。

2. 基本语法

<body>文档的内容</body>

3. 浏览器支持

IE、Firefox、Chrome、Safari、Opera 等所有主流浏览器都支持＜body＞标记。

4. HTML 和 XHTML 之间的差异

在 HTML4.01 中,所有 body 元素的"呈现属性"均不被赞成使用。例如表 3-1 中的属性。

表 3-1　body 可选属性

属　　性	值	描　　述
alink	rgb(x,x,x)	不赞成使用。请使用样式取代它
	♯xxxxxx	十六进制颜色值
	colorname	规定文档中活动链接的颜色
background	background	不赞成使用。请使用样式取代它
		规定文档的背景图像
bgcolor	rgb(x,x,x)	不赞成使用。请使用样式取代它
	♯xxxxxx	十六进制颜色值
	colorname	规定文档的背景颜色
link	rgb(x,x,x)	不赞成使用。请使用样式取代它
	♯xxxxxx	十六进制颜色值
	colorname	规定文档中未访问链接的默认颜色
vlink	rgb(x,x,x)	不赞成使用。请使用样式取代它
	♯xxxxxx	十六进制颜色值
	colorname	规定文档中已被访问链接的颜色

在 XHTML1.0 Strict DTD 中,所有 body 元素的"呈现属性"均不被支持。

【例 3-1】　文档内容的应用。这是一个在网页中添加文字内容的例子,代码如下所示。

```
1  <html>
2   <head>
3    <title>我的第一个 HTML 页面</title>
4   </head>
5   <body>
6    body 元素的内容会显示在浏览器中。<br/>
7    title 元素的内容会显示在浏览器的标题栏中。
8   </body>
9  </html>
```

在该程序中,在<body>和</body>内输入了普通文字,其页面效果如图 3-1 所示。

图 3-1　网页中添加文字

5. 代码解释

代码中第 2～4 行是 HTML 的头部,包含页面标题;第 5～8 行是 HTML 的主体,第 6～7 行是向主体添加的文字信息。

3.1.2　标题字

在 HTML 文档中,标题很重要。HTML 标题可以用来呈现文档结构,设置得当的标题有利于用户浏览网页。HTML 标题是通过<h1>～<h6>标记来定义的。标记中的字母 h 是英文 header 的缩写。h1 是主标题,h2 是副标题,h3、h4、h5、h6 依次递减字体的大小。

1. 基本语法

```
<h#>标题文字</h#>
```

2. 语法说明

标题标记具有换行的作用,浏览器会自动地在标题的前后添加空行。

符号♯用来指定标题文字大小,取 1～6 的整数值,数字越小标题字越大。标题字标记还有 align 属性,用来定义标题字的对齐方式,对齐方式有四种,分别是 left、center、right、justify。但是一般推荐设计者使用 CSS 样式来定义对齐方式。

【例 3-2】　标题字标记的应用。

```
1  <html>
2    <body>
3      <h1>第 3 章文字与段落</h1>
4      <h2>3.1 文字内容</h2>
5      <h3>3.1.1 添加文字</h3>
6      <h4>1.基本语法</h4>
7      <h5>(1)解释</h5>
8      <h6>返回</h6>
9    </body>
10 </html>
```

该程序中表示了六种不同大小的标题字。程序运行结果如图 3-2 所示。

图 3-2 标题字标记的应用

标题文字的大小由它们的重要性决定,越重要的标题字号越大。在设计时要对各级标题有所规划,标题的内容能够准确地描述该段的内容,合理的标题等级对于文档的内容能够起到重要的作用。

3.1.3 添加空格

在 HTML 文件中,添加空格的方式与其他文档添加空格的方式不同。HTML 语法中空格属于特殊符号,需要在代码中输入" ",而在 Word、记事本等其他编辑器中通过键盘空格键来输入空格。

1. 基本语法

```
<body>    </body>
```

2. 语法说明

在 HTML 文件中,添加空格需要使用代码" ",其中,"nbsp"是指 Non Breaking Space,空格数量与" "个数相同。

【例 3-3】 在网页中添加空格的例子。

```
1  <html>
2   <body>
3    学习   Web 前端网页设计   技术
4   </body>
5  </html>
```

该程序中,文字"Web 前端网页设计"的前面和后面空了两格,程序运行结果如图 3-3 所示。

图 3-3　在网页中添加空格

3.1.4　添加特殊符号

特殊符号和空格一样，也是通过在 HTML 文件中输入符号代码添加。使用特殊符号可以将键盘上没有的字符显示在网页上。特殊符号对应的代码如表 3-2 所示。

表 3-2　特殊符号

特殊符号	符号代码	说　明	特殊符号	符号代码	说　明
<	&lt;	小于	®	&reg;	注册商标
>	&gt;	大于	TM	&trade;	商标
×	&times;	乘号	£	&pound;	镑
÷	&divide;	除号	¥	&yen;	人民币/日元
&	&amp;	和号	€	&euro;	欧元
"	&quot;	引号	§	&sect;	小节
©	&copy;	版权			

空格及特殊符号都是 HTML 字符实体。在 HTML 中，某些字符是预留的，不能使用包含这些字符的文本。例如，不能使用小于号（<）和大于号（>），这是因为浏览器会误认为它们是标记。如果希望正确地显示预留字符，必须在 HTML 源代码中使用字符实体。如需显示小于号，必须写成"<"。

HTML 中的常用字符实体是不间断空格。浏览器总是会截短 HTML 页面中的空格。如果在文本中写 10 个空格，在显示该页面之前，浏览器会删除它们中的 9 个。如需在页面中增加空格的数量，需要使用字符实体。

3.2　文字的修饰

在 HTML 文件中，添加了文本内容后，还需要对文本进行必要的布局和添加一些效果，使文本在网页中显示得更加美观。HTML 中存在一些格式化文本的标记，它们可以被直接使用，而不用再去写样式进行调整。

3.2.1 简单文本修饰标签

在 HTML 文件中,标签 b、i、u 用于设置文本粗体、斜体、下画线。

1. 基本语法

```
<b>加粗的文字</b>
<i>斜体文字</i>
<u>添加下画线的文字</u>
```

2. 语法说明

以上基本语法都是属于 HTML 标记的方法。

(1) 成对的<b></b>标记表示加粗文字显示。

(2) 成对的<i></i>标记表示斜体文字显示。

(3) 成对的<u></u>标记表示给文字添加下画线。

【例 3-4】 文字加粗、斜体和下画线的应用示例。

```
1   <html>
2    <head>
3      <title>简单文本修饰</title>
4    </head>
5    <body>
6      普通的文字显示<br/>
7      <b>加粗的文字</b><br/>
8      <i>斜体的文字</i><br/>
9      <u>添加下画线的文字</u><br/>
10   </body>
11   </html>
```

该程序分别对三行文字进行了修饰,显示效果分别为粗体、斜体和带下画线,程序运行结果如图 3-4 所示。

图 3-4 文字加粗、斜体和下画线

3.2.2 字体标签

编辑网页文字的样式,主要是设置文字的字体、字号、颜色等属性,利用<font>标记便可以实现。

1. 基本语法

```
<body>
  <font face="" size="" color=""></font>
</body>
```

2. 语法说明

在 HTML 文件中,利用成对<font></font>标记中的属性方法,可以将网页中的文字根据需要进行样式的编辑。

【例 3-5】 编辑网页文字效果。

```
1   <html>
2    <head>
3      <title>编辑网页文字效果</title>
4    </head>
5    <body>
6     没有使用效果的文字<br/>
7     <font face="楷体" size="6" color="#0000cc">
8       使用效果后的文字
9     </font>
10   </body>
11   </html>
```

利用成对的<font></font>标记,结合该标记的属性值,对网页中的文字具体设计,其中,face 属性是用来设置字体的;size 属性是用来设置文字的大小;color 属性则是用来设置文字颜色。网页效果如图 3-5 所示。

图 3-5　编辑网页文字效果

3.2.3　文字上下标标签

在 HTML 文件中,文字的上下标不是经常使用,但在数学中使用广泛。例如,在网页中显示一元二次方程求解,就要使用文字的上标或下标进行区分。

1. 基本语法

```
<body>
<sup>上标</sup>
<sub>下标</sub>
</body>
```

2. 语法说明

在 HTML 文件中,成对的标记表示上标,成对的标记表示下标。

【例 3-6】 使用标签、设置上标和下标的应用示例。

```
1   <html>
2    <head>
3     <title>确定文字上下标</title>
4    </head>
5    <body>
6    解下列方程:<br>
7    x<sup>2</sup>-5x+6=0<br/>
8    解:x<sub>1</sub>=2;
9    x<sub>2</sub>=3;<br/>
10   </body>
11   </html>
```

程序运行结果如图 3-6 所示。

图 3-6　使用上标和下标文字

HTML 中其他文本格式化标记如表 3-3 所示。

表 3-3　文本格式化标记

标　记	描　　述	标　记	描　　述
<b>	定义粗体文本	<ins>	定义插入字
<big>	定义大号字	<del>	定义删除字

标　记	描　　　述	标　记	描　　　述
<em>	定义着重文字	<s>	不赞成使用。请使用<del>代替
<i>	定义斜体字	<strike>	不赞成使用。请使用<del>代替
<small>	定义小号字	<u>	不赞成使用。请使用 style 代替
<strong>	定义加重语气		

3.2.4　计算机输出标签

常用的计算机输出标记如表 3-4 所示,用于计算机相关的文档和手册中。如果只是为了达到某种视觉效果而使用这些标记的话,建议使用样式表,那样做会得到更加丰富的效果。

表 3-4　计算机输出标记

标　记	描　　　述	标　记	描　　　述
<code>	定义计算机代码	<var>	定义变量
<kbd>	定义键盘码	<pre>	定义预格式文本
<samp>	定义计算机代码样本	<listing>	不赞成使用。使用<pre>代替
<tt>	定义打字机代码		

1. <code> 标记定义计算机代码文本

<code>标记用于表示计算机源代码或者其他机器可以阅读的文本内容。软件代码的编写者已经习惯了编写源代码时文本表示的特殊样式,<code>标记就是为他们设计的。包含在该标记内的文本将用等宽、类似电传打字机样式的字体(Courier)显示出来。

同时它暗示着这段文本是源程序代码。将来的浏览器有可能会加入其他显示效果。例如,程序员的浏览器可能会寻找<code>片段,并执行某些额外的文本格式化处理,如循环和条件判断语句的特殊缩进等。

2. <kbd> 标记定义键盘文本

<kbd>标记用来表示文本是从键盘输入的。浏览器通常用等宽字体来显示该标记中包含的文本。

3. <var> 标记定义变量

<var>标记表示变量的名称,或者由用户提供的值,是计算机文档中应用的另一个小窍门。这个标记经常与<code>和<pre>标记一起使用,用来显示计算机编程代码范例及类似方面的特定元素。用<var>标记标记的文本通常显示为斜体。

就像其他与计算机编程和文档相关的标记一样,<var>标记不只是让用户更容易理解和浏览文档,而且将来某些自动系统还可以利用这些恰当的标记,从文档中提取信息以及有

用参数。提供给浏览器的语义信息越多,浏览器就可以越好地把这些信息展示给用户。

【例 3-7】 计算机输出标签的应用示例。

```
1   <html>
2     <head>
3       <title>计算机输出标记</title>
4     </head>
5     <body>
6       <code>Computer code</code><br />
7       <kbd>Keyboard input</kbd><br />
8       <tt>Teletype text</tt><br />
9       <samp>Sample text</samp><br />
10      <var>Computer variable</var><br />
11      <p>
12       <b>注释:</b>这些标记常用于显示计算机/编程代码
13      </p>
14    </body>
15  </html>
```

在该程序中使用了<code>、<kbd>、<tt>、<samp>、<var>标记实现在浏览器中计算机代码的输出效果。运行效果如图 3-7 所示。

图 3-7　计算机输出标签

3.2.5　引用和术语标签

常用的引用和术语标签如表 3-5 所示。

表 3-5　引用和术语标签

标　记	描　述	标　记	描　述
<abbr>	定义缩写	<blockquote>	定义长的引用
<acronym>	定义首字母缩写	<q>	定义短的引用语
<address>	定义地址	<cite>	定义引用、引证
<bdo>	定义文字方向	<dfn>	定义一个定义项目

【例 3-8】 引用和术语的应用示例。

```
1    <html>
2      <head>
3        <title>引用和术语标记</title>
4      </head>
5      <body>
6        这是缩写:The <abbr title="People's Republic of China">PRC</abbr>was
   founded 1949.
7        <address>
8          地址:Written by Donald Duck<br/>
9          Visit us at:<br/>
10         Example.com<br/>
11         Box 564,Disneyland</br>
12         USA</br>
13       </address>
14       <blockquote>This is long quotation. This is long quotation.
15       </blockquote>
16       <cite>引用、引证</cite>
17       <q>This is a short quotation</q>
18       <dfn>定义项目</dfn>
19     </body>
20   </html>
```

第 6 行是缩写标记的应用;第 7～13 行是地址标记的应用;第 14～15 行是长块引用标记的应用,浏览器在＜blockquote＞元素前后添加了换行,并增加了外边距;第 17 行是短块引用标记的应用;第 16、18 行分别是＜cite＞、＜dfn＞标记的应用。程序运行的效果如图 3-8 所示。

图 3-8　引用和术语的应用示例

3.3 段落与排版标签

不论在普通文档,还是在网页文档,合理地使用段落会使文本更加美观,要表达的内容更加清晰。故在网页编写中,段落排版是至关重要的。

3.3.1 段落标签

HTML 文本中的回车和额外空格将被浏览器忽略,所以要在网页中开始一个段落需要通过标记来实现。在 HTML 文件中,有专门的段落标记<p>。由<p>标记所标识的文字代表同一个段落的文字,浏览器会自动地在段落的前后添加空行。

1. 基本语法

<p>段落内容</p>

2. 语法说明

在 HTML 文件中,<p></p>是一个段落标记符号,利用该标记可以对网页中的文本信息进行段落定义,但不能进行段落格式的定义。<p>是块级元素,不同段落间的间距等于连续加了两个换行符,用于区别文字的不同段落。

<p></p>是成对使用的,但是即使忘了使用结束标记,大多数浏览器也会正确地将 HTML 显示出来。良好的习惯是成对使用。

【例 3-9】 段落标签的应用示例。

```
1    <html>
2      <head>
3        <title>段落</title>
4      </head>
5      <body>
6        <p>渡荆门送别    作者:李白<br/>
7           渡远荆门外,来从楚国游。<br/>
8           山随平野尽,江入大荒流。<br/>
9           月下飞天镜,云生结海楼。<br/>
10          仍怜故乡水,万里送行舟。</br>
11       </p>
12       <hr/>
13       <p>望庐山瀑布    作者:李白<br/>
14          日照香炉生紫烟,遥看瀑布挂前川。
15          飞流直下三千尺,疑是银河落九天。<br/>
16       </p>
17       <p>注意,浏览器忽略了源代码中的排版(省略了多余的空格和换行)。</p>
18     </body>
```

```
19    </html>
```

该程序的运行效果如图 3-9 所示。

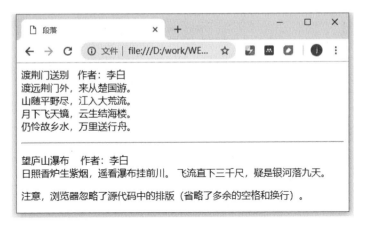

图 3-9 段落标签的应用示例

3.3.2 换行标签

在 HTML 文件中,标记
起到了换行的作用,表示强制性换行。一般情况下,浏览器会根据窗口的宽度自动将文本进行显示。如果想强制浏览器不换行显示文本,可以使用<nobr/>标记。

1. 基本语法

```
<br/>
<nobr>…</nobr>
```

2. 语法说明

是单标记,一次换行使用一个
,多次换行可以使用多个
。
<nobr>…</nobr>之间的内容不换行。

元素是一个空的 HTML 元素。由于关闭标记没有任何意义,因此它没有结束标记。
与
很相似。在 XHTML、XML 以及未来的 HTML 版本中,不允许使用没有结束标记(闭合标记)的 HTML 元素。即使
在所有浏览器中的显示都没有问题,使用
也是更长远的保障。

3.3.3 水平分隔线标签

在 HTML 文件中,可以利用<hr/>标记在网页中插入一条水平的直线,将页面的区域按照功能进行分隔。这条直线在网页中被称为水平线分隔线,根据需要还可以对网页中的水平线进行设置。<hr/>可选的属性见表 3-6。

表 3-6 ＜hr/＞可选的属性

属　　性	值	描　　述
align	center left right	不赞成使用。请使用样式取代它。规定 hr 元素的对齐方式
noshade	noshade	不赞成使用。请使用样式取代它。规定 hr 元素的颜色呈现为纯色
size	pixels	不赞成使用。请使用样式取代它。规定 hr 元素的高度（厚度）
width	pixels ％	不赞成使用。请使用样式取代它。规定 hr 元素的宽度

1. 基本语法

```
<hr/>
```

2. 语法说明

在 HTML 文件中,利用＜hr/＞标记可以插入水平分隔线。在默认情况下,水平线的宽度为 100％。水平线的宽度可以使用百分比或者像素作为单位,但是水平线的高度必须是使用像素作为单位。

3.3.4 预格式化标签

在 HTML 中利用成对的＜pre＞＜/pre＞标记对网页中的文字段落进行预格式化,浏览器会完整保留设计者在源文件中所定义的格式,包括各种空格、缩进以及其他特殊格式。

1. 基本语法

```
<pre>预格式化文本</pre>
```

【例 3-10】 预格式化的应用示例。

```
1   <html>
2     <head>
3      <title>预格式化</title>
4     </head>
5     <body>
6      <pre>
7             春晓
8        作者:孟浩然
9      春眠不觉晓,处处闻啼鸟。
10     夜来风雨声,花落知多少。
11      </pre>
```

```
12      </body>
13   </html>
```

该程序的运行效果如图 3-10 所示。

图 3-10　预格式化的应用

2. 用法说明

<pre>元素可定义预格式化的文本。被包围在 pre 元素中的文本通常会保留空格和换行符，而文本也会呈现为等宽字体。<pre>标记的一个常见应用就是用来表示计算机的源代码。

可以导致段落断开的标记（例如标题、<p>和<address>标记）绝不能包含在<pre>所定义的块里。尽管有些浏览器会把段落结束标记解释为简单的换行，但是这种行为在所有浏览器上并不都是一样的。

<pre>元素中允许的文本可以包括物理样式和基于内容的样式变化，还有链接、图像和水平分隔线。当把其他标记（比如<a>标记）放到<pre>块中时，就像放在HTML/XHTML 文档的其他部分中一样即可。

【例 3-11】　预格式化与其他标签的应用示例。

```
1    <pre>
2    &lt;html&gt;
3    &lt;head&gt;
4    &lt;script type=&quot;text/javascript&quot; src=&quot;loadxmldoc
     .js&quot;&gt;
5    &lt;/script&gt;
6    &lt;/head&gt;
7    &lt;body&gt;
8    &lt;script type=&quot;text/javascript&quot;&gt;
9    xmlDoc=<a href="dom_loadxmldoc.asp">loadXMLDoc</a>(&quot;books.xml&quot;);
10   document.write(&quot;xmlDoc is loaded, ready for use&quot;);
11   &lt;/script&gt;
12   &lt;/body&gt;
13   &lt;/html&gt;
14   </pre>
```

在上面的代码中，＜pre＞标记中的特殊符号被转换为符号实体，比如 "<" 代表 "＜"，">" 代表 "＞"。另外，请注意加粗的代码，我们在＜pre＞标记中使用了链接，也就是＜a＞标记。上面这段代码的显示效果如图 3-11 所示。

图 3-11　预格式化与其他标签

3.3.5　滚动字幕标签

　　＜marquee＞标签是成对出现的标签，首标签＜marquee＞和尾标签＜/marquee＞之间的内容就是滚动内容。＜marquee＞标签的属性主要有 behavior、bgcolor、direction、width、height、hspace、vspace、loop、scrollamount、scrolldelay 等，都是可选的。

1. 基本语法

```
<marquee behavior=" direction=" loop=" scrollamount=">滚动内容</marquee>
```

2. ＜marquee＞ 属性的用法

　　behavior 属性的参数值为 alternate、scroll、slide 中的一个，分别表示文字来回滚动、单方向循环滚动、只滚动一次。如果在＜marquee＞标签中同时出现了 direction 和 behavior 属性，那么 scroll 和 slide 的滚动方向将依照 direction 属性中参数的设置。

【例 3-12】　behavior 属性的应用示例。

```
1  <marquee behavior="alternate">我来回滚动</marquee>
2  <marquee behavior="scroll">我单方向循环滚动</marquee>
3  <marquee behavior="scroll" direction="up" height="30">我改单方向向上循环滚
   动</marquee>
4  <marquee behavior="slide">我只滚动一次</marquee>
5  <marquee behavior="slide" direction="up">我改向上只滚动一次了</marquee>
```

direction 属性表示文字滚动的方向,属性的参数值有 down、left、right、up 共四个,单一可选值,分别代表滚动方向向下、向左、向右、向上。

【例 3-13】　direction 属性的应用示例。

```
1  <marquee direction="right">我向右滚动</marquee>
2  <marquee direction="down">我向下滚动</marquee>
```

width 和 height 属性的作用是决定滚动文字在页面中的矩形范围大小。width 属性用以规定矩形的宽度,height 属性规定矩形的高度。这两个属性的参数值可以是数字或者百分数,数字表示矩形所占的(宽或高)像素点数,百分数表示矩形所占浏览器窗口的(宽或高)百分比。

hspace 和 vspace 属性决定滚动矩形区域距周围的空白区域。

【例 3-14】　width、height 属性和 hspace 和 vspace 属性的应用示例。

```
1  <marquee width="300" height="30" vspace="10" hspace="10" >
2    我矩形边缘水平和垂直距周围各 10 像素。我宽 300 像素,高 30 像素。
3  </marquee>
4  <marquee width="300" height="30" vspace="50" hspace="50" >
5    我矩形边缘水平和垂直距周围各 50 像素。我宽 300 像素,高 30 像素。
6  </marquee>
```

loop 属性决定滚动文字的滚动次数,默认是无限循环。参数值可以是任意的正整数,如果设置参数值为－1 或 infinite 时将无限循环。

scrollamount 和 scrolldelay 属性决定文字滚动的速度(scrollamount)和延时(scrolldelay),参数值都是正整数。

【例 3-15】　scrollamount 和 scrolldelay 属性的应用示例。

```
1  <marquee scrollamount="100">我速度很快。</marquee>
2  <marquee scrollamount="50">我慢了些。</marquee>
3  <marquee scrolldelay="30">我小步前进。</marquee>
4  <marquee scrolldelay="1000" scrollamount="100">我大步前进。</marquee>
```

3.4　综 合 案 例

本节通过班级网站的班级新闻中文字内容的添加过程,介绍如何将文字与段落相关知识应用于实际项目中。

单击班级网站中的班级新闻,进入到特定新闻的详细内容,该页面一般称为内容页面。内容页面的主导航、Banner、版权等应该和主页的布局风格相同。内容页面主要是展示新闻内容,仅显示标题及详细内容。本案例针对新闻标题及内容的文字与段落的设定及显示。

案例中文字的呈现属性,在后面章节将用 CSS 样式取代,这里其实不推荐使用呈现属性。班级新闻的内容页面效果如图 3-12 所示。

图 3-12　班级新闻的内容页面

班级新闻的内容页面的代码如下。

```
1    <!--案例 -->
2    <html>
3      <head>
4        <title>综合案例</title>
5      </head>
6      <body>
7      <font color=#007b3b>
8        <h1>班级新闻</h1>
9      </font>
10     <font color=#0a356d>
11       <h2>Class News</h2>
12     </font>
13     <font color=#9b9875>
14       <p style="width:490px">    软件一班于 2018 年 9
         月成立……
15       </p>
16     </font>
17     <hr width=490px align=left />
```

```
18      <font  color=#9b9875>
19        <p><b>上一篇:</b>向身边的人学习身边的事
20          <br />
21          <b>下一篇:</b>迎评促建争先进
22        </p>
23      </font>
24    </body>
25  </html>
```

习　　题

1. 选择题

(1) 你认为最合理的定义标题的方法是(　　　)。

　　A. <div>文章标题</div>

　　B. <p><b>文章标题</b></p>

　　C. <h1>文章标题</div>

　　D. <strong>文章标题</strong>

(2) 如果想要实现粗体效果,可以使用(　　　)标签来实现。

　　A. <strong></strong>

　　B. <em></em>

　　C.

　　D.

(3) 下面哪一组不属于字体<font>标记的属性?(　　　)

　　A. center　　　　　　　　　　B. size

　　C. color　　　　　　　　　　D. align

(4) 下列标记中,表示段落的标记是(　　　)。

　　A. <html></html>

　　B. <body></body>

　　C. <p></p>

　　D. <pre></pre>

(5) 下列标签中,哪一个不是块元素?(　　　)

　　A. strong　　　　　　　　　　B. p

　　C. div　　　　　　　　　　　D. hr

2. 编程题

使用本章学到的各种文本标签,把如图 3-13 所示的网页效果制作出来。

图 3-13　文本标签的使用

列 表

列表在 HTML 文档中应用的目的是将一系列文字信息或者图片信息集合在一起,进行有序或无序的罗列展示。这样做有助于将不同的内容分类呈现,条理清晰。在 Web 前端开发中,列表经常用于导航菜单的设计。

HTML 中列表有三种形式:无序列表、有序列表和自定义列表。

4.1 无 序 列 表

无序列表中各列表项没有先后次序的要求,列表项之间是并列关系。无序列表中要在各列表项前加上项目符号,以表示列表项的分类关系。

1. 基本语法

```
<ul type="">
<li>项目名称</li>
<li>项目名称</li>
<li>项目名称</li>
...
</ul>
```

2. 语法说明

无序列表用<ul>和<li>两组标签共同表示,其中,<ul>…</ul>标签用来产生列表,<li>…</li>标签用来表示无序列表中的列表项。

无序列表中列表项前的项目通过 type 属性来表示,type 的不同取值决定了项目符号的样式。type 属性的值与项目符号样式的对应如下。

(1) disc:项目符号为实心圆点(默认值)。

(2) circle:项目符号为空心圆点。

(3) square:项目符号为实心方块。

例 4-1 展示了无序列表的结构及样式,实现了新闻信息的列表展示。

【例 4-1】 无序列表的结构。

```
1  <html>
```

```
2   <head>
3     <meta http-equiv="Content-Type" content="text/html; charset=utf-8" />
4     <title>无序列表</title>
5   </head>
6   <body>
7     <ul type="disc">
8       <li>2018年暑期夏令营活动圆满结束</li>
9       <li>我校 2018 年暑期学生夏令营开营仪式在准格尔校区举行</li>
10      <li>关于举办专职辅导员培训交流会的通知</li>
11      <li>我校举行 2018 年榜样的力量优秀学生巡讲报告会</li>
12      <li>2018年大学生征兵暨征兵宣传月启动仪式</li>
13    </ul>
14  </body>
15  </html>
```

该实例建立了一个由 5 个列表项组成的无序列表,实例中设置了项目符号的类型 type＝"disc",每个项目前都会显示一个实心圆点。如果改变 type 属性的值,则列表项前的项目符号会根据指定的值进行显示。该实例的效果图如图 4-1 所示。

图 4-1　无序列表

4.2　有序列表

有序列表中的各列表项有先后顺序之分,在设计列表时,列表项前加上序号(例如阿拉伯数字或罗马数字等),有序列表经常用来描述一个有先后顺序的流程。

1. 基本语法

```
<ol type="">
<li>项目名称</li>
<li>项目名称</li>
<li>项目名称</li>
…
</ol>
```

2. 语法说明

一个有序列表的实现要通过＜ol＞和＜li＞两组标签来实现,其中,＜ol＞…＜/ol＞标签的作用是产生列表,＜li＞…＜/li＞标签用来显示列表中的列表项。

有序列表中列表项的序号样式由 type 属性的值决定,type 属性的值与列表项序号样式的对应如下。

（1）1：项目序号为阿拉伯数字(默认值)。

（2）i：项目序号为小写罗马数字。

（3）I：项目序号为大写罗马数字。

（4）a：项目序号为小写英文字母。

（5）A：项目序号为大写英文字母。

例 4-2 实现了一个计算机等级考试网上报名的有序列表的结构及样式,通过列表中的项目展示了网上报名的先后顺序。

【例 4-2】 有序列表的结构。

```
1   <html>
2     <head>
3       <meta http-equiv="Content-Type" content="text/html; charset=utf-8" />
4       <title>有序列表</title>
5     </head>
6   <body>
7       <p>全国计算机等级考试报名流程<p>
8       <ol type="1">
9         <li>登录网上报名系统</li>
10        <li>阅读报名协议</li>
11        <li>填写基本信息</li>
12        <li>选择报考科目</li>
13        <li>上传相片</li>
14        <li>现场确认、缴费</li>
15      </ol>
16    </body>
17  </html>
```

上述代码实现了由 6 个项目组成的有序列表,项目序号的类型由 type＝"1"设置为阿拉伯数字,则显示时项目序号由阿拉伯数字 1 开始计数并顺序显示,其效果如图 4-2 所示。

如果要改变项目的序号类型,则需要修改 type 属性的值,即可按照属性值所对应的序号类型显示。

通常有序列表的项目序号的起始值都是从 1、i、I、a、A 开始(根据 type 属性的值),如果想改变项目序号

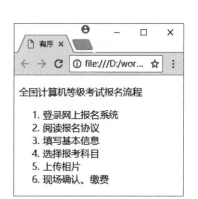

图 4-2 有序列表

的起始值,可以通过指定 start 属性的值实现。start 属性的值为整数,表示从第几个数字或字母开始编号,例 4-2 中如果要设置项目的起始序号从罗马数字Ⅳ开始,则可以在<ol>标签中首先设置 type="I",其次设置 start="4",修改代码如下所示。

```
1  <ol type="I" start="4">
2    <li>登录网上报名系统</li>
3    <li>阅读报名协议</li>
4    <li>填写基本信息</li>
5    <li>选择报考科目</li>
6    <li>上传相片</li>
7    <li>现场确认、缴费</li>
8  </ol>
```

4.3 自定义列表

相对于无序列表和有序列表,自定义列表是指列表中的列表项没有任何形式的项目符号和序号,列表项通过缩进来显示内容的层次。

1. 基本语法

```
<dl>
<dt>…</dt>
<dd>…</dd>
<dd>…</dd>
…
<dt>…</dt>
<dd>…</dd>
<dd>…</dd>
…
</dl>
```

2. 语法说明

自定义列表由<dl>…</dl>、<dt>…</dt>和<dd>…</dd>三组标签组成,三组标签的含义如下。

(1)<dl>…</dl>标签用来创建自定义列表。

(2)<dt>…</dt>标签用来创建自定义列表中的顶层列表项。

(3)<dd>…</dd>标签用来创建由<dt>…</dt>标签所创建的顶层列表项下的二级列表项。相对于顶层列表项,二级列表项会有一定距离的左缩进,以显示二级列表项与顶层列表项层次的不同。

例 4-3 使用自定义列表展示了计算机等级考试流程中的网上报名和线下培训的流程,其中,网上报名和线下培训是整个自定义列表中的顶层列表项,每个顶层列表项下又包含若干二级列表项。

【例 4-3】 自定义列表的结构。

```
1   <html >
2     <head>
3       <meta http-equiv="Content-Type" content="text/html; charset=utf-8" />
4       <title>自定义列表</title>
5     </head>
6     <body>
7       <p>计算机等级考试报名及培训通知</p>
8       <dl>
9         <dt>网上报名</dt>
10        <dd>登录网上报名系统</dd>
11        <dd>阅读报名协议</dd>
12        <dd>填写基本信息</dd>
13        <dd>选择报考科目</dd>
14        <dd>上传相片</dd>
15        <dd>现场确认、缴费</dd>
16        <dt>线下培训</dt>
17        <dd>培训地点：实验楼 B 座 4 楼教学机房</dd>
18        <dd>培训时间：每个星期六上午 9:00</dd>
19      </dl>
20    </body>
21  </html>
```

浏览器解释后生成的 HTML 页面如图 4-3 所示。

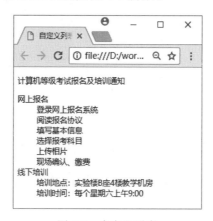

图 4-3　自定义列表

4.4　列表的嵌套

在 HTML 文件中，对于内容层次较多的情况可以使用列表的嵌套来实现。列表的嵌套是指在一个列表中还可以再插入列表。列表的嵌套使用不仅能够解决单一列表无法表达内容层次的问题,还可使内容的显示美观、清晰。列表的嵌套可以是有序列表的嵌套,也可以是无序列表的嵌套,还可以是有序列表和无序列表混合嵌套,嵌套的层次也可根据内容情况嵌套多层。

1. 基本语法

```
<ol(或 ul) type="">
<li>项目名称</li>
…
<li>项目名称</li>
<ol(或 ul) type=""><!--嵌套列表-->
<li>项目名称</li>
<li>项目名称</li>
…
</ol(或 ul)>
<li>项目名称</li>
…
</ol(或 ul)>
```

2. 语法说明

(1) 列表嵌套过程中一定要注意标签的配对问题,否则内容的显示层次可能达不到要求。

(2) 每个嵌套的列表都会以左缩进显示。

(3) 列表的嵌套深度不宜过大(一般 2~3 层为宜),否则浏览器显示会出现混乱。

【例 4-4】 列表的嵌套结构。

```
1   <html>
2     <head>
3       <title>列表的嵌套</title>
4     </head>
5     <body>
6       <p>计算机等级考试报名及培训通知</p>
7       <ul type="square">
8         <li>网上报名</li>
9         <ol type="1"><!--嵌套列表-->
10          <li>登录网上报名系统</li>
11          <li>阅读报名协议</li>
12          <li>填写基本信息</li>
13          <li>选择报考科目</li>
14          <li>上传相片</li>
15          <li>现场确认、缴费</li>
16        </ol>
17        <li>线下培训</li>
```

```
18      <ul type="circle"><!--嵌套列表-->
19        <li>培训地点：实验楼 B 座 4 楼教学机房</li>
20        <li>培训时间：每个星期六上午 9:00</li>
21      </ul>
22    </ul>
23  </body>
24  </html>
```

例 4-4 是用有序列表和无序列表嵌套的形式来显示计算机等级考试报名及线下培训通知，其中，报名环节是有序列表，线下培训环节是无序列表。显示的效果如图 4-4 所示。

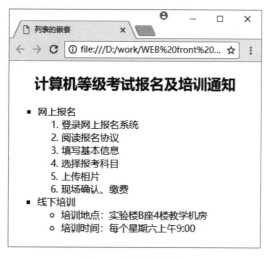

图 4-4　列表的嵌套

4.5　综　合　案　例

列表技术在 Web 前端开发中使用得非常普遍，几乎任何一个网站的页面都涉及列表的使用。在班级网站综合案例中，导航栏就是用无序列表实现的，只是列表项横向显示，与本站的实例有些不同。班级网站中列表的显示效果如图 4-5 所示。

图 4-5　无序列表实现的导航栏

细心的读者会发现，实现本案例导航栏的无序列表的列表项前并没有出现项目符号，这是因为利用 CSS 将项目符号去掉了，因为作为导航栏来使用时很少有在列表项前加项目符号的做法。实现本案例的代码如下所示。

```
1    <span class="top-links floatr">
2      <ul>
3        <li><a href="index.html">首页</a></li>
4        <li><a href="classblog.html">班级日志</a></li>
5        <li><a href="classphoto.html">班级相册</a></li>
6        <li><a href="personpage.html">个人主页</a></li>
7        <li><a href="message.html">留言本</a></li>
8        <li><a href="register.html">注册</a></li>
9        <li><a href="about.html">关于我们</a></li>
10     </ul>
11   </span>
```

代码解释：

第 1 行中的<span>标签用来组合文档中的行内元素，可以理解为一个小容器。本例中用<span>标签将众列表组合成行级元素，这样列表可以显示为一行，否则每个列表项都会占用一行，无法实现导航栏的效果。<span>标签是把列表变成行级元素的重要标签。

第 2 行中<ul>标签并没有使用其 HTML 中的 type 属性，而是使用 CSS 来修饰其 type 属性。关于 CCS 的内容详见后续章节。

第 3～9 行中<li>标签内嵌套使用了<a>标签，用于实现对每个导航菜单（列表项）的超级链接功能，<a>标签也是制作导航栏的关键标签。

习　　题

1. 选择题

(1) 在有序列表中，如果要设置其编号为 C，则应设置 start 属性的值为(　　　)。

    A. 3　　　　　　　　　B. c　　　　　　　　　C. Ⅲ　　　　　　　　　D. ⅲ

(2) 设置无序列表的项目符号为实心方块，则 type 属性的取值应为(　　　)。

    A. disc　　　　　　　B. circle　　　　　　　C. square　　　　　　D. none

(3) 有序列表默认的项目编号类型是(　　　)。

    A. 阿拉伯数字　　　　　　　　　　　　　　B. 罗马数字

    C. 小写字母　　　　　　　　　　　　　　　D. 大写字母

2. 填空题

(1) 无序列表中列表项前的项目符号有＿＿＿＿、＿＿＿＿、＿＿＿＿三种类型。

(2) 在一个列表中使用另外一个列表称为列表的＿＿＿＿。

(3) 有序列表的标签名是＿＿＿＿，无序列表的标签名是＿＿＿＿。

3. 编程题

使用嵌套列表实现如图 4-6 所示的页面。

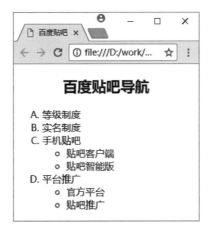

图 4-6 嵌套列表

超级链接

超级链接是网站的重要组成部分,HTML 正是因为有了超级链接才显得与众不同。超级链接使得浏览者可以在众多网页之间跳转和返回。网站正是因为这种多链接性才形成了众多网页的交织。本章将介绍超级链接的概念及使用方法。

5.1　超级链接概述

超级链接(Hyperlink)是网站的精髓,它允许一个网页同其他网页或站点之间互连在一起,形成一个纷繁的网络世界。Web 的一个主要概念就是超级链接,它使得文本等页面元素不再像一本书一样是固定的线性结构,而是可以从一个位置跳到另外的位置,从中获取更多的信息。想要了解某一个主题的内容只要在这个主题上单击,就可以跳转到包含这一主题的文档上,正是因为 HTML 文件之间的这种多链接性才把整个系统称为网站(Website)。

5.2　超级链接语法、路径及分类

本节介绍 HTML 实现超级链接的基本语法,包括超级链接的分类以及超级链接的路径设置问题。

5.2.1　超级链接语法

在 HTML 文件中,超级链接使用<a>…</a>标签组来实现,语法结构及相关说明如下所示。

1. 基本语法

```
<a href="url" target="窗口名称" title="超级链接文字说明">链接内容</a>
```

2. 语法说明

(1)<a>标签是双标签,链接的内容放在<a>和</a>之间。链接内容可以是文字、图片、音频或视频文件等。

(2) href 属性是<a>标记的必需属性,不可省略,用于设置链接所指向的目标地址,目标地址通过 href 属性的值"url"来表示。

（3）url：资源地址，指的是链接所指向的文件地址，其取值可以是本地地址或远程地址。

（4）target 属性用于指定打开链接时的目标窗口，默认值是在原窗口中打开。其属性值及代表含义如表 5-1 所示。

表 5-1　target 属性取值及含义

值	含　　义
_self	在当前窗口中打开目标文件，默认值
_blank	在新窗口中打开目标文件
_top	在整个浏览器窗口打开链接（忽略任何框架）
_parent	在当前窗口的上一级窗口打开，一般在框架中使用

（5）title 属性对超级链接起到提示或说明作用。浏览器打开网页后，当光标悬停在链接上方时会出现提示性文字，文字内容由 title 属性值指定，往往用来提示该链接指向的内容是什么。

例 5-1 实现了一个中文门户网站排名的网页，每个网站可以通过所设置的链接单击访问。

【例 5-1】 门户网站超级链接示例。

```
1  <html>
2   <head>
3    <meta http-equiv="Content-Type" content="text/html; charset=utf-8" />
4    <title>网站排名</title>
5   </head>
6   <body>
7    <h2><center>中文门户网站排名<center></h2>
8    <p>1.<a href="http://www.sohu.com" target="_self" title="打开搜狐网">搜狐</a></p>
9    <p>2.<a href="http://www.sina.com.cn" target="_self" title="打开新浪网">新浪</a></p>
10   <p>3.<a href="http://www.163.com" target="_self" title="打开网易网">网易</a></p>
11   <p>4.<a href="http://www.ifeng.com" target="_self" title="打开凤凰网">凤凰</a></p>
12   <p>5.<a href="http://www.qq.com" target="_self" title="打开腾讯网">腾讯</a></p>
13  </body>
14 </html>
```

在上述实例中，各个门户网站都是用网站的 URL 地址指定链接路径的。由于指定了 target＝"_self"，所以每一个网站被打开时都是在原窗口中打开，同时原窗口中之前的网页数据将会从内存中卸载,被目标网页所取代。如果要指定目标网页在新浏览器窗口中打开,则需要修改 target 属性的值为"_blank"。效果如图 5-1 所示。

5.2.2　超级链接路径

在实现超级链接功能时,必须指定 href 属性的值,也就是目标文件的路径。网站中(或站外)每一个文件都有一个独一无二的地址,称为 URL(Uniform Resource Locator,统一资源定位符),通过 URL 建立当前文件到目标文件的链接。

HTML 中主要提供了两种形式的路径,即绝对路径和相对路径,不同的路径用在不同的链接中。如果要链接站外的文件,则需要使用绝对路径;如果要链接站内的文件,则需使用相对路径。

1. 绝 对 路 径

绝对路径是指目标文件的完整路径,路径中需包含完整的传输协议名称、主机名称、目录名称以及文件名称,一般用于对站外的文件的链接。常见的绝对路径形式如下所示。

```
<a href="http://www.imut.edu.cn/ies/index.html">内容</a>
```

注意:如果对站内的文件做链接,一般不使用绝对路径,如图 5-2 所示目录,其中,站点文件夹(WEB front)位于 D 盘根目录。

图 5-1　外部网站超级链接

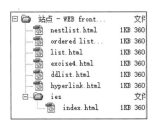

图 5-2　文件的路径

如果要使用绝对路径方式建立 list.html 到目标文件 index.html 的超级链接,根据图 5-2 所示的目录情况,则代码如下。

```
<a href="D:/WEB front/ies/index.html" target="_blank">学院首页</a>
```

这样做有很大弊端,当网站发生移植时(比如站点文件夹从 D 盘移植到 E 盘),访问该链接时就会出错,因为原有路径下的文件已经移植到 E 盘,不在 D 盘了。

因此,在设置超级链接路径时,只有当链接的目标文件在站外时,才可以使用绝对路径;当目标文件在站内时,不要使用绝对路径描述超级链接。

2. 相对路径

相对路径是指从当前文件为起点到目标文件的路径,相对路径中省略掉了当前文件和目标文件的共同路径部分。

举一个简单的例子,比如你在校园里遇到一个同学问你"你是哪里人?"你如果这样回答"我是中华人民共和国山东省济南市人"就未免有些啰唆,一般都直截了当回答"我是山东人"或"我是济南人",因为彼此都是中国人(假定二者都是中国人),所以回答过程中可以省略掉共同的"路径"——中华人民共和国,而使用"相对路径"回答"我是济南人"即可。

理解了相对路径的含义,根据图 5-2 的目录情况实现从 list.html 文件到目标文件 index.html 文件的超级链接,则可以使用以下形式的相对路径。

```
<a href="ies/index.html"  target="_blank ">学院首页</a>
```

上述链接省掉了 list.html 文件和 index.html 文件的共同路径"D:/WEB front",链接路径仅包含从 list.html 到 index.html 的部分。这样网站即使移植到别的地方,也不影响链接的访问,因为路径是相对的,没有绝对写死。

上一个例子是实现从当前目录文件 list.html 到下一级子目录文件 index.html 的超级链接,如果要实现从下级子目录 ies 中的 index.html 文件到上一级目录中的 list.html 文件的超级链接,则路径的写法发生变化,如下所示。

```
<a href="../list.html"  target="_blank ">返回首页</a>
```

其中,".."表示的含义是上一级目录。

5.2.3　超级链接分类

在 HTML 中,超级链接分为内部链接、外部链接和书签链接(也称锚点链接)三种。内部链接是指同一个网站内的文件之间的链接;外部链接是指网站内的文件到网站外的文件的链接。书签链接是指同一个文件中的一点(指向书签的链接)到另一个点(书签)的链接(或者从一个文件中的一点到另外一个文件中的书签的链接)。

1. 内部链接

内部链接是指当前文件与目标文件都在同一网站内,在建立超级链接时要使用相对路径。

(1) 如果当前文件(例如 source.html)与目标文件(例如 targ.html)在同一个目录下,设置超级链接时按照如下格式进行。

```
<a href="targ.html"  target=" ">内容</a>
```

(2) 如果当前文件(例如 source.html)要链接到站点下一级目录中的目标文件(例如 targ.html),设置超级链接时按照如下格式进行。

```
<a href="目录名/targ.html"  target=" ">内容</a>
```

（3）如果当前文件（例如 source.html）要链接到站点中上一级目录中的目标文件（例如 targ.html），设置超级链接时按照如下格式进行。

```
<a href="../targ.html" target=" ">内容</a>
```

（4）如果当前文件（例如 source.html）要链接到站点中上两级目录中的目标文件（例如 targ.html），设置超级链接时按照如下格式进行。

```
<a href="../../targ.html" target=" ">内容</a>
```

以此类推，如果要从当前文件链接到上三级目录下的文件，则相对路径须遵循以下格式："../../../目标文件名"。

内部链接在 HTML 中是经常用到的一种链接形式，网站中大部分超级链接都是内部链接。

2. 外部链接

外部链接是指由网站内的文件链接到站外的目标文件，这种链接一般都采用绝对路径，常用的外部链接格式有：

（1）<a href=" http://www.sohu.com">内容</a>

（2）<a href="http://www.imut.edu.cn/ies/index.html">内容</a>

（3）<a href="ftp://219.225.31.201">内容</a>

（4）<a href="mailto://abc@xx.com">内容</a>

其中，（3）用来链接外部的文件服务器；（4）用来实现 E-mail 链接。

3. 书签链接

书签链接可以理解为点到点的链接，可以实现从同一个文件的某个点到另一个目标点，也可以实现从一个文件的某个点到另一个文件的目标点，这个目标点叫作书签（也称为锚点），因此书签链接也叫作锚点链接。

书签链接适合于页面篇幅较长的情况，浏览者可以对一个链接进行单击，快速定位到书签处去阅读内容，而无须通过拖动滚动条进行顺序阅读，给浏览者带来了方便。

1）基本语法

书签链接是从文件中的某个点到书签的链接，设置步骤分为以下两步。

第一步：建立书签。

```
<a name="书签名称">内容</a>
```

第二步：为书签制作链接。

```
<a href="#书签名称" target=" ">内容</a>
```

2）语法说明

name 属性用来指定书签名，该书签名会在书签链接处进行引用，引用时需在书签名前面加"#"。

如果要在不同页面间建立书签链接,则书签链接的链接应设置为:

`<a href="URL 地址#书签名称"  target=" ">内容</a>`

【例 5-2】　书签链接的应用。

```
1  <html >
2   <head>
3    <title>书签链接</title>
4   </head>
5   <body>
6    <h3><center>Web 前端开发技术简介<center></h3>
7    <p><a href="#html5">HTML5</a></p>
8    <p><a href="#CSS3">CSS3</a></p>
9    <p><a href="#JavaScript">JavaScript</a></p>
10   <p><a href="#JQuery">JQuery</a></p>
11   <p><a href="#Ajax">Ajax</a></p>
12   <p><a href="#BootStrap">BootStrap</a></p>
13   <hr color="#333333">
14   <a name="html5">HTML5</a>
15   <p>HTML5 是万维网发布的最新语言规范,做 Web 前端,精通 HTML5 是必须要掌握的一
     项技能。</p>
16   <a name="CSS3">CSS3</a>
17   <p>CSS3 的语言开发是朝着模块化发展的,这些模块包括盒子模型、列表模块、文字特效
     和多栏布局等,CSS3 对于 Web 前端整个页面的设计是必备的技能。</p>
18   <a name="JavaScript">JavaScript</a>
19   <p>JavaScript 是一种直译式的脚本语言,是一种动态类型、弱类型,基于原型的语言,
     内置支持类型,掌握了 JavaScript,你就可以给你的网页增加各种不同的动态效果。</p>
20   <a name="JQuery">JQuery</a>
21   <p>JQuery 是轻量级的 JS 库,它兼容 CSS3,JQuery 能够使用户更方便地处理 HTML,实
     现动画效果,更方便地为网站提供 Ajax 交互。</p>
22   <a name="Ajax">Ajax</a>
23   <p>一旦 UI 设计与服务架构之间的范围被严格区分开来后,开发人员就需要更新和变化
     的技术集合了。实现网站交互必须熟练掌握 Ajax。</p>
24   <a name="BootStrap">BootStrap</a>
25   <p>BootStrap 是基于 HTML、CSS、Java 的,它简洁灵活,使得 Web 开发更加快捷。
     Bootstrap 中包含丰富的 Web 组件,根据这些组件,可以快速地搭建一个漂亮、功能完备的
     网站。</p>
26   </body>
27  </html>
```

上述代码的效果如图 5-3 所示。代码中创建了 6 个书签,以及与书签对应的 6 个书签链接。当单击某个书签链接时,则会根据书签名转移到对应的书签点处,从而实现了从一个点到另一个点的跳跃。

如果要在不同页面间建立书签链接,只需在设置书签链接时,在 href 属性值中"#书

签名"前先加上目标页面的 URL 地址即可,例如:

```
<a href="index.html#poem" target="_blank">内容</a>
```

该书签链接就是跨页面的,从当前页面链接到 index.html 页面的名为 poem 的书签。

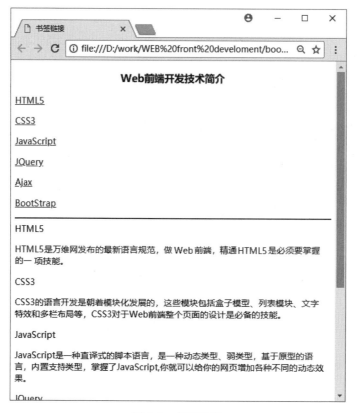

图 5-3　书签链接

5.3　超级链接的其他应用

超级链接的对象除了常规 HTML 文件之外,还可以是其他非 HTML 文件、FTP 站点以及电子邮件等。

5.3.1　创建文件下载超级链接

下载是指将网站所在的服务器上的文件复制到本地机器上来。在 HTML 超级链接中,如果链接的目标文件是浏览器解释不了的文件(如 Word 文档、Excel 文档、Zip 文档等),那么该目标文件不会被打开显示,而是变成文件下载。文件目录如图 5-4 所示。

如果要建立从 downloadpage.html 到 files 二级目录中的请假表、评优系列表以及成绩单的超级链接,可使用下述代码实现。

```
<a href="files/请假表.docx">学生请假表</a>
```

```
<a href="files/成绩单.xlsx">空白成绩单</a>
<a href="files/评优系列表格.zip">评优系列表格</a>
```

当单击这些超级链接时,由于浏览器无法解释这些类型的文件,因而无法打开这些文件显示,超级链接变为下载链接,如图 5-5 所示。

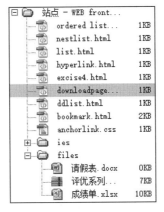

图 5-4 网站目录

图 5-5 文件的下载

5.3.2 创建图像超级链接

HTML 文档中除了文字之外,图像也是经常建立超级链接的页面元素。

1. 基本语法

```
<a href="目标文件地址" target="窗口名称"><img src="图像地址"></a>
```

2. 语法说明

(1) href 属性用来指定超级链接目标文件的 URL。

（2）src 属性用来指定图像 URL。

（3）<img>标签要嵌套在<a>标签内部，图片的大小可以通过 CSS 来设置。

【例 5-3】 图像链接的应用。

```
1   <html>
2    <head>
3     <title>图像链接</title>
4    </head>
5    <body>
6     <h3><center>图像链接<center></h3>
7     <hr color="#666666">
8     <a href="http://www.imut.edu.cn"><img src="img/imut.jpg"></a>
9    </body>
10  </html>
```

上述代码执行后的效果如图 5-6 所示。

当单击页面中的图像时，会根据超级链接 href 属性所指定的 URL 打开外部网站。

注意：图像设置了超级链接后会出现蓝色边框，可通过设置 border＝"0"来去掉边框。

5.3.3 创建电子邮件超级链接

HTML 中电子邮件链接的作用是启动默认的电子邮件客户端程序（默认为 Outlook），从而方便给指定电子邮箱发送邮件。

图 5-6　图像链接

1. 基本语法

```
<a href="mailto:电子邮箱地址">内容</a>
```

2. 语法说明

（1）mailto 属性指定邮件发送的目标电子邮箱地址。

（2）只有在浏览器端正确安装了电子邮件客户端程序后才能正常使用该链接。

例如：

```
<a href="mailto:49198967@qq.com">联系我们</a>
```

该实例的功能是：当单击"联系我们"链接时，会启动电子邮箱客户端程序，可以编写邮件发送给 49198967@qq.com。

5.4 综合案例

在班级网站综合案例中多处使用超级链接,比如导航栏、公告栏、班级风采等内容,在本章综合案例中截取班级风采内容模块超级链接的代码进行展示,效果如图 5-7 所示。

图 5-7 班级风采栏超级链接

该部分内容的链接形式为图像链接,当单击栏目中任意图片时,都会根据超级链接的 href 属性链接到对应的目标文件上。实现本案例的主要代码如下所示。

```
1   <div class="gallery-section floatl">
2     <h1>班级风采</h1>
3     <h6>Class Active<h6>
4     <a href="#"><img src="images/gallery-img1.gif"/></a>
5     <a href="#"><img src="images/gallery-img2.gif"/></a>
6     <a href="#"><img src="images/gallery-img3.gif"/></a>
7     <a href="#"><img src="images/gallery-img4.gif" /></a>
8   </div>
```

代码解释:

第 1 行和第 8 行出现的<div>标签是指层标签,相当于一个容器,<div>的应用便于布局。关于<div>标签将在后续的章节中介绍。本例中的这些内容放在层容器中,并通过 class 类设置层中内容的样式。

第 4~7 行中的 href="#",是指链接的目标文件都是当前文件本身。

习 题

1. 选择题

(1) 以下属性值( )是指链接的目标文件在一个新窗口中打开。

A. _self   B. _blank   C. _top   D. _parent

（2）如果要建立同一个网页内点到点的超级链接,应采用以下（　　）形式。

A. 框架链接   B. 外部链接

C. 书签链接   D. 电子邮箱链接

（3）下面是相对路径的是（　　）。

A. href＝"http://www.sohu.com"   B. href＝"../index.html"

C. href＝"ftp://219.225.14.18"   D. href＝"/ies.html"

（4）相对路径不能用来链接（　　）。

A. 同一目录下的文件   B. 同一网站下的文件

C. 上级目录中的文件   D. 站外文件

2. 填空题

（1）超级链接使用＿＿＿＿＿＿＿属性设置目标文件窗口的显示方式。

（2）定义书签时,应该设置＜a＞标签的＿＿＿＿＿＿＿属性。

（3）＜a＞标签中的 title 属性的含义是＿＿＿＿＿＿＿＿＿＿＿＿＿＿＿＿＿＿＿。

3. 编程题

用无序列表实现如图 5-8 所示的新闻列表项,并为每个新闻标题添加超级链接（可以是内部链接也可以是外部链接）。

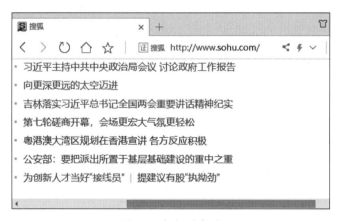

图 5-8　新闻列表项

图片与多媒体文件

要构建资源丰富的网站,仅有文字和超链接还远远不够,还需要大量的图片、声音、视频、动画等多媒体信息来丰富网站的内容,吸引更多网络访问者的关注。大型商业网站非常注重 Web 前端开发技术的研究,通过组合各类前端开发技术来改善用户体验和增加用户互动环节。本章重点介绍图片、音乐、视频、动画等多媒体文件在网页中的运用。

网页的主要组成元素包括文本、图片、音频、视频。虽然文本是最主要的网页元素,但图片、音频、视频都是必不可少的,而且在网页中最能体现网页特色效果的正是图片、音频、视频等元素。

6.1 图　　片

在网页中,图片和多媒体发挥着重要的作用。图片一目了然,让人们用很短的时间掌握最多的信息,适应现代社会和现代人的快节奏。灵活地应用图片和多媒体元素也会给网页增添色彩。图片及多媒体文件的直观、明了、绚丽和美观都是文字无法替代的。

图片的格式五花八门,在网页上常见的图片格式有 JPEG(Joint Photo Graphic Experts Group)、GIF(Graphics Interchange Format)和 PNG(Portable Network Graphic Format)等。

图片的选择和处理非常重要。选用时不仅要考虑图片格式,还要考虑图片的尺寸和颜色搭配。

一张图片的大小一般不超过 100KB,理想状态是 50KB 以内。当然是在不怎么影响效果的情况下,越小越好。如果图片过大,会增加整个 HTML 文件的体积,这样不利于网上的上传和浏览者进行浏览。若一定要使用大图片,最好对其进行一些处理,将其切割成若十个小图。

图片的颜色搭配主要依赖于网页整体风格。图片的颜色和网页的整体颜色风格尽量保持协调,不要有太大的跳跃性,否则会使浏览者难以接受。

6.1.1 网页图片格式

网页中图片格式的选用是图片的关键因素。不同的图片格式表现出来的颜色分辨率和颜色标准不同,同时还会使图片的体积大小有偏差。网页作为信息的载体,每天都会被很多人浏览,而图片又是网页中不可缺少的元素,自然应该有统一的标准。虽然网页图片有很多种格式,但使用最普遍的还是 JPEG、GIF、PNG 等。

JPEG(Joint Photo Graphic Experts Group,联合图片专家组)格式最大可支持 32 位彩色。由于存储技术特别,JPEG 格式的图片比较小,并且它还采用了有损图片压缩技术,允许用户以百分比形式选择图片的质量,从而让用户在图片大小和图片质量之间权衡。JPEG 的文件格式一般有两种文件扩展名:".jpg"和".jpeg",这两种扩展名的实质是相同的,类似于.htm 和.html 的区别。

GIF(Graphics Interchange Format,图片交换格式)最高支持 8 位彩色,分为 GIF87a 和 GIF89a 两种类型。其中,GIF89a 支持"透明""交错""动画"三个特性。"透明"是指可以给图片指定一种颜色,使其不被显示而成为透明;"交错"是指在显示图片的过程中可以从概貌逐渐变化到全貌,看上去也就是清晰度从小变大;"动画"是指将各幅静态的图片连续显示形成动态画面。

一般照片用 JPEG 格式,而图案、标签等由多块颜色区域组成的图片则应该以 GIF 格式存储。

PNG(Portable Network Graphic Format,可移植的网络图像文件格式)是 Web 图像中最通用的格式。它是一种无损压缩格式,但是如果没有插件支持,有的浏览器就可能不支持这种格式。PNG 格式最多可以支持 32 位颜色,但是不支持动画图。

BMP(Windows Bitmap,位图文件)格式使用的是索引色彩,它的图像具有极其丰富的色彩,可以使用 16MB 色彩渲染图像。此格式一般用在多媒体演示和视频输出等情况下。

6.1.2　插入图片

选好了图片,接下来要考虑如何将其放到网页中。在网页中插入一张图片,可以使用 HTML 的 img 标记,也可以使用 CSS 设置成某个元素的背景图片,而根据图片的格式不同,其适用的情况也不同。

1. 基本语法

```
<img src="图片地址">
```

2. 语法说明

＜img＞标签是单个标记,作用是在网页中插入图片。图片样式由 img 标记的属性决定。该标签含有多个属性,其中,src 和 alt 是必选属性,其他属性为可选属性,具体属性、取值及说明如表 6-1 所示。

src 指"source",用来指定图片文件的 URL 地址。这个地址可以采用绝对路径或者相对路径来表示文件的位置,如 src＝"d:/web/ch6/images.jpg"是采用绝对路径,而 src＝"image.jpg"是采用相对路径。

表 6-1　img 标记属性名、值及说明

属　　　性	值	说　　　明
alt	text	规定图片的替代文本
src	URL	规定显示图片的 URL
name	text	规定图片的名称
height	pixels，%	定义图片的高度
width	pixels，%	设置图片的宽度
align	top｜middle｜bottom｜left｜center｜right	设置文本中的图片对齐方式
border	pixels	定义图片周围的边框
hspace	pixels	定义图片左侧和右侧的空白
vspace	pixels	定义图片顶部和底部的空白
usemap	URL	将图片定义为客户端图片

【例 6-1】　在网页中插入图片的应用示例。代码如下所示,其页面效果如图 6-1 所示。

```
1    <html>
2      <head>
3        <meta charset="UTF-8">
4        <title>插入图片</title>
5      </head>
6      <body>
7        <center>
8          <h2>网页中插入图片</h2>
9          <hr color="#66ff33" width="60%">
10         <img src="image1.jpg" alt="斑马">
11       </center>
12     </body>
13   </html>
```

3. 代码解释

代码中第 7~11 行采用居中标记将标题字、水平分隔线、图片居中显示。其中,第 10 行采用相对路径在网页中插入图片 image1.jpg,图片格式为 JPEG。

6.1.3　设置图片的替代文本

在浏览网页时,会发现有些图片无法正确显示,此时就需要使用 alt 属性。img 的 alt 属性用来设置替代文本。替代文本有两个作用,一是浏览网页时,光标悬停在图片上时, 光标旁边会出现替代文本;二是图片加载失败时,在图片的位置上会显示红色的“×”,并 显示替代文本。

图 6-1　插入图片的应用示例

1. 基本语法

```
<img src="图片地址" alt="替代图片的文本">
```

2. 语法说明

alt 属性的替代文本可以是中文的,也可以是英文的。

设置图片的替代文本,代码如例 6-1 所示。当图片加载成功时,会显示图 6-1 的效果,当图片加载不成功时,会显示图 6-2 的效果。

图 6-2　添加图片替代文字

6.1.4　设置图片的高度和宽度

img 标记的 width 和 height 属性是用来设置图片的宽度和高度的。默认情况下,网页中的图片大小就是由图片原来的宽度和高度决定的。如果不设置图片的宽度和高度,图片的大小和原图是一样的。为图片指定宽度和高度属性是一个好习惯。如果设置了这些属性,就可以在页面加载时为图片预留空间;如果没有这些属性,浏览器因无法了解图片的尺寸,就无法为图片保留合适的空间,因此当图片加载时,页面的布局可能会发生变化。但是最好不要通过 width 和 height 属性来缩放图片,应该用图片处理工具将图片处理成合适的尺寸。

1. 基本语法

```
<img src="图片地址" width="value" height="value">
```

2. 语法说明

图片宽度和高度值的单位可以是像素,也可以是百分比。在设置图片的宽度和高度属性时,可以只设置宽度和高度的其中之一,另一个属性将按原图片宽高等比例显示。若两个属性没有按原始大小的缩放比例来设置,图片显示会发生变形。

6.1.5　设置图片的边框

默认的图片是没有边框的,通过 img 标记的 border 属性可以为图片设置边框,还可设置边框的宽度。但边框的颜色是不可以调整的,当未设置图片链接时,边框的颜色为黑色;当设置图片链接时,边框的颜色和链接文字颜色一致,默认为深蓝色。通过样式表可以修改边框的线型、宽度和颜色。

1. 基本语法

```
<img src="图片地址" border="value">
```

2. 语法说明

value 为边框线的宽度,用数字表示,单位为像素。

【例 6-2】　设置图片的宽度和高度的应用示例。代码如下所示,其页面效果如图 6-3 所示。

```
1  <html>
2   <head>
3    <meta charset="UTF-8">
4    <title>设置图片宽度和高度及边框</title>
5    <styletype="text/css">
6      ul { list-style-type:none; }
7      li { float:;left;padding:0 20px; }
```

```
8      </style>
9    </head>
10   <body>
11     <h2 align="center">设置图片宽度和高度及边框</h2>
12     <hr color="#6600cc">
13     <ul>
14       <li><img src="image1.jpg" alt="原图"></li>
15       <li><img src="image1.jpg" alt="宽度为 100 像素" width="100px" border=
     "5"></li>
16       <li><img src="image1.jpg" alt="宽度为 75 像素,高度为 50px" width=
     "75px" height="50px" border="10"></li>
17     </ul>
18   </body>
19   </html>
```

图 6-3　设置图片宽度、高度及边框

3. 代码解释

代码中第 5~8 行在头部 head 标记中插入样式表,其中,第 6 行定义 ul 标记的样式,样式的效果是去除列表项前的符号,第 7 行定义 li 标记的样式,样式的效果是将垂直排列的列表项转变成水平排列;第 13~17 行在主体 body 标记中插入一个无序列表,并在无序列表中利用列表项插入 3 个图片,并对图片分为"不设置宽度、高度及边框""只设置宽度和边框""宽度、高度及边框同时设置"等情况进行设置,并通过替代文本显示。

6.1.6　设置图片的对齐方式

图片和文字之间的对齐方式通过 img 标记中的 align 属性来设置。图片对齐方式分为水平对齐和垂直对齐方式两种,其中,水平对齐方式取值有 3 种:left、center、right;垂直对齐方式取值也有 3 种:top、middle 和 bottom,表示图片与文字的相对位置。

1. 基本语法

```
<img src="图片地址" align="value">
```

2. 语法说明

align 属性的值及其说明如表 6-2 所示。

表 6-2　align 属性的值及其说明

取　值	说　　明
top	图片的顶端和当前行的文字顶端对齐,当前行高度相应扩大
middle	图片水平中线和当前行的文字中线对齐,当前行高度相应扩大
bottom	图片的底端和当前行的文字底端对齐,当前行高度相应扩大
left	图片左对齐,浮动游离于文字之外,文字环绕图片周围,文字行高没有任何变化
center	图片中线和当前行的文字中线对齐,当前行高度相应扩大
right	图片右对齐,浮动游离于文字之外,文字环绕图片周围,文字行高没有任何变化

【例 6-3】　图片对齐方式的设置。代码如下所示,其页面效果如图 6-4 所示。

```
1   <html>
2    <head>
3     <meta charset="UTF-8">
4     <title>设置图片对齐方式</title>
5     <styletype="text/css">
6       img { width:150px; height:100px; }
7     </style>
8    </head>
9    <body>
10    <h2 align="center">设置图片对齐方式</h2>
11    <hr color="#009933">
12    <table border="1">
13     <tr align="center">
14       <td>图片垂直对齐方式</td>
15       <td>图片水平对齐方式</td>
16     </tr>
17     <tr>
18       <td><img src="image1.jpg" align="top">[top]图片顶部与同行的文字顶
    部对齐,当前高度相应扩大</td>
19       <td><img src="image1.jpg" align="left">[left]图片左对齐,浮动游离
    于文字之外,文字环绕图片周围,文字行高度没有任何变化</td>
20     </tr>
21     <tr>
```

```
22        <td><img src="image1.jpg" align="middle">[middle]图片水平中线和
当前行的文字中线对齐,当前行高度相应扩大</td>
23        <td><img src="image1.jpg" align="center">[center]图片中线和当前
行的文字中线对齐,当前行高度相应扩大</td>
24      </tr>
25      <tr>
26        <td><img src="image1.jpg" align="bottom">[bottom]图片的底端和当
前行的文字底端对齐,当前行高度相应扩大</td>
27        <td><img src="image1.jpg" align="right">[right]图片的底端和当前
行的文字底端对齐,当前行高度相应扩大</td>
28      </tr>
29    </table>
30  </body>
31 </html>
```

图 6-4 设置图片对齐方式

3. 代码解释

第 5～7 行在头部 head 标记中插入样式表,其中,第 6 行定义 img 标记的宽度和高度
(比原图缩小些);第 12～29 行在主体 body 标记中插入一个 4 行 2 列的表格,表格第 1 行
设置表头,表格第 2～4 行中每个单元格分别插入 1 张图片和 1 段文字。其中,表格第 1
列单元格 3 张图片分别设置了对齐的上、中、下 3 种对齐方式,表格第 2 列单元格 3 张图

片分别设置了水平对齐的左、中、右 3 种对齐方式。

6.1.7 设置图片的间距

图片 img 标记的 hspace 和 vspace 属性用来控制图片的水平距离和垂直距离,而且两者均是以像素为单位。但在编写代码时不需要给属性值加上 px 单位,否则不会产生效果。

1. 基本语法

<img src="图片地址" hspace="水平间距数值" vspace="垂直间距数值">

2. 语法说明

hspace 调整图片左右两边的空白距离,vspace 调整图片上下两边的空白距离。

【例 6-4】 设置图片间距的应用示例。代码如下所示,其页面效果如图 6-5 所示。

```
1  <html>
2    <head>
3      <meta charset="UTF-8">
4      <title>设置图片间距</title>
5      <style type="text/css">
6        img { width:100px; height:50px; }
7        body { text-align:center; }
8      </style>
9    </head>
10   <body>
11     <h2 align="center">设置图片间距</h2>
12     <hr color="#009933" >
13     <table border=1 bordercolor="#6600ff">
14      <tr align="center">
15        <td>图片间距设置</td>
16        <td>图片排列效果</td>
17      </tr>
18      <tr>
19        <td>hspace="0" vspace="0"</td>
20        <td><img src="image1.jpg" alt="hspace=0">
21          <img src="image1.jpg" alt="vspace=0"></td>
22      </tr>
23      <tr>
24        <td>hspace="50"</td>
25        <td><imgsrc="image1.jpg">
26          <img src="image1.jpg" hspace="50" alt="hspace=50"></td>
27      </tr>
28      <tr>
```

```
29      <td>vspace="50"</td>
30      <td><img src="image1.jpg">
31        <img src="image1.jpg" vspace="50" alt="vspace=50"></td>
32    </tr>
33    <tr>
34      <td>hspace="50" vspace="50"</td>
35      <td><img src="image1.jpg">
36        <img src="image1.jpg" hspace="50" vspace="50" alt="vspace=0"></td>
37    </tr>
38  </table>
39  </body>
40  </html>
```

图 6-5　设置图片间距

3. 代码解释

代码中第 5～8 行在头部标记中插入样式表,其中,第 6 行定义 img 标记的宽度和高度(比原图缩小些),第 7 行定义 body 标记的内容居中显示;第 13～38 行在主体 body 标记中插入一个 5 行 2 列的表格,表格中第 1 行显示表头,表格中第 1 列单元格内插入设置图片间距的方式有 4 种,分别是不设置间距、只设置水平间距、只设置垂直间距、设置水平和垂直间距,表格中第 2 列单元格分别插入两张图片,并设置第 2 张图片的间距属性,值都为 50。

6.1.8　设置图片超链接

在网页上可以给文字添加超链接,也可以给图片添加超链接。

1. 基本语法

```
<a href="超链接地址" target="目标窗口的打开方式">
<img src="图片地址" />
</a>
```

2. 语法说明

href 属性是用来设置图片的链接地址的;target 属性用来设置目标窗口的打开方式。

【例 6-5】　设置标签<a>的 target 属性的应用示例。代码如下所示,其页面效果如图 6-6 所示。

```
1    <html>
2      <head>
3        <meta charset="UTF-8">
4        <title>添加图片链接</title>
5      </head>
6      <body align="center">
7        <h3>添加了链接的图片</h3>
8        <ul>
9          <li><a href="skiing.html" target="_self">
10           <img src="skiing.jpg" width="200"/>
11         </a></li>
12         <li><a href="surfing.html" target="_self">
13           <img src="surfing.jpg" width="200"/>
14         </a></li>
15         <li><a href="baseball.html" target="_self">
16           <img src="baseball.jpg" width="200"/>
17         </a></li>
18       </ul>
19     </body>
20   </html>
```

3. 代码解释

第 8~18 行在主体 body 标记中插入一个无序列表,并在无序列表中利用列表项插入 3 个图片,并对图片添加超链接。

(a) 添加了链接的图片　　　　　　　(b) 单击图片的跳转效果

图 6-6　添加图片链接

6.1.9　设置图片热区链接

除了对整幅图设置超链接之外，还可以将图片划分为若干区域，这叫作"热区"，每个区域可设置不同的超链接。此时，包含热区的图片可以称为映射图像。

1. 基本语法

```
<img src="图片地址"  usemap="#映射图像名称" >
<map name="映射图像名称">
  <area shape="热区形状" coords="热区坐标" href="链接地址">
</map>
```

2. 语法说明

<img>标签表示插入图片文件，src 表示插入图片的路径，用 usemap 属性来引用在<map>标签中所定义的映射图片名称，并且一定要加上＃号。

usemap 属性将图片定义为客户端图像映射。图像映射指的是带有可单击区域的图片。usemap 属性与 map 标记的 name 属性相关联，usemap 属性的值以＃开始，后面紧跟"映射图像的名称"，以建立<img>标记与<map></map>标记之间的关系。它指向特殊的<map>区域。用户计算机上的浏览器将把鼠标在图片上单击时的坐标转换成特定的行为，包括加载和显示另外一个文档。

<map>标记是成对标记。name 属性映射图像的名称，与<img>标记的 usemap 属性的值关联。

<area>标记是单个标记,定义图像映射中的区域。<area>标记总是嵌套在<map></map>标记中。该标记有 3 个属性,分别是 shape、coords、href。href 属性定义此区域的目标链接地址。shape 属性的取值如表 6-3 所示。

表 6-3　shape 属性、取值及说明

属　　性	值	说　　明
shape	rect	矩形区域
	circle	圆形区域
	poly	多边形区域

coords 表示热区的坐标,不同形状的 coords 属性设置方式也不尽相同。shape 与 coords 属性取值的关系如表 6-4 所示。

表 6-4　shape 与 coords 属性关系

shape 属性值	coords 属性值	说　　明
rect	x1,y1,x2,y2	代表矩形两个顶点坐标
circle	center x, center y, radius	代表圆心和半径
poly	x1,y1, x2,y2,…, xi, yi,…, xn, yn, xl,yl	代表各顶点坐标(首、尾坐标相同,形成封闭图形)

【例 6-6】　图片热区链接的应用示例。代码如下所示,其页面效果如图 6-7 所示。

```
1   <html>
2    <head>
3     <meta charset="UTF-8">
4     <title>图片热区链接</title>
5    </head>
6    <body>
7     <p>请单击图像上的星球,把它们放大。</p>
8     <img src="eg_planets.jpg" border="0" usemap="#planetmap" alt="Planets"/>
9     <map name="planetmap" id="planetmap">
10     <area shape="circle" coords="180,139,14" href="venus.html" target="_blank" alt="Venus"/>
11      < area shape ="circle" coords ="129,161,10" href ="mercur.html" target="_blank"alt="Mercury"/>
12     <area shape="rect" coords="0,0,110,260" href ="sun.html" target = "_blank" alt="Sun"/>
13     </map>
14     <p><b>注释:</b>img 元素中的"usemap"属性引用 map 元素中的"id"或"name"属性(根据浏览器),所以我们同时向 map 元素添加了"id"和"name"属性。</p>
15    </body>
16   </html>
```

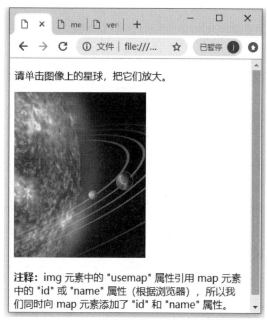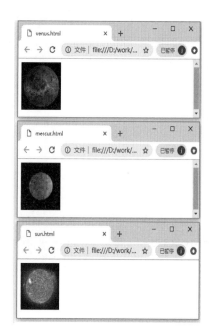

图 6-7　图片热区链接的应用

3. 代码解释

代码第 8 行在＜img＞标记中设置 usemap 属性引用图片热区 planetmap；第 9～13 行定义图像映射 map。第 10 行定义半径为 14px、圆心坐标为(180px,139px)的圆形热区,设置了热区超链接,鼠标指向热区会显示"Venus"提示信息,单击热区时会访问 venus.html 网页。第 11 行定义半径为 10px、圆心坐标为(129px,161px)的圆形热区,设置了热区超链接,鼠标指向热区会显示"Mercury"提示信息,单击热区时会访问 mercur.html 网页。第 12 行定义左上顶点坐标为(0px,0px)、宽度和高度是(110px,260px)的圆形热区,设置了热区超链接,鼠标指针指向热区会显示"Sun"提示信息,单击热区时会访问 sun.html 网页。

6.2　音频、视频及 Flash 文件

除了图片之外,网页中的多媒体文件还包括音频文件、视频文件及动画文件,还可以为网页增加背景音乐等效果。网页中常用的音频格式有 MID、WAV、MP3、MIDI,常用的视频文件格式有 MEPG、MPG、MOV 等。

浏览器提供了相应功能自动播放某些格式的媒体,但具体能播放什么格式的文件取决于所用计算机的类型以及浏览的配置。浏览器通常是调用被称为插件的内置程序来播放的。事实上,插件扩展了浏览器的功能,有许多种不同的插件程序,每种都能赋予浏览器一种新的功能,有时不得不分别下载每个浏览器的多媒体插件程序。

系统最小化的安装一般不包括声音与影音播放器。对于 IE 浏览器,若无预先安装好

的插件程序,它会提示用户或是打开文件或是保存文件或是取消下载。若打开未知类型的文件,浏览器会试图使用外部的应用程序显示此文件,但这要取决于操作系统的配置。

在浏览器上播放媒体的方法有两种,一种是先下载整个文件,然后播放;另一种是边下载边播放。

下面学习在当前文档中播放媒体的标记<embed>。

6.2.1 embed 标记的使用

在网页中可以使用<embed>标记将多媒体文件插入,直接在 Web 文档中播放音频、视频和 Flash 动画,可同时被 Netscape 和 IE 支持。使用该标记,网页上会出现控制面板,用户可以控制它的开与关,还可以调节音量的大小。

1. 基本语法

```
<embed src="多媒体文件地址" width="界面的宽度" height="界面的高度" autostart=
"true|false" loop="true|false"></embed>
```

2. 语法说明

<embed>标记的主要属性如表 6-5 所示。

表 6-5　<embed>标记的主要属性

属 性 名 称	属性说明(或功能)
src	指定了媒体文件(音频、视频或 Flash 动画)来源的 URL 位置
volume	指定了媒体播放声音的音量大小,取值为 0~100。如果没设定,就用系统的音量。该属性只有 Netscape 支持,IE 总是设置在 50 以上
name	规定了媒体的名称,以便脚本控制
width、height	分别规定了控制面板显示的宽度和高度
border	规定了控制面板边框的宽度
align	规定了控制面板的对齐方式,取值为 left、right、middle
hspace、vspace	分别规定了控制面板与其他内容的水平间距和垂直间距
autostart	指定是否要媒体文件传送完就自动播放,true 是要,false 是不要,默认为 false,可以用它实现背景音乐的功能
loop	设定媒体播放的重复次数,true 表示无限次播放,false 表示播放一次即停止
hidden	指定是否要隐藏控制面板

【例 6-7】 插入音频文件的应用示例。代码如下所示,其页面效果如图 6-8 所示。

```
1    <html>
2      <head>
3        <meta charset="UTF-8">
4        <title>插入音频文件</title>
```

```
5      </head>
6      <body>
7        下面请欣赏邓丽君的甜蜜蜜<br>
8        <embed src="甜蜜蜜.mp3" width="300" height="100" autostart="true"
   loop="false"></embed>
9      </body>
10   </html>
```

图 6-8　插入音频文件效果

代码中第 8 行通过 embed 标记嵌入了一个音频文件"甜蜜蜜.mp3"。插入视频、Flash 动画文件与音频文件类似。

6.2.2　添加背景音乐

在网页设计中使用 bgsound 标记可以为网页设置背景音乐。

1. 基本语法

```
<bgsound src="背景音乐地址" loop="播放次数">
```

2. 语法说明

<bgsound>标记是单个标记,常用属性有 src 和 loop。src 属性用来指定背景音乐文件的地址或文件名称,而且音乐文件要加上后缀。loop 属性用来指定背景音乐播放的次数,infinite 或−1 表示播放无限次数,直到关闭浏览器为止。但是<bgsound>标记存在兼容性问题,只有 IE 浏览器可以支持自动播放,但是需要先添加控件(自动弹出)。其他浏览器不支持自动播放。

【例 6-8】　插入音频文件的应用示例。代码如下所示,其页面效果如图 6-9 所示。

```
1    <html>
2     <head>
3       <meta charset="UTF-8">
4       <title>添加背景音乐</title>
5     </head>
6     <body align="center">
7        <bgsound src="醉花阴.m4a" loop="-1">
```

```
8      <h3>醉花阴</h3>
9      <font size="3">李清照</font>
10     <hr size="1" color="#660099">
11     <p>薄雾浓云愁永昼,瑞脑销金兽。<br>
12     佳节又重阳,玉枕纱厨,半夜凉初透。<br>
13     东篱把酒黄昏后,有暗香盈袖。<br>
14     莫道不销魂,帘卷西风,人比黄花瘦。</p>
15     <hr size="1" color="#660099">
16     </body>
17     </html>
```

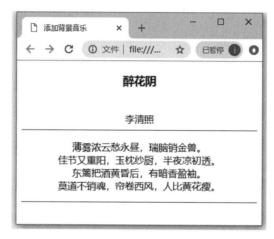

图 6-9　添加背景音乐

3.代码解释

代码在第 7 行定义了背景音乐,无限播放音乐,第 11～14 行显示歌词。使用＜bgsound＞标记只能设置背景音乐,但不会出现播放软件的控制界面。如果想播放除音乐外的其他媒体,可用＜embed＞标记。

6.2.3　常用的音频、视频及 Flash 动画文件格式

不论是视频文件还是音频文件,实质上都是一个容器文件。这个容器文件就如同.zip 文件一样,其中包含音频轨道、视频轨道和其他一些元数据。以视频为例,当进行视频播放时,音频轨道和视频轨道是绑定在一起的,元数据部分则包含视频的封面图片、标题、子标题、字幕等一些说明信息。在这个过程中就会涉及视频文件和音频文件的压缩和解压缩过程,也就是视频和音频的编码和解码过程。

编辑码包括有损和无损两种。无损文件一般太大,不适合在 Web 中进行播放,所以在网络上传送的音视频采用的都是有损编码。在有损音视频编码中,信息的丢失是无法避免的。因此,如果希望编码后的音视频能够清晰且编码效率高,需要有良好的音视频源、优秀的编码算法、高性能的编码软件和恰当的编码参数。

考虑到 Web 的特殊性,在 Web 上播放的音视频不能过大,所以并不是所有的音视频格式都适合在 Web 上传输。可在 Web 上进行播放的音频格式如表 6-6 所示。

表 6-6　可在 Web 上播放的音频格式

格　　式	文件后缀名	描　　述
MIDI	.mid,.midi	MIDI(Musical Instrument Digital Interface)是一种针对电子音乐设备(比如合成器和声卡)的格式。MIDI 文件不含有声音,但包含可被电子产品(比如声卡)播放的数字音乐指令
RealAudio	.rm,.ram	RealAudio 格式是由 RealMedia 针对因特网开发的。该格式也支持视频,允许低带宽条件下的音频流(在线音乐、网络音乐)。由于是低带宽的,质量常会降低
Wave	.wav	Wave 格式是由 IBM 和微软开发的。所有运行 Windows 的计算机和几乎所有网络浏览器都支持它
WMA	.wma	WMA(Windows Media Audio)格式质量优于 MP3,兼容大多数播放器。WMA 文件可作为连续的数据流来传输,这使它对于在线音乐很实用
MP3	.mp3	MP3 文件实际上是 MPEG 文件的声音部分。MP3 是最受欢迎的针对音乐的声音格式

可在 Web 上进行播放的视频格式如表 6-7 所示。

表 6-7　可在 Web 上播放的视频格式

格　　式	文件后缀名	描　　述
AVI	.avi	AVI(Audio Video Interleave)格式是由微软开发的。所有运行 Windows 的计算机都支持 AVI 格式
WMA	.wma	Windows Media 格式是由微软开发的。Windows Media 在因特网上很常见,但是如果未安装相应的组件,就无法播放 Windows Media 视频
MPEG	.mpg,.mpeg	MPEG(Moving Picture Expert Group)格式是跨平台的,得到了所有主流浏览器的支持
QuickTime	.mov	QuickTime 是由苹果公司开发的。QuickTime 视频不能在没有安装相应组件的 Windows 计算机上播放
RealVideo	.rm,.ram	RealVideo 格式是由 RealMedia 针对因特网开发的。该格式允许低带宽条件先得视频流,但是质量常会降低
Flash	.swf,.flv	Flash(Shockwave)格式是 Macromedia 开发的。Shockwave 格式需要相应的组件来播放
MPEG-4	.mp4	MPEG-4(With H.264 video compression)是一种针对因特网的新格式

6.3　综合案例

以科技公司的网页为例,运用图像、音视频等多媒体元素来设计一个简化的产品宣传页面,如图 6-10 所示。

图 6-10　图片与多媒体文件应用

```
1    <html>
2    <head>
3      <meta charset="UTF-8">
4      <title>图片与多媒体文件应用</title>
5      <style type="text/css">
6        ul{list-style-type:none;}
7        li{display:inline;margin:0px 10px;}
8        p{text-indent:2em}
9        #div1{background:#99ffcc;height:60px;padding:10px 50px;margin:0 auto;}
10   img{float:left;margin-left:50px;}
11       #ul1{float:left;padding-top:25px;padding-left:20px;}
12       #div2{height:500px;}
13   </style>
14   </head>
15   <body>
16     <div id="div1">
17       <img src="logo.png">
18       <ul id="ul1">
19       <li><a href="">产品技术</a></li>
20       <li><a href="">解决方案</a></li>
21       <li><a href="">服务支持</a></li>
22       <li><a href="">培训认证</a></li>
23       <li><a href="">合作伙伴</a></li>
```

```
24        <li><a href="">关于我们</a></li>
25      <ul>
26    </div>
27    <div id="div2">
28      <ul>
29        <li><img src="img32.jpg" width="300" height="230" border="0"></li>
30        <li><embed src="promote_720.mp4" width="400" height="300"
   autostart="true" loop="true"></embed></li>
31      </ul>
32      <p>SenseAR增强现实感绘制平台,为娱乐互联网行业的短视频应用、直播平台、在
   线教育等提供增强现实特效解决方案</P>
33      <hr color="red">
34      <p align="center">版权所有</p>
35    </div>
36  </body>
37 </html>
```

上述代码中第 16～26 行在第一个 div 中插入一个公司的 LOGO 和一个导航菜单;
第 29～30 行插入图片、音视频等;第 6～12 行分别定义 ul、li、img、p 等标记样式及 ♯
div1、♯ div2、♯ ul1 等 id 样式。

习　题

1.选择题

(1) 能够播放 Flash 和视频文件的 HTML 标记是(　　)。

A. ＜embed url=""＞＜/embed＞　　　B. ＜bgsound src=""/＞

C. ＜marquee＞＜/marquee＞　　　D. ＜a href=""＞＜/a＞

(2) ＜img alt="这是图片"＞,这个标记的作用是(　　)。

A. 添加图片链接

B. 决定图片的排列方式

C. 在浏览器完全读入图片时,在图片位置显示的文字

D. 在浏览器尚未完全读入图片时,在图片的上方显示"×",并显示替代文本

(3) HTML 代码＜a href="♯"＞＜img src="images.jpg"＞＜/a＞表示(　　)。

A. 按某种方式对齐加载的图片　　　B. 设置一个图片链接

C. 设置一个图片的边框大小　　　D. 加入一条水平线

2.填空题

(1) 网页中插入图片使用＿＿＿标记,插入背景音乐使用＿＿＿标记,插入多媒
体文件使用＿＿＿标记。

(2) 热区 area 标记的 shape 属性取值为"rect"表示热区的形状为＿＿＿;shape 属

性取值为"circle"表示热区的形状为_____；shape 属性取值为"poly"表示热区的形状为_____。

3. 简答题

使用＜img＞标记可以在页面中插入图像，如何设置图片的宽度和高度？如何设置替代文本？

表 格

表格在 HTML 中是使用较为广泛的技术。表格可以组织数据,清晰地展示数据间的关系,方便对表格中的数据对比和分析。但在前端开发中,表格更多地用于进行页面布局,使用表格将网页划分成若干个区域,然后在每个区域中安插元素。

7.1 表 格 标 签

在 HTML 中表格主要由<table>、<caption>、<tr>、<th>和<td>5 组标签嵌套组成。

7.1.1 基本语法

```
<table>
<caption>表格标题</caption>
<tr>
<th>表头单元格内容</th>
<th>表头单元格内容</th>
...
</tr>
<tr>
<td>单元格内容</td>
<td>单元格内容</td>
...
</tr>
...
</table>
```

7.1.2 语法说明

(1)<table>…</table>标签组表示表格的开始和结束,其他表格标签必须有序地放在<table>和</table>之间。

(2)<caption>…</caption>标签组表示整个表格的标题,其位置必须紧随<table>标签之下,且一个表格只能有一组<caption>标签。

（3）＜tr＞…＜/tr＞标签组表示表格中的行,表格有多少行就有多少对＜tr＞标签。＜tr＞…＜/tr＞的出现顺序即为表格中行的顺序。

（4）＜th＞…＜/th＞标签组表示表头单元格标签,包含在表格中第 1 行＜tr＞内。表头内容默认加粗并居中显示,相当于表格中每一列的标题。

（5）＜td＞…＜/td＞标签组表示单元格,包含在＜tr＞标签内部。＜td＞标签内的内容可以是文字、图片或其他内容。

（6）一个表格由多个标签组成,一定要注意标签之间的包含关系及开始标签和结束标签的匹配关系,否则会出现语法错误,表格无法正常显示。

【例 7-1】 实现一个简单的表格。

```
1    <html >
2      <head>
3       <title>课程信息表</title>
4     </head>
5    <body>
6    <table border="1">
7       <caption>2019年上学期课程信息</caption>
8       <tr>
9         <th>序号</th>
10        <th>课程名称</th>
11        <th>任课教师</th>
12        <th>起止周次</th>
13        <th>上课周</th>
14       </tr>
15       <tr>
16        <td>1</td>
17        <td>Web前端开发</td>
18        <td>李老师</td>
19        <td>1-9</td>
20        <td>2,4</td>
21       </tr>
22       <tr>
23        <td>2</td>
24        <td>软件体系结构</td>
25        <td>张老师</td>
26        <td>1-10</td>
27        <td>2,5</td>
28       </tr>
29       <tr>
30        <td>1</td>
31        <td>平面图像设计</td>
32        <td>刘老师</td>
33        <td>4-14</td>
```

```
34          <td>1,3</td>
35        </tr>
36      </table>
37    </body>
38    </html>
```

上述实例代码中包含 4 组＜tr＞标签,因而表格中包含 4 行数据,其中第 1 行为表头行。每一组＜tr＞内部都包含 5 组＜td＞标签,因此每一行中都包含 5 个单元格(自上而下来看也可以理解为表格包含 5 列)。此外,为了显示表格的边框,在＜table＞标签内使用了 border 属性,用来指定边框的粗细。上述代码被浏览器解释后显示的页面如图 7-1 所示。

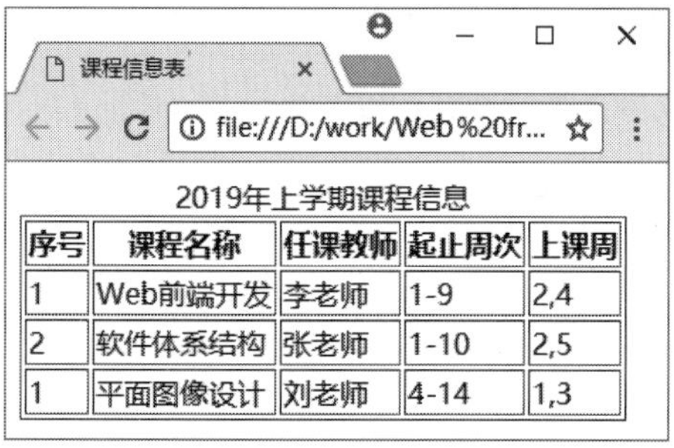

图 7-1　简单表格

7.2　表格属性设置

例 7-1 建立了一个简单的表格,表格的宽度、高度等样式都没有设置。一个样式丰富的表格需要通过众多属性进行修饰。下面将从实用性角度介绍一些表格的常用属性。

7.2.1　单元格间距属性

单元格间距是指表格内单元格与单元格之间的距离,通过设置单元格间距,使得单元格内的内容不会过于紧凑,从而达到美化表格的目的。

1. 基本语法

单元格间距属性 cellspacing 要放在开始＜table＞标签内,其基本语法如下:

```
<table cellspacing="数值">…</table>
```

2. 语法说明

单元格间距属性值的单位是 px,默认值是 2。该属性值越大,则单元格与单元格之间的距离就越大。例 7-2 通过设置 cellspacing 属性值来改变单元格间距,从而美化表格。

【例 7-2】　cellspacing 属性设置。

```
1  <html>
2    <head>
3      <title>课程信息表</title>
4    </head>
5    <body>
6      <table border="1" cellspacing="6">
7        <caption>2019 年上学期课程信息</caption>
8          <tr>
9            <th>序号</th>
10           <th>课程名称</th>
11           <th>任课教师</th>
12           <th>起止周次</th>
13           <th>上课周</th>
14         </tr>
15         <tr>
16           <td>1</td>
17           <td>Web 前端开发</td>
18           <td>李老师</td>
19           <td>1-9</td>
20           <td>2,4</td>
21         </tr>
22         <tr>
23           <td>2</td>
24           <td>软件体系结构</td>
25           <td>张老师</td>
26           <td>1-10</td>
27           <td>2,5</td>
28         </tr>
29         <tr>
30           <td>1</td>
31           <td>平面图像设计</td>
32           <td>刘老师</td>
33           <td>4-14</td>
34           <td>1,3</td>
35         </tr>
36       </table>
37     </body>
38  </html>
```

该例子实际上是在例 7-1 的表格的基础之上,设置了单元格间距 cellspacing＝"6",因此单元格与单元格之间会有 6px 的距离,从而使得表内的内容之间有了适当距离,不会显得过于紧凑。效果图如图 7-2 所示。

图 7-2　设置了单元格间距的表格

注意：单元格间距的值不宜过大，也不宜过小，应根据页面的布局情况进行适当设置，以美观为标准。

7.2.2　表格背景属性

表格背景属性包括背景色属性和背景图片属性两种类型，无论是背景色还是背景图片，都是为了给表格增添色彩，增加视觉效果。

1. 基本语法

```
<table bgcolor="颜色值">…</table>
<table background ="背景图片 URL">…</table>
```

2. 语法说明

（1）bgcolor 属性是指背景色，其中，颜色值可以是 6 位十六进制数或颜色的英文单词。比如 bgcolor＝"green"，是指将背景色设置为绿色。再比如 bgcolor＝"＃99CCFF"，表格的背景色则变为十六进制数"＃99CCFF"所代表的数值。用十六进制数设置背景色的问题在于，计算机中能够表达的颜色达到数万种之多，要记忆每种颜色所对应的十六进制数值是无法实现的。实际上在进行 Web 前端开发时所采用的开发工具（如 Eclipse、Dreamweaver 等）都比较智能，当要设置背景色时会自动弹出供开发者选择颜色的颜色面板，开发者只需要在颜色面板中选择想要设置的颜色即可，无须关心颜色所代表的数值，如图 7-3 所示。

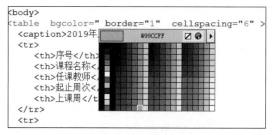

图 7-3　颜色面板

（2）backcolor 属性的功能是设置背景图片，其属性值为背景图片的相对地址，该背景图片必须放在网站内，便于程序的移植。如果图片在站外，当移植程序时很可能会导致图片无法显示。如 background＝"img/bg1.jpg"，是指将网站内 img 目录下的名为 bg1.jpg 的图片设置为背景。

（3）背景色或背景图片的选取不宜色彩过于浓烈，否则会因为背景的问题影响表格内容的浏览，网页中使用色彩或者背景图片切记不要"喧宾夺主"，内容是主要的，背景是为了衬托内容，而不是影响内容的正常浏览。

（4）如果只想给表格某个单元格设置背景，则需要在对应的单元格标签＜td＞内设置背景色或背景图片，如＜td bgcolor＝"颜色值"＞…＜/td＞。

7.2.3　单元格跨列属性

colspan 属性的功能是单元格向右跨列合并（即横向合并），如＜td colspan＝"4"＞表示从当前单元格开始向右合并 4 个单元格。colspan 属性的值要大于等于 2，小于等于表格的总列数。比如在例 7-2 的代码中，在第 3 个＜tr＞…＜/tr＞中的第 2 个＜td＞…＜/td＞设置 colspan 属性＜td colspan＝"4"＞软件体系结构张老师 1-102,5＜/td＞，跨列效果如图 7-4 所示。

由图 7-4 可看出，第 3 行的第 2 个单元格开始向右跨 4 列（包括当前单元格所在列），4 个单元格横向合并为 1 个单元格。通过单元格跨列属性可以建立结构多样的表格。

7.2.4　单元格跨行属性

单元格跨行是指从当前单元格开始向下跨行合并（即纵向合并），合并的单元格的个数由 rowspan 的属性值决定。rowspan 属性的值同样也要大于等于 2，并且小于等于单元格的总行数。在第 3 个＜tr＞…＜/tr＞中的第 2 个＜td＞…＜/td＞中设置 rowspan 属性：＜td rowspan＝"2"＞软件体系结构平面图像设计＜/td＞，单元格跨行合并效果如图 7-5 所示。

图 7-4　单元格跨行合并

图 7-5　单元格跨列

7.2.5　其他属性

除了上述几个表格属性之外，还有一些经常用来修饰单元格样式的属性，其属性名及含义如表 7-1 所示。

表 7-1　常用表格属性

属　性　名	说　　　明
border	设置表格边框线宽度。默认值为 0，即不显示边框线
bordercolor	设置表格边框线的颜色
width	设置表格的宽度
height	设置表格的高度
align/valign	设置表格水平/垂直对齐方式

7.3　表　格　嵌　套

表格嵌套是指在一个表格的某个单元格内再插入另外一个表格，一般用于页面布局。表格的嵌套可以精确划分网页布局区域，从而达到复杂多样的布局效果。

需要注意的是，表格的嵌套层次影响网页的浏览速度，层次越多，浏览速度越慢，一般以嵌套层次不超过 3 层为宜。

例 7-3 代码描述了表格的嵌套。

【例 7-3】　表格的嵌套。

```
1   <table  border="1"  cellspacing="6">
2     <caption>2019年上学期课程信息</caption>
3       <tr>
4         <th>序号</th>
5         <th>课程名称</th>
6         <th>任课教师</th>
7         <th>起止周次</th>
8         <th>上课周</th>
9       </tr>
10      <tr>
11        <td>1</td>
12        <td>Web 前端开发</td>
13        <td>李老师</td>
14        <td>1-9</td>
15        <td>
16        <table width="200" border="1">
17          <tr>
18            <td>1-6周:2,4</td>
19          </tr>
20          <tr>
21            <td>7-9周:2,5</td>
22          </tr>
```

```
23        </table>
24      </td>
25    </tr>
26    <tr>
27      <td>2</td>
28      <td>软件体系结构</td>
29      <td>张老师</td>
30      <td>1-10</td>
31      <td>2,5</td>
32    </tr>
33    <tr>
34      <td>1</td>
35      <td>平面图像设计</td>
36      <td>刘老师</td>
37      <td>4-14</td>
38      <td>1,3</td>
39    </tr>
40  </table>
```

例 7-3 代码中,很明显出现了两对＜table＞标签,第 16～23 行所示的表格嵌套在外层表格的第 2 行第 5 个单元格内。表格的嵌套效果如图 7-6 所示。

图 7-6　表格的嵌套

7.4　综 合 案 例

在址级网站中并没有使用表格技术进行页面布局,而是使用表格做了课程表。效果图如图 7-7 所示。

实现该课程表的 HTML 代码如下。

```
1 <table cellpadding="0" cellspacing="2" class="table">
2   <tr>
3     <th width="13%">星期</th>
```

图 7-7　课程表的实现

```
4      <th width="20%">一</th>
5      <th width="18%">二</th>
6      <th width="12%">三</th>
7      <th width="18%">四</th>
8      <th width="19%">五</th>
9    </tr>
10   <tr>
11     <td rowspan="2" bgcolor="#F9EDDD" align="center">上午</td>
12     <td class="rightborder">Web 前端</td>
13     <td class="rightborder">英语</td>
14     <td class="rightborder">体育</td>
15     <td class="rightborder"> </td>
16     <td class="rightborder">Web 前端</td>
17   </tr>
18   <tr>
19     <td class="rightborder"> </td>
20     <td class="rightborder"> </td>
21     <td class="rightborder">英语</td>
22     <td class="rightborder">数据库</td>
23     <td class="rightborder"> </td>
24   </tr>
25   <tr>
26     <td rowspan="2" bgcolor="#F9EDDD" align="center">下午</td>
27     <td class="rightborder">数据库</td>
28     <td class="rightborder">编译原理</td>
29     <td class="rightborder"> </td>
30     <td class="rightborder">Java 高级</td>
31     <td class="rightborder">编译原理</td>
32   </tr>
33   <tr>
34     <td class="rightborder"> </td>
```

```
35    <td class="rightborder"> </td>
36    <td class="rightborder"> </td>
37    <td class="rightborder"> </td>
38    <td class="rightborder"> </td>
39  </tr>
40  </table>
```

代码解释：

代码中的 class＝"XX"语句是指调用了一个类名为"XX"的 CSS 规则，来修饰表格样式。

第 3～8 行中 width 属性的值用百分比来表示，该值是指单元格宽度与整个网页的宽度的百分比。

习 题

1. 选择题

(1) 如果不显示表格的边框，则 border 的值应设置为(　　)。

　　A. 0　　　　　　　　B. 1　　　　　　　　C. 2　　　　　　　　D. 3

(2) 设置单元格中内容居中对齐的语句是(　　)。

　　A. ＜tdalign＝"center"＞

　　B. ＜td valign＝"middle"＞

　　C. ＜tdalign＝"50％"＞

　　D. ＜td valign＝"50％"＞

(3) 以下选项中全是表格标签的是(　　)。

　　A. ＜table＞、＜tr＞、＜hr＞

　　B. ＜td＞、＜th＞、＜caption＞

　　C. ＜table＞、＜tt＞、＜tr＞

　　D. ＜table＞、＜colspan＞、＜th＞

(4) 要把 a 表格嵌套到 b 表格中，则应该把实现 a 表格的 HTML 代码放在 b 表格的(　　)标签中。

　　A. ＜table＞　　　B. ＜th＞　　　C. ＜tr＞　　　D. ＜td＞

2. 填空题

(1) 能够使表格单元格合并的属性有_____和_____。

(2) 表格的宽度可以使用百分比和_____两种单位进行设置。

(3) 表示表格标题的标签名称是_____。

3. 编程题

根据所学知识，编码实现如图 7-8 所示的表格。

图 7-8　表格的设计

CSS 修饰页面

　　层叠样式表(Cascading Style Sheet,CSS)是 Web 前端开发中非常重要的技术,CSS 的作用是修饰网页中各类元素的样式。Web 前端开发的过程包括两个阶段,首先使用 HTML 建立网页,然后用 CSS 修饰所建立的网页,这样做的优势是实现了内容与样式的 分离,如果要修改网页内容,则只需修改 HTML 部分;如果要修改样式,只需要修改 CSS 即可。

　　HTML 也提供很多属性修饰页面元素样式,但是 HTML 的主要功能是描述页面 结构,其修饰页面元素样式的能力较差。而且 HTML 修饰页面元素时只能一个个进 行修饰,无法对多个页面元素进行统一设置。这些问题都可以通过运用 CSS 技术完美 解决。

8.1　CSS 基本语法

　　CSS 由一系列样式规则组成,当 CSS 样式被引用时,相应的样式会作用到引用它的 元素上。可以把 CSS 规则理解为一种修饰页面元素的语言,CSS 语言中的语句就是用于 控制样式的规则。

8.1.1　CSS 的结构

　　一个 CSS 中包含若干条样式规则,每条规则都是由选择符(selector)和声明 (declaration)组成,其语法结构如下所示。

1. 基本语法

选择符{属性 1:值;属性 2:值;…}

2. 语法说明

　　(1) 选择符用来定义 CSS 规则的作用范围。

　　(2) 声明语句要放在选择符后面大括号之内,当语句较多时要用分号将各个语句 分开。

　　例 8-1 建立了一个用于修饰文字的 CSS 规则。

【例 8-1】 CSS 规则示例。

```
p{font-family:"宋体"; font-size:24px; color:#F00;}
```

这个规则的选择符名是 p,在 HTML 中 p 标签是段落标签,当该规则被引用后网页中所有被 p 标签括起来的文字都会自动被该规则修饰,即字体为宋体,字号为 24px,文字颜色为#F00。

注意:CSS 规则中用于修饰元素的属性名与 HTML 中的属性名有区别,在实际使用过程中一定不要混淆。

例如,在前面章节介绍过,HTML 中修饰字体的属性是 face,修饰字号的属性是 size,修饰颜色的属性是 color。但是在 CSS 中修饰字体的属性是 font-family,修饰字号的属性是 font-size,修饰颜色的属性是 color。

8.1.2 CSS 选择符

选择符的作用是确定 CSS 规则的作用范围,为了灵活修饰页面元素,CSS 规则定义了类选择符、标签选择符和 id 选择符三种基本类型,基于实用性又在这三类基本选择符的基础上衍生出通用选择符、分组选择符和包含选择符。

1. 类选择符

类选择符是由开发者自定义名称的一类符号,它的应用范围是页面中所有带有 class 属性,并且 class 属性值为类选择符指定的名字的标签内的元素,类选择符以一个圆点(.)开头。

1)基本语法

.类选择符{属性 1:值;属性 2:值;…}

2)语法说明

类选择符命名规则如下。

(1)类选择符的名称必须以点号开头,这样 Web 浏览器才能在 CSS 中找到类选择符;

(2)类选择符的名称中只能包含字母、数字、连字符和下画线;

(3)类选择符的名称必须以字母开头;

(4)类选择符区分大小写。

【例 8-2】 类选择符规则示例。

```
.footer { width:800px; height:30px; color:#F00; }
```

该规则会修饰页面中所有引用了 class="footer" 的标签内的元素,格式为宽度 800px,高度 300px,颜色值为#F00。

2. 标签选择符

标签选择符使用 HTML 中的标签命名,该规则可以用于批量修饰页面中对应标签内的元素。

1）基本语法

标签名 { 属性 1:值;属性 2:值;…}

2）语法说明

HTML 页面中每一个元素都包含在某对(个)标签内,使用标签选择符的规格可以修饰文档中所有所定义的标签内的内容。如例 8-1 所定义的规则:

p{font-family:"宋体"; font-size:24px; color:#F00;}

该 CSS 规则的选择符就是 HTML 的标识段落的标签,该规则修饰页面中所有 p 标签内的文字内容,即字体为宋体,字号为 24px,颜色值为#F00。

再比如标签规则 li{font-family:"宋体"; font-size:18px; color:#06C;},该规则用来修饰页面中所有 li 标签内的内容。

3. id 选择符

介绍 id 选择符之前首先介绍 HTML 中元素的 id 属性。id 属性的含义是元素标识,在同一个页面中的元素的 id 属性值都必须是唯一的。id 属性值相当于元素的"身份证号",在页面的众多元素中,有些元素的 name 属性值可以相同,但是 id 属性值一定是独一无二的。因此设置元素的 id 属性能够使浏览器精确定位到某个元素。

id 选择符也是由开发者自定义名称的一类符号,它的应用范围是页面中所有带有 id 属性,并且 id 属性值为类选择符指定的名字的标签内的元素,id 选择符以#开头。

1）基本语法

#id 选择符 { 属性 1:值;属性 2:值;…}

2）语法说明

id 选择符的命名规则和类选择符的命名规则一致,详情参见类选择符的语法说明。

【例 8-3】　id 选择符规则示例。

#topframe { font-size:24px; color:#F00; }

该规则会修饰页面中所有引用了 id="topframe"的标签内的元素。

4. 分组选择符

在 CSS 中支持选择符分组,即把同一类型的多个选择符放在一个组内共用一个声明,以此进行代码重用,提高编程效率。分组选择符一般用于标签选择符的规则。

1）基本语法

选择符 1,选择符 2,…,选择符 n {属性 1:值;属性 2:值;…}

2）语法说明

n 个选择符共用同一个声明,因此这 n 个选择符的作用范围内所有的元素格式都一样。

选择符与选择符之间用逗号(,)进行分隔。

【例 8-4】 选择符分组示例。

```
p,a,table { font-size:24px; color:#F00; }
```

p 标签为段落标签,a 标签为超级链接标签,table 为表格标签,将这 3 个标签分为一组,共用一个声明(大括号部分),因此页面中所有 p、a、table 标签中的内容都显示为同一种样式。

5. 包含选择符

学习包含选择符前,先来分析例 8-5 中的代码。

【例 8-5】 标签的树状结构。

```
1   <html xmlns="http://www.w3.org/1999/xhtml">
2    <head>
3      <meta http-equiv="Content-Type" content="text/html; charset=utf-8" />
4      <title>树状层次结构</title>
5    </head>
6    <body>
7      <table width="349" height="298" border="1">
8        <tr>
9          <td width="350"><h3><center>计算机等级考试通知</center></h3></td>
10       </tr>
11       <tr>
12         <td height="244">
13           <ul type="square">
14             <li>网上报名</li>
15             <ol type="1">
16               <li>登录报名系统(<a href="http://www.ies.com">点此登录</a>)</li>
17               <li>阅读报名协议</li>
18               <li>填写基本信息</li>
19               <li>选择报考科目</li>
20               <li>上传相片</li>
21               <li>现场确认、缴费</li>
22             </ol>
23             <li>线下培训</li>
24             <ul type="circle">
25               <li>培训地点:实验楼 B 座 4 楼教学机房</li>
26               <li>培训时间:每个星期六上午 9:00</li>
27             </ul>
28           </ul>
29         </td>
30       </tr>
31     </table>
```

```
32    </body>
33    </html>
```

上述代码中包含很多 HTML 标签,而且很多标签都是嵌套的。总体来看,＜table＞标签内部嵌套着＜tr＞标签,＜tr＞标签内部嵌套着＜td＞标签,＜td＞标签内部嵌套着＜ol＞和＜ul＞标签,＜ol＞和＜ul＞标签内部嵌套着＜li＞标签,等等。上述代码中标签的层次关系,可以通过一种树状结构模型来表示,如图 8-1 所示。

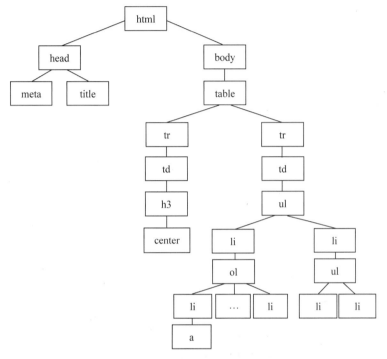

图 8-1　标签的树状层次结构

从图 8-1 中可以看出各标签的层级结构和包含关系,下层标签包含在上一层标签之内,同一层级的标签没有包含关系,而是并列的。如果一个标签包含另一个标签,那么这个标签就是另一个标签的父标签,相应地,另一个标签也称为该标签的子标签。图 8-1 中 body 标签是 table 标签的父标签,table 标签是 body 标签的子标签;table 标签是 tr 标签的父标签,tr 标签是 table 标签的子标签,等等。在同一层上的标签互称为兄弟标签。

有了父标签和子标签的概念后,就可以描述包含选择符了。包含选择符是指通过父元素到子元素的包含关系来精确定位文档中的标签。例如,要修饰有序列表中的文字样式,如果用 li{font-family:"宋体";font-size:18px;color:♯F00;}规则进行修饰,那么 li 选择符的作用范围为文档中的所有 li 标签内的元素,效果如图 8-2 所示。

由图 8-2 可见,页面中所有 li 标签内的元素都被相应的样式所修饰,没有达到只修饰有序列表中的元素的要求。为了精确定位到 ol 标签下的 li 标签,可以使用包含选择符来实现:

```
ol li{ font-family:"宋体"; font-size:24px; color:#F00; }
```

修饰的效果如图 8-3 所示。

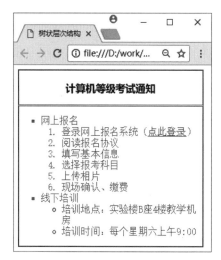

图 8-2   li 标签作用范围

图 8-3   包含选择符的作用范围

讲解了这个实例之后,可以提出包含选择符的基本语法了。

1) 基本语法

s1 s2 s3…sn {属性 1:值;属性 2:值;…}

2) 语法说明

s1 s2 s3…sn 这 n 个选择符的包含方向从左至右,即 s1 包含 s2,s2 包含 s3,sn−1 包含 sn,在树状结构中,s1 相对来说在最高层,sn 相对来说在最底层。

包含选择符可以很长,选择符之间用空格分隔。

有了包含选择符的基本概念后就可以非常灵活、精确地对文档中的元素进行样式修饰了。在例 8-5 中,如果用包含选择符修饰"点此登录"这段文字(包含于 a 标签中),则 CSS 规则可设置如下:

```
ol li a{ font-family:"宋体"; font-size:24px; color:#F00; }
```

8.1.3 样式表分类及引用

1. 内嵌样式

内嵌样式是指在标签内部嵌入的样式,这也是最简单的样式定义方法。

1) 基本语法

<标签名 style="属性 1:属性值;属性 2:属性值;…">

2) 语法说明

内嵌样式通过 style 属性进行定义,其属性值放在双引号("")内,属性及属性值的表达方法与 CSS 规则语法结构的声明部分一致。

内嵌样式只能作用于所在的标签内的元素,如果 HTML 文档中有多个要设置相同样式的标签,则每个标签内都需要设置一次,不能体现 CSS 的优势。因此在 Web 前端开发过程中较少使用内嵌样式。

【例 8-6】 内嵌样式的引用。

```
<p style="font-family:'宋体'; font-size:24px; color:#00F;">Web 前端开发技术</p>
```

该内嵌样式只对其所在的 p 标签内的元素有效。

2. 内部样式

内部样式是指将 CSS 样式放在网页内部,样式规则用<style>标签括起来,放在网页的<head>…</head>之间,用来修饰本网页内部的元素。

1) 基本语法

```
<style type="text/css">
选择符 1{属性 1:值;属性 2:值;…}
选择符 2{属性 1:值;属性 2:值;…}
…
选择符 n{属性 1:值;属性 2:值;…}
</style>
```

2) 语法说明

(1) 内部样式必须用<style>标签括起来,且在<style>标签内部必须使用 type="text/css"属性,表示 CSS 规则以 CSS 的语法定义。

(2) 内部样式必须放在网页的<head>…</head>之内。

(3) 选择符 1～选择符 n 可以是标签选择符、类选择符、id 选择符或其他选择符。

(4) 内部样式只能修饰本网页内部的元素。

【例 8-7】 内部样式的引用。

```
1   <html>
2     <head>
3       <meta http-equiv="Content-Type" content="text/html; charset=utf-8"/>
4       <title>内部样式</title>
5       <style>
6         .font1 { font-family:"宋体"; font-size:18px; color:#60F; }
7       </style>
8     </head>
9     <body>
10      <p class="font1">Web 前端开发技术</p>
11      <p>Java 高级程序设计</p>
12    </body>
13  </html>
```

例 8-7 定义了一个类标识符为 font1 的 CSS 规则,该规则作用于第 10 行的元素,因为只有这行代码的<p>标签内使用了 class="font1"语句。

3. 外部样式

外部样式是指描述样式的 CSS 规则在网页的外部,放在一个单独的类型为.css 的样式文件中。网站内所有网页都可以引入该样式文件中的样式,从而提高了代码重用次数,也提高了开发的效率,并可以使网站各个页面拥有统一的风格。

使用外部样式首先要在网站内单独建立一个.css 文件,并将样式规则写在.css 文件内,最后通过 link 或者 import 方式引用到要使用样式的网页文件中。

1) 基本语法

外部样式的引用方式有两种。

方式一:import 引用

```
<style type="text/css">
  @import url("外部样式表文件 URL");
</style>
```

方式二:link 引用

```
<link type="text/css" rel=stylesheet href="外部样式表文件 URL">
```

2) 语法说明

只有先将外部样式文件引入到当前网页,才能使用外部样式表中的 CSS 规则修饰当前页面,如果不引入外部样式文件,则当前网页无法使用外部样式表文件中的 CSS 规则。

如果使用 link 方式引入外部样式文件,只需将<link>标签直接放在<head>…</head>内即可,无须使用<style 标签>。

import 语句前必须加上"@",语句后的分号(;)也一定要加上。

当外部样式表上的 CSS 规则发生变化时,则引用它的所有页面元素会自动更新。

下面通过两个实例,详细说明如何通过这两种引入外部样式文件的方式修饰页面元素。假设网站内建立一个名为 exterstyle.css 的外部样式文件,该样式文件中有如下两条CSS 规则:

```
.font1 { font-family:"宋体"; font-size:24px; color:#033; }
.font2 { font-family:"隶书"; font-size:18px; color:#0fc; }
```

【例 8-8】 import 方式引入外部样式文件。

```
1    <html xmlns="http://www.w3.org/1999/xhtml">
2      <head>
3        <meta http-equiv="Content-Type" content="text/html; charset=utf-8" />
4        <title>外部样式</title>
5        <style type="text/css">
6          @import url("exterstyle.css");
7        </style>
```

```
8     </head>
9     <body>
10    <p class="font1">Web 前端开发技术</p>
11    <p>Java 高级程序设计</p>
12    </body>
13    </html>
```

通过 import 标签引入 exterstyle.css 样式文件后,在第 10 行的 p 标签中使用了该样式文件的 font1 规则。

【例 8-9】 link 方式引入外部样式文件。

```
1     <html xmlns="http://www.w3.org/1999/xhtml">
2     <head>
3     <meta http-equiv="Content-Type" content="text/html; charset=utf-8" />
4     <title>外部样式</title>
5     <link type="text/css" rel="stylesheet" href="exterstyle.css">
6     </head>
7     <body>
8     <p class="font1">Web 前端开发技术</p>
9     <p class="font2">Java 高级程序设计</p>
10    </body>
11    </html>
```

使用 link 方式引用外部文件时,<link>标签外部不再有<style>标签包围,必须注意,这是与 import 引入方式最大的不同。当 exterstyle.css 样式文件被引入后,在第 10 行的 p 标签和第 11 行的 p 标签中分别使用了该样式文件的 font1 规则和 font2 规则。

4. CSS 注释

CSS 代码中的注释语法格式如下。

```
/*注释内容*/
```

注释可以对单独一行代码进行注释,也可以对多行代码进行注释。

注意:要区别 CSS 注释和 HTML 注释,HTML 注释语法格式是<!--注释内容-->。

8.1.4 伪类

伪类通常用来描述元素的不同状态,在 Web 前端开发中经常使用 link、visited、hover 和 active 四个伪类描述超级链接的四种状态,这四个伪类只能使用在超级链接上。下面通过一个实例来详细说明伪类的用法。

【例 8-10】 超级链接伪类的应用。

```
1     <html xmlns="http://www.w3.org/1999/xhtml">
```

```
2     <head>
3       <meta http-equiv="Content-Type" content="text/html; charset=utf-8" />
4       <title>超链接伪类</title>
5       <style type="text/css">
6         a:link { color:#F00; }
7         a:visited { color:#F0F; }
8         a:hover { color:#CF3; }
9         a:active { color:#C3F; }
10      </style>
11    </head>
12    <body>
13      <a href="#">Web 前端开发技术</a>
14    </body>
15  </html>
```

四个伪类与超级链接标签 a 的组合分别是 a：link、a：visited、a：hover 和 a：active，每个伪类代表超级链接的某个状态，状态样式通过伪类后的属性集来决定。这四个伪类的含义分别如下。

a：link { color：#F00； }：链接未访问前的颜色。

a：visited { color：#F0F； }：链接访问过以后的颜色。

a：hover { color：#CF3； }：鼠标指针经过链接上方时链接的颜色。

a：active { color：#C3F； }：鼠标正在单击时链接的颜色。

感兴趣的读者可以对例 8-10 中的代码进行验证，观察超级链接四种状态的颜色。实际上，在 HTML 中即使不设置这四个伪类，超级链接也会有默认的四种状态的颜色变化。因此伪类不是必须使用的，当需要改变超级链接默认的四种状态的样式时，就可以用伪类来实现了。

8.2　盒子模型

盒子模型是页面布局技术的重要理论基础。一个 HTML 页面由很多元素组成，包括表格、div、文字、图片、视频、音频等，这些元素在 HTML 页面上并不是杂乱无章的堆放，而是非常有序地进行排列，只有这样网页才美观。页面上的每一个元素都可以理解为一个盒子，这些盒子大小、位置可能都不相同，如何把这些盒子有序、美观地排列在网页上，就是页面布局的关键问题。图 8-4 所示是一个布满盒子的页面。

一个美观的页面应该考虑所有盒子的宽度、高度、间距、色彩以及位置等属性，理解了这些概念才能更好地排版，进行页面布局。

8.2.1　盒子模型概念

盒子模型是由内容（content）、边框（border）、填充（padding）、边界（margin）组成，它们的关系如图 8-5 所示。

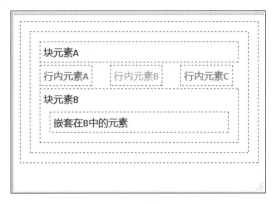

图 8-4　页面内的盒子

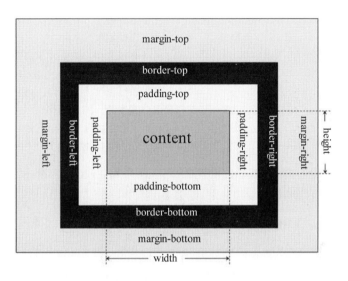

图 8-5　盒子模型

内容区域的大小由 width 和 height 属性确定；padding 属性是指内容与边框之间的间隙，分为上、右、下、左 4 个值；border 属性是指边框宽度，分为上、右、下、左 4 个值；margin 属性是指边界，其属性值用来控制盒子与盒子之间的间隔，也分为上、右、下、左 4 个值。

有了这些属性之后，可以计算一个盒子占据页面的宽度和高度：

盒子实际宽度＝左边界＋左边框＋左填充＋内容宽度＋右填充＋右边框＋右边界

盒子实际高度＝上边界＋上边框＋上填充＋内容高度＋下填充＋下边框＋下边界

padding 属性、border 属性和 margin 属性都分为上、右、下、左 4 个值，这 4 个值既可以相等也可以有区别，取决于实际的布局情况，一切以布局美观为标准。

为了能够精确地进行盒子布局，需要非常精确地定义每个盒子的大小，1px 的误差都可能会导致布局错乱。

8.2.2 元素边框属性

border 属性包含三个基本要素：宽度（border-width）、颜色（border-color）和线型（border-style）。此外，从实用性角度出发，本节再介绍一个圆角属性（border-radius）。

1. border-width 属性

border-width 属性用于控制元素边框宽度，属性值可以是 thin、medium、thick、长度或百分比。该属性既可以对上、右、下、左边框单独进行设置，也可以统一设置，下面分情况对 border-width 属性进行说明。

```
border-top-width:1px;              /*上边框宽度为 1px */
border-right-width:2px;            /*右边框宽度为 2px */
border-bottom-width:3px;           /*下边框宽度为 3px */
border-left-width:4px;             /*左边框宽度为 1px */
border-width:2px;                  /*所有框宽度均为 2px */
border-width:1px 2px;              /*上下边框宽度为 1px,左右边框宽度为 2px */
border-width:1px 2px 3px;          /*上边框宽度为 1px,左右边框宽度为 2px,下边
                                     框宽度为 3px,注意顺序 */
border-width:1px 2px 3px 4px;      /*上边框宽度均为 1px,右边框宽度为 2px,下边框
                                     宽度为 3px,左边框宽度为 4px,注意顺序 */
```

在实际应用过程中，既可以单独设置某个边框的属性，也可以统一设置边框的属性，取决于对实际问题的处理情况。

2. border-color 属性

border-color 属性用来控制边框的颜色，颜色值可以是颜色关键词，也可以是代表颜色的十六进制数值。在实际应用过程中，可以分别设置上下左右四个边框的颜色属性，也可以统一设置。常见的设置属性方法如下。

```
border-top-color:#0CC;             /*设置上边框色 */
border-right-color:#6CC;           /*设置右边框色 */
border-bottom-color:#939;          /*设置下边框色 */
border-left-color:#00F;            /*设置左边框色 */
border-color:#30F;                 /*设置所有边框为同一种颜色 */
border-color:#30F red;             /*第一个值表示上、下边框色,第二个值表示左、
                                     右边框色 */
border-color:#65C green yellow;    /*第一个值代表上边框色,第二个值代表左、右边
                                     框色,第三个值代表下边框色 */
border-color:#65C green yellow #939; /*四个值分别代表上、右、下、左边框色 */
```

3. border-style 属性

border-style 属性用来设置边框的样式（线型），比如双线、虚线、点线、实线等值，该属

性的取值及说明如表 8-1 所示。

表 8-1　border-style 属性值及说明

属　性　值	说　　明	属　性　值	说　　明
dashed	虚线	solid	实线
dotted	点线	inset	嵌入型线
double	双线	outset	嵌出型线
groove	凹型线	none	不显示边框（默认值）
ridge	凸型线		

边框样式的设置既可以单独设置，也可以统一设置。常用的设置方法如下。

```
border-top-style:solid;          /* 设置上边框样式为实线 */
border-right-style:double;       /* 设置右边框样式为双线 */
border-bottom-style:dashed;      /* 设置下边框样式为虚线 */
border-left-style:dotted;        /* 设置左边框样式为点线 */
border-style:outset;             /* 设置所有边框样式为嵌出型线 */
border-style:outset inset;       /* 设置上、下边框样式为嵌出型线，左右边框
                                    样式为嵌入型线 */
border-style:groove double outset;  /* 设置上边框样式为凹型线，左、右边框样式
                                    为双线，下边框为嵌出型线 */
border-style:dashed dotted double solid;/* 设置上边框样式为虚线，右边框为点线，下
                                    边框为双线，左边框为实线 */
```

4. border 综合属性

border 综合属性设置是 CSS 的高级用法，可以同时设置所有边框的宽度、样式和颜色，也可以只设置某条边框的宽度、样式和颜色，border 综合属性的使用可以减少 CSS 规则的代码数量。border 综合属性的常用设置方法如下。

```
border:double 4px #F36;          /* 设置所有边框的样式、宽度和颜色 */
border-top:#F36 solid2px;        /* 设置上边框的颜色、样式和宽度 */
```

说明：border 综合属性的属性值的顺序可以变换，不影响边框的总体样式。

5. border-radius 属性

默认情况下盒子模型是一个矩形。在 Web 前端开发中有时候为了美观可以将盒子的直角设置为圆角。border-radius 圆角边框是 CSS3 的新属性，以前网页设计开发中要实现元素的圆角边框，通常是用背景图片来实现的。现在只需要给元素添加 border-radius 属性即可，属性值的单位可以使用 em、px、百分比等，一般采用 px 或者百分比。border-radius 属性值的运用较灵活多样，下面通过一个实际的例子来说明其用法。

113

【例 8-11】 border-radius 属性设置圆角。

```
1    <html>
2      <head>
3        <title>设置圆角</title>
4        <style type="text/css">
5          div{
6            width:420px;
7            height:220px;
8            background-color:#999;
9            border-radius:10px 20px 0px 30px;
10           margin:0px auto;
11         }
12       </style>
13     </head>
14     <body>
15       <div></div>
16     </body>
17   </html>
```

上述实例中通过 border-radius：10px 20px 0px 30px；分别设置了盒子的左上角、右上角、右下角和左下角（顺时针序）的圆弧值。以左上角为例，表示其"水平半径"和"垂直半径"都是 10px。关于"水平半径"和"垂直半径"的含义如图 8-6 所示。

理解了 border-radius 属性值的含义之后，就可以灵活地运用其属性值的大小来控制盒子 4 个角的圆弧大小。上述代码中，border-radius：10px 20px 0px 30px 的显示效果如图 8-7 所示。

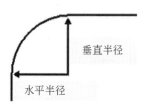

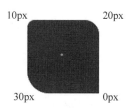

图 8-6　border-radius 属性　　　　图 8-7　border-radius 设置圆弧

由此可见，当 border-radius 属性值越小时，其代表的"水平半径"和"垂直半径"也就越小，因此圆弧也就越小，当属性值为 0 时，表示的是直角。

border-radius 属性值也可以使用百分比来表示，例如 border-radius：20％，即每个角的水平半径值为盒子宽度的 20％，垂直半径值为所在盒子高度的 20％。

8.2.3　外边距属性

margin 属性表示的是外边距，其值用来控制盒子与其他盒子之间的距离，这样会使得页面上的众多盒子不会显得拥挤。该属性可以通过 margin-top、margin-right、margin-bottom 和 margin-left 分别设置上、右、下、左（顺时针方向）4 个外边距的值。在实际使用时,也可以通过一个值、两个值或者三个值来表示盒子的外边距属性。

1. 基本语法

```
margin:值 1;
margin:值 1 值 2;
margin:值 1 值 2 值 3;
margin:值 1 值 2 值 3 值 4;
```

2. 语法说明

属性值为一个值时,表示上、右、下、左 4 个外边距为同一个值。

属性值为两个值时,第一个值表示上、下外边距,第二个值表示左右外边距。

属性值为三个值时,第一个值代表上外边距,第二个值代表左、右外边距,第三个值表示下外边距。

属性值为四个值时,第一个值代表上外边距,第二个值代表右外边距,第三个值表示下外边距,第四个值代表左外边距。

margin 属性的用法如例 8-12 所示。

【例 8-12】　margin 属性设置。

```
1    <html xmlns="http://www.w3.org/1999/xhtml">
2    <head>
3     <title>外边距设置</title>
4     <style type="text/css">
5      #div1{
6        width:1000px;
7        height:500px;
8        border-style:solid;
9        border-width:3px;
10       border-color:#000;
11       margin:0px auto;}
12     #div2{
13       width:300px;
14       height:490px;
15       border-style:solid;
16       border-width:2px;
17       border-color:#000;
18       margin:3px 2px;
19       float:left;}
20     #div3{
21       width:400px;
22       height:490px;
23       border-style:solid;
24       border-width:2px;
```

```
25          border-color:#000;
26          margin:3px 0px;
27          float:left;}
28       #div4{
29          width:280px;
30          height:490px;
31          border-style:solid;
32          border-width:2px;
33          border-color:#000;
34          margin:3px 2px;
35          float:left;}
36      </style>
37    </head>
38    <body>
39      <div id="div1">
40        <div id="div2">div2</div>
41        <div id="div3">div3</div>
42        <div id="div4">div4</div>
43      </div>
44    </body>
45  </html>
```

上述实例中,div2、div3 和 div4 水平方向的间距均为 2px,该代码被浏览器执行后的效果图如图 8-8 所示。

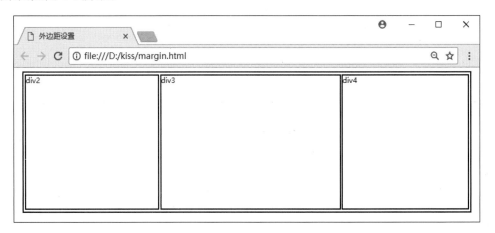

图 8-8 margin 属性设置及计算

代码说明:

(1) div1 是父级盒子,div1 中嵌套着 div2、div3 和 div4 三个盒子,如果想让 div1 水平方向居中,通过 margin 0 auto 来实现,即 div1 的上下外边距为 0,左右外边距自动调整(根据屏幕大小),由于div2、div3 和 div4 三个盒子嵌套在 div1 内部,所以也会随之水平居中。这是 margin 属性的常见用法。

（2）盒子的宽度计算。由于 div1 的宽度为 1000px，高度为 300px，所以 div1 内部的 div2、div3 和 div4 三个盒子与 div1 严丝合缝，因此 div2、div3 和 div4 三个盒子的宽度、边框粗细以及外边距的值都需要考虑在内。对于上述四个盒子间宽度的关系有如下等式。

$$1000px = 300px + 4px + 4px + 400px + 4px + 0px + 280px + 4px + 4px;$$
　　①　　　②　　　③　　　④　　　⑤　　　⑥　　　⑦　　　⑧　　　⑨　　　⑩

其中：

① 是 div1 的宽度；

② 是 div2 的宽度；

③ 是 div2 的边框宽度；

④ 是 div2 的左、右外边距（margin-left 为 2px，margin-right 为 2px）；

⑤ 是 div3 的宽度；

⑥ 是 div3 的边框宽度；

⑦ 是 div3 的左、右外边距（margin-left 和 margin-right 均为 0px）；

⑧ 是 div4 的宽度；

⑨ 是 div4 的边框宽度；

⑩ 是 div4 的左、右外边距（margin-left 为 2px，margin-right 为 2px）。

上述关于宽度的计算必须精确到 1px，否则会造成盒子间排列不整齐，当内部盒子的宽度大于父级盒子时会出现内部嵌套的盒子从父级盒子中流出的现象。读者可以思考这样两个问题，如果 div3 的 margin-left 和 margin-right 也设置为 2px，那么 div3 与 div1 的间距为多少像素？内部所嵌套的盒子会不会从 div1 中流出？

8.2.4　内边距属性

padding 属性用于设置盒子的内边距（也称填充），即盒子内的元素到盒子边框的距离。同 margin 属性的用法一样，padding 属性在实际使用时，也可以通过一个值、两个值或者三个值来表示盒子的外边距属性，不同数量的属性值所表达的含义也与 margin 属性一致，只不过 padding 属性描述的是内边距而已，图 8-9 说明了 padding 属性的含义。

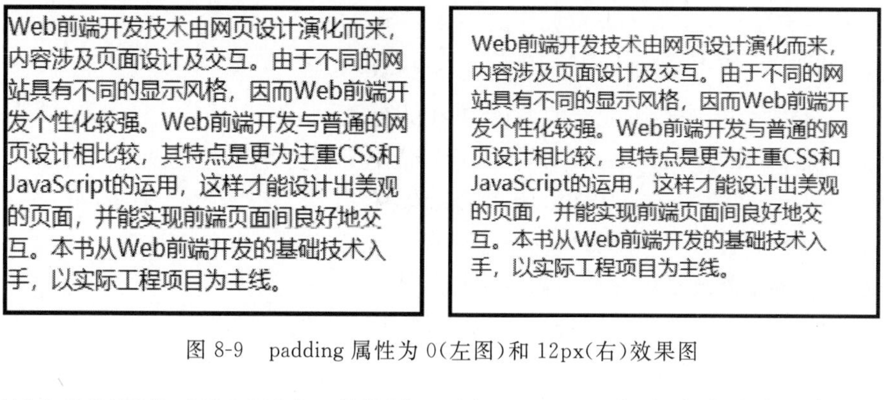

图 8-9　padding 属性为 0（左图）和 12px（右）效果图

通过上述两图的对比可看出，当设置 padding：12px 时，文字内容与边框的内边距为 12px。

8.3　用 CSS 设置文本样式

CSS 的排版功能较强,不仅可以控制文本的字体、大小、颜色和对齐方式,还可以控制字符间距、行高、对齐方式以及首行缩进等段落样式。

8.3.1　字体样式

用于控制文字的显示方式,CSS 中的字体样式通过 font-family、font-size、font-style 和 font-weight 等属性进行修饰。

1. font-family 属性

在 HTML 中通过 face 属性来控制文字字体,在 CSS 中用于控制字体的属性名为 font-family,其属性值可以是字体名,也可以是字体族名。如果有多个值,则各个值之间用逗号分隔。常见的字体名有宋体、黑体、Times New Roman、Arial 等。字体族和字体类似,只是一个字体族中包含多个字体,例如,serif 字体族中包含 Times New Roman、宋体等。

2. font-size 属性

font-size 属性用于控制字体大小,它的取值有四种类型:绝对大小、相对大小、长度值及百分数。

当使用绝对大小类型时,font-size 属性的值有 xx-small、x-small、small、medium、large、x-large、xx-large,这些属性值逐级增大,其中,medium 是默认的属性值。

当使用相对大小类型时,font-size 属性的值可为 smaller 或 larger,分别表示比上一级元素中的字体小一号和大一号。例如,如果上级元素中使用了 medium 大小的字体,而子元素采用了 larger 值,则子元素的实际大小为 large。

当使用长度值时,可以直接指定其代表大小的数值。当使用百分比值时,表示与当前默认字体大小(medium)的百分比。

3. font-style 属性

font-style 属性用于设置元素的字形,其值包括 normal、italic 和 oblique 三种,normal 表示普通字形;italic 和 oblique 表示斜体,一般情况下进行字体样式设置的时候,italic 和 oblique 效果是一样的,这二者的根本区别如下。

italic:浏览器会显示一个斜体的字体样式。

oblique:浏览器会显示一个倾斜的字体样式。

区别的关键之处为斜体和倾斜。可以理解成 italic 是使用了文字本身的斜体属性,oblique 是让没有斜体属性的文字做倾斜处理。

因为有少量的不常用字体没有斜体属性,如果使用 italic 则会没有效果,所以可以使用 oblique 达到倾斜的效果。

4. font-weight 属性

font-weight 属性定义文字的粗细,其值有 normal、bold、bolder、lighter 以及 100～900 的数值。默认值为 normal,表示正常粗细,对应的数值为 400;bold 表示加粗,对应的数值为 700;bolder 和 lighter 表示相对于上一级字体更粗或更细。

5. font 属性

font 属性是一个综合属性,可以同时设置文字的多个属性,包括字体名、字体大小、风格、粗细等,多个属性值之间用空格分隔。font 综合属性的排列顺序是:font-weight、font-style、font-size 和 font-family。其中,font-weight 和 font-style 的顺序可以互换,但font-size 和 font-family 的值必须按指定顺序出现,如果顺序不对或者缺少一个,那么整条样式定义可能就不起作用。例如:

```
<style type="text/css">
p:{
    font:bold italic 25px 宋体;
}
</style>
```

8.3.2　文本样式

1. text-indent 属性

text-indent 属性用于设置文本的首行缩进,取值可以是长度值或百分比。如果是长度值,其单位可以是 in、cm、mm、px 和 pt 等;如果设置百分比,指的是相对于元素宽度(width 属性)设置缩进。默认值是 0,表示无缩进。

2. text-align 属性

text-align 属性指定了所选元素的对齐方式,取值可以是 left、right、center 和 justify,分别表示左对齐、右对齐、居中对齐和两端对齐,此属性的默认值根据浏览器的类型而定。

3. line-height 属性

line-height 属性用于设置行高,其取值可以为比例、长度或百分比,默认值是 normal。比例是表示倍数的数字,该数字表示相对于元素 font-size 的倍数;当使用长度值时,可以直接指定其代表大小的数值;当使用百分比值时,表示与当前默认字体大小(medium)的百分比。

4. text-shadow 属性

text-shadow 是 CSS3 属性,用于为文本设置阴影,其取值为 color、length、opacity。

语法如下：

```
text-shadow:X-Offset  Y-Offset  shadow  color;
```

其中，X-Offset 表示阴影的水平偏移距离，值为正值时阴影向右偏移，值为负值时阴影向左偏移，该值是必需值；Y-Offset 是指阴影的垂直偏移距离，值为正值时阴影向下偏移，值为负值时阴影向顶部偏移，该值是必需值；shadow 指阴影的模糊值，用来指定模糊效果的作用距离，取值越大阴影越模糊，反之阴影越清晰，如果不需要设置阴影，则将 shadow 值设为 0，该值是可选值，需要注意的是，shadow 的值不可以为负值；color 指定阴影的颜色，该值是可选值。text-shadow 各属性值之间用空格进行分隔。

下面的代码设置了 div 中文本的阴影。

```
div{text-shadow:5px 8px 3px green;}
```

上述代码中，div 内的文本水平阴影向右偏移 5px，垂直阴影向下偏移 8px，模糊作用距离为 3px，阴影的颜色为 green。

5. text-decoration 属性

text-decoration 属性用于给文字添加下画线、上画线、删除线以及闪烁效果。其取值可以是 underline、overline、line-through、blink 和 none。underline 是指给文字设置下画线，overline 是指给文字设置上画线，line-through 是指给文字设置删除线（中画线），blink 是指给文字设置闪烁效果，none 是指不设置效果，该值是默认值。

6. word-spacing 和 letter-spacing 属性

word-spacing 属性用于设置单词之间的间隔，取值可以是具体长度值或者 normal。默认值为 normal，表示浏览器根据最佳状态调整单词间的距离。

letter-spacing 属性用于设置字符之间的间隔，取值可以是具体长度值或 normal，默认值为 normal。

8.4　颜色与背景设置

在 CSS 中，颜色属性用来设置元素的色彩，既可以设置前景色（color 属性）也可以设置背景色（background-color 属性）。

背景是网页中常用的一种表现方法，可以通过设置背景色或者背景图片为网页带来丰富的视觉效果。

8.4.1　颜色设置

color 属性用于控制元素的前景色，该属性的取值方式有如下 5 种。

1. 颜色名

使用代表颜色的英语单词作为属性值，常见的颜色名称如表 8-2 所示。

表 8-2　常用颜色名

属 性 值	对 应 颜 色	属 性 值	对 应 颜 色
aqua	水蓝	navy	深蓝
black	黑	olive	橄榄绿
blue	蓝	purple	紫
fuchsia	紫红	red	红
gray	灰	silver	银灰
green	绿	teal	墨绿
lime	黄绿	white	白
maroont	茶色	yellow	黄

例如 color：red；表示设置元素前景色为红色。

2. RGB 设置颜色

RGB 的概念来自于三原色理论,计算机能够表达的所有颜色都可以由 R、G、B 三种颜色混合而成,每种颜色的强度范围用十六进制数表示为 00～FF,R、G、B 三种颜色的强度不同,所混合出的颜色就会有区别。当 R、G、B 三种颜色强度都为 00 时将产生黑色,R、G、B 三种颜色的强度都是 FF 时将产生白色。在 CSS 中用 RGB 模式设置颜色时将使用"♯"后跟 6 位十六进制数来表示,格式如下:

♯RRGGBB

代表红、绿、蓝的三种颜色均采用两位十六进制数,两位十六进制数的最小值为 00（相当于十进制数的 0）,最大值为 FF（相当于十进制数的 255）。例如,♯FF0000 表示红色,♯00FF00 代表绿色,♯0000FF 表示蓝色。在十六进制的 RGB 值中,只要每种颜色有重复的数字出现,还可以省略其中一个数字,例如,♯00FF00 也可以简写为 ♯0F0。

3. 使用 RGB 函数设置颜色

RGB 函数设置颜色的原理与用 6 位十六进制数设置颜色相同,只不过表示的方法有区别,其表示方法为：RGB(rrr,ggg,bbb)。不难发现,函数中代表三个颜色值的参数为三位数,这是与用十六进制数表达颜色最大的不同,每种颜色的数值均采用十进制数而非十六进制数,范围为 0～255。例如,RGB(255,0,0)表示红色,RGB(0,255,0)表示绿色,RGB(0,0,255)表示蓝色,RGB(0,0,0)表示黑色,RGB(255,255,255)表示白色。

使用 RGB 函数设置颜色还有另外一种表示方法,即参数为百分比,例如 RGB(50%,30%,40%),各个值代表对应颜色强度(0～255)的百分比值。

8.4.2　背景设置

CSS 中对背景的设置既可以设置背景色,也可以设置背景图片,常用的关于背景设

置 的 CSS 属 性 包 括 background-color、background-image、background-attachment、background-position 和 background-repeat 属性。

1. background-color 属性

该属性用于设置元素的背景色,设置背景色的方式可以选择 8.4.1 节中所介绍的任意一种方法,如果不设置背景色,则默认的背景为透明。例如 background-color：#0fe;。

2. background-image 属性

该属性用于设置元素的背景图片,使用格式为:

```
background-image:url(背景图片的 url);
```

例如 background-image：url(image/bg1.jpg),表示将元素的背景图片设置为 image 目录下的 bg1.jpg。

3. background-repeat 属性

该属性用来设置背景图片是否重复以及如何重复,其属性值可以是 repeat、repeat-x、repeat-y 或者 no-repeat 四种中的一种。repeat 表示水平和垂直方向都重复,repeat-x 表示仅水平方向重复,repeat-y 表示仅垂直方向重复,no-repeat 不重复。该属性的默认值是 repeat。

4. background-attachment 属性

该属性用于控制背景图片是否随内容一起滚动,取值为 scroll 或者 fixed,默认值为 scroll,表示背景图片随内容一起滚动;fixed 表示背景图片不随内容一起滚动。

5. background-position 属性

该属性用于指定背景图片的起始位置,属性值通常用两个值(中间用空格分隔)表示,第一个值表示水平方向的起始位置,第二个值表示垂直方向的起始位置,属性值的表示方式通常有以下几种。

```
background-position:[left|center|right] [top|center|bottom];
background-position:x% y%;
background-position:数值 1 数值 2;
```

例如,background-position：center center 表示背景图片的起始位置都位于水平方向和垂直方向的中心。

background-position：30%　60%表示背景图片的起始位置位于水平方向(距左侧)的 30%处和垂直方向(距上侧)的 60%处。

background-position：20px 15px 表示背景图片的起始位置距离盒子左边 25px,距盒子上边 15px。

8.5　CSS 布 局

CSS 布局与传统的表格布局完全不同,一般先利用 div 将页面整体划分为若干个盒子,然后再对各个盒子进行定位,使各个盒子之间有条理地进行排列。常用的布局方式有定位式和浮动式两种,相应的布局属性为 position 和 float。

8.5.1　position 属性

position 属性用于实现盒子的定位,通过设置相应属性值可以精确控制盒子的位置,其基本语法如下。

```
position:static|relative|absolute|fixed;
```

下面通过一个具体的实例来详细讲解这四个属性值的区别。

```
<div id="parent">
  <div id="s1">s1</div>
  <div id="s2">s2</div>
</div>
```

1. relative

relative 表示是相对定位,如果元素选择这种定位方式进行定位,则需要通过 top、left、bottom 和 right 等属性值定位元素相对其本应显示位置的偏移位置。怎样理解元素本应显示的位置呢?

上面代码中,s1 和 s2 两个 div 是同级关系,如果为 s1 设置一个 relative 属性:

```
#s1{
    position:relative;
    top:8px;
    left:10px;
    padding:2px;
}
```

可以这样理解,如果不设置 relative 属性,s1 的位置按照正常的文档流,它应该处于某个位置。但当设置 s1 的 position 为 relative 后,将根据 top、right、bottom、left 的值按照它理应所在的位置进行偏移,relative 的“相对的”意思也正体现于此。

因此 s1 如果不设置 relative 时它就在原位置,一旦设置后就按照它所在的原位置进行偏移。

随后的问题是,s2 的位置又在哪里呢?答案是它原来在哪里,现在就在哪里,它的位置不会因为 s1 增加了 position 的属性而发生改变。但如果此时把 s2 的 position 也设置为 relative,那么它也会和 s1 一样,按照它原来应有的位置进行偏移。

2. absolute

absolute 表示绝对定位，通过 top、left、bottom、right 等属性定位盒子相对其具有 position 属性的父对象的偏移位置。这个属性有个认识误区，有人会觉得当 position 属性设为 absolute 后，总是按照浏览器窗口来进行定位的，这其实是错误的。实际上，这是 fixed 属性的特点。

当 s1 的 position 设置为 absolute 后，其到底以谁为对象进行偏移呢？这里分为以下两种情况。

（1）当 sub1 的父对象 parent 也设置了 position 属性，且 position 的属性值为 absolute 或者 relative 时，此时 s1 按照这个 parent 来进行定位。

注意，对象虽然确定好了，但有些细节需要注意，那就是到底以 parent 的哪个定位点来进行定位呢？如果 parent 设定了 margin，border，padding 等属性，那么这个定位点将忽略 padding，将会从 padding 开始的地方（即只从 padding 的左上角开始）进行定位，也就是忽略 padding，当然并不会忽略 margin 和 border。

接下来的问题是，s2 的位置到哪里去了呢？由于当 position 设置为 absolute 后，会导致 s1 溢出正常的文档流，就像它不属于 parent 一样，它漂浮了起来。此时 s2 将获得 s1 的位置，它的文档流不再基于 s1，而是直接从 parent 开始。

（2）如果 s1 不存在一个有着 position 属性的父对象，那么就会以 body 为定位对象，按照浏览器的窗口进行定位，这个比较容易理解。

3. fixed

fixed 是特殊的 absolute，即 fixed 总是以 body 为定位对象的，按照浏览器的窗口进行定位，即使拖动滚动条，它的位置也是不会改变的。

4. static

static 是 position 的默认值，一般不设置 position 属性时，会按照正常的文档流进行排列。

8.5.2　float 属性

float 属性可以控制盒子的左右浮动，直到边界遇到父对象或者另一个浮动对象，其语法如下。

```
float:none|left|right;
```

其中：none 是默认值，表示不浮动；

　　　left 表示元素向父对象的左侧浮动；

　　　right 表示元素向父对象的右侧浮动。

1. 基本浮动定位

盒子设置了浮动属性，则会根据属性值向左或向右浮动。浮动的盒子不再占用原本在文档中的位置,跟在其后的元素也会自动向前填充,直到遇到浮动对象的边界为止。如例 8-13,未设置浮动属性以前,每个盒子各占其水平位置,即三个盒子纵向排列。

【例 8-13】 未设置盒子的浮动。

```
<body>
  <div id="left-pic">
    <img src="pic/_ST_5925.jpg" height="150px" width="200px">
  </div>
  <div id="mid-pic">
    <img src="pic/_ST_5772.jpg" height="150px" width="200px">
  </div>
  <div id="right-pic">
    <img src="pic/_ST_6816.jpg" height="150px" width="200px">
  </div>
</body>
```

未设置浮动属性时三个盒子的显示效果如图 8-10 所示。

图 8-10 未设置浮动的盒子

如果对第一个盒子设置了向左浮动,原本纵向排列的第二个盒子会紧随其后,自动向左填充,不再占用原有的位置。

【例 8-14】 设置向左浮动的盒子。

```
<html xmlns="http://www.w3.org/1999/xhtml">
  <head>
    <meta http-equiv="Content-Type" content="text/html; charset=utf-8" />
```

```
    <title>未设置浮动</title>
    <style type="text/css">
      #left-pic { float:left; }
    </style>
  </head>
  <body>
    <div id="left-pic"><img src="pic/_ST_5925.jpg" height="150px" width=
"200px"></div>
    <div id="mid-pic"><img src="pic/_ST_5772.jpg" height="150px" width=
"200px"></div>
    <div id="right-pic"><img src="pic/_ST_6816.jpg" height="150px" width=
"200px"></div>
  </body>
</html>
```

效果图如图 8-11 所示。

图 8-11　设置向左浮动的盒子

如果想实现三个盒子都水平排列,则需要同时设置第一个盒子和第二个盒子的浮动属性,第三个盒子会自动跟随第二个盒子向前填充,因此无须设置其浮动属性。

【例 8-15】　三个盒子水平排列。

```
<html xmlns="http://www.w3.org/1999/xhtml">
  <head>
    <meta http-equiv="Content-Type" content="text/html; charset=utf-8" />
    <title>三个盒子水平排列</title>
    <style type="text/css">
      #left-pic { float:left; }
      #mid-pic { float:left; }
    </style>
  </head>
```

```
<body>
    <div id="left-pic"><img src="pic/_ST_5925.jpg" height="150px" width=
"200px"></div>
    <div id="mid-pic"><img src="pic/_ST_5772.jpg" height="150px" width=
"200px"></div>
    <div id="right-pic"><img src="pic/_ST_6816.jpg" height="150px" width=
"200px"></div>
    </body>
</html>
```

效果图如图 8-12 所示。

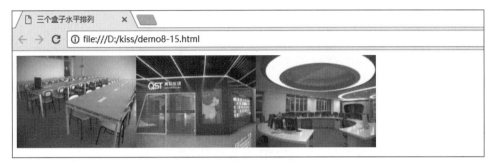

图 8-12　同时设置浮动属性

同理,如果设置浮动属性为 right,则盒子会自动向右浮动,读者可以自行进行实验。

2. 清除浮动属性

设置浮动属性可以更加自由地进行页面布局,所以在进行前端开发时,浮动属性是必需的。有时候可能也需要清除盒子的浮动属性以达到某种效果,这时就需要用到清除浮动属性 clear,其基本语法如下。

```
clear:none|left|right|both;
```

其中:none 是默认值,表示不浮动;
left 表示清除向左浮动;
right 表示清除向右浮动;
both 表示清除向左和向右浮动。

【例 8-16】　清除浮动。

```
<html xmlns="http://www.w3.org/1999/xhtml">
  <head>
    <meta http-equiv="Content-Type" content="text/html; charset=utf-8" />
    <title>三个盒子水平排列</title>
    <style type="text/css">
      #left-pic { float:left; }
      #mid-pic { float:left; }
```

127

```
    #right-pic { clear:left; }
  </style>
</head>
<body>
  <div id="left-pic"><img src="pic/_ST_5925.jpg" height="150px" width=
"200px"></div>
  <div id="mid-pic"><img src="pic/_ST_5772.jpg" height="150px" width=
"200px"></div>
  <div id="right-pic"><img src="pic/_ST_6816.jpg" height="150px" width=
"200px"></div>
</body>
</html>
```

例 8-16 中对第三个盒子设置了清除左侧浮动,所以该盒子不再跟随第二个盒子而自动换行了,忽略掉了第二个盒子所设置的向左浮动,效果如图 8-13 所示。

图 8-13　清除盒子的浮动

8.6　综 合 案 例

在班级网站中 CSS 运用得比较频繁,文字、表格、图片等都或多或少地使用了对应的 CSS 样式规则,以下是班级网站中所应用的 CSS 规则。

```
* { margin:0px;  padding:0px; }
img { border:0px; }
body { background:#ffffff url(images/body-bg.gif) top left repeat-x;font-
family:Arial, Helvetica, sans-serif; font-size:12px; }
#content { width:900px; margin:0 auto; height:337px; }
.header { background:url(images/timg.jpg) bottom left no-repeat; height:
214px; }
```

```
.floatl { float:left; }
.floatr { float:right; }
.logo { padding-top:20px; padding-left:10px; }
.clear { clear:both; }
.top-links ul { list-style:none; padding-top:22px; }
.top - links li { float: left; color: # 272727; background: url (images/li -
seperator.gif) top right no - repeat; font - weight: bold; line - height: 20px;
padding:0 20px; }
.top-links li a { text-decoration:none; color:#272727; font-weight:bold; }
.top-links li a:hover .top-links li a:active{ color:#517208 }
.info { font-size:20px; width:400px; padding-top:140px; padding-right:69px;
color:#004802; font-weight:bold; }
.content-box { padding:10px 0px; }
.left-col { width:490px; }
.main-content { color:#9B9875; line-height:18px; }
h1, h2, h3, h4 { line-height:normal; }
.main-content h1 { color:#007b3b; padding-bottom:15px; font-size:20px; }
.main - content span. second_heading { color: # 0a356d; font - weight: bold;
display:block; padding-bottom:15px; font-size:13px; }
.main-content p { padding-bottom:20px; color:#9b9875; line-height:18px; }
a { color:#9B9875; text-decoration:none; }
a:hover a:active { text-decoration:none; }
.gallery - section { width:255px; background: url (images/dotted - bg.gif) top
right repeat-y; padding-right:30px; margin-top:30px; }
.gallery-section h1 { color:#007b3b; padding-bottom:10px; font-size:20px; }
.gallery - section span. second_heading { color: # 0a356d; font - weight: bold;
display:block; padding-bottom:20px; font-size:13px; }
.gallery-section img { padding-right:10px; padding-bottom:10px; float:left; }
.drawing-section { width:175px; margin-top:30px; }
.drawing-section h1 { color:#007b3b; padding-bottom:10px; font-size:20px; }
.drawing - section span. second_heading { color: # 0a356d; font - weight: bold;
display:block; padding-bottom:20px; font-size:13px; }
.drawing-section p { padding-bottom:8px; color:#9b9875; line-height:18px; }
a { color:#9B9875; text-decoration:none; }
.news - title { color: # 0a356d; font - weight: bold; display: block; padding -
bottom:5px; font-size:13px; }
.news-title a { text-decoration:none; color:#0a356d; }
.right-col { width:331px; }
.events - section { padding: 10px 10px 0px 10px; border: 5px solid # 0080A3;
background:# f9eddd url (images/events - section - bg.gif) bottom right no -
repeat; }
.events-section h1 { color:#007b3b; padding-bottom:10px; font-size:20px; }
.events-section div { color:#0a356d; font-weight:bold; padding-bottom:10px; }
.events-section p { color:#c75300; line-height:20px; font-size:11px; padding
```

```
-top:2px; padding-bottom:20px; }
.events-section p a { text-decoration:none; color:#c75300; }
.right-title { color:#0a356d; font-weight:bold; font-size:13px; }
.right-title a { text-decoration:none; color:#0a356d; }
.kcb { padding:3px 5px; background:url(images/best-section.gif) top left no-
repeat; height:111px; margin-top:20px; }
.table { width:100%; border:0px; background-color:#ffffff; }
.table th { background:#0080A3; line-height:20px; color:#0a356d; }
.table td { text-align:center; line-height:17px; }
.rightborder { border-right:1px solid #d9d9d9; border-bottom:1px solid #
d9d9d9 }
.footer { background-color:#0080A3; width:900px; margin:0 auto; }
.footer-links { font-size:12px; text-align:center; width:900px; color:#
fedbc2; margin:auto; padding-bottom:22px; }
.footer-links ul { list-style:none; padding:22px 0px 0px 278px; }
.footer-links li { float:left; margin-bottom:5px; margin-right:9px; color:#
fedbc2; margin-bottom:15px; font-size:13px; }
.footer-links li a { text-decoration:none; color:#fedbc2; }
.class_blog h1 { color:#007b3b; padding-bottom:10px; font-size:20px; }
.class_blog div.second_heading { color:#0a356d; font-weight:bold; padding-
bottom:10px; }
.class_blog p { padding-bottom:20px; color:#9b9875; line-height:18px; }
.one-photo { height:90px; }
.one-photo img { padding-right:25px; padding-bottom:5px; }
.photo-text { text-align:left; padding-left:25px; padding-bottom:10px; }
.imgmar { margin-right:5px; }
.imgsize { width:112px; height:66px; border-style:solid; border-width:2px;
border-color:#FC9; }
```

　　读者可以打开班级网站的网页,将 CSS 规则与其所修饰的内容进行一一对应,学习 CSS 的定义以及使用方法。

习　　题

1. 选择题

(1) HTML 中引用外部样式表的正确方法是(　　)。

    A. <style type="text/css">import　url("样式表文件 URL") </style>

    B. <style type="text/css"> @import　url("样式表文件 URL") </style>

    C. <style type="text/css"><link rel="stylesheet" href="样式表文件 URL"/></style>

    D. <link rel="stylesheet" href="样式表文件 URL">内容</link>

(2) 下列哪段代码能够定义所有 p 标签内文字加粗？（　　　）

  A. <p style="text-size：bold">　　　　　B. <p style="font-size：bold">

  C. p｛text-size：bold｝　　　　　　D. p｛font-weight：bold｝

(3) 以下（　　）能够去掉文本超级链接的下画线。

  A. a｛text-decoration：nounderline｝ B. a｛underline：none｝

  C. a｛decoration：nounderline｝ D. a｛text-decoration：none｝

(4) 以下（　　）能够设置盒模型的内边距为 10、20、30、40(顺时针方向)。

  A. padding：10px 20px 30px 40px B. padding：10px 1px

  C. padding：5px 20px 10px   D. padding：10px

(5) 以下（　　）能够定义列表的项目符号为实心矩形。

  A. list-type：square   B. type：2

  C. type：square   D. list-style-type：square

2. 填空题

(1) CSS 选择符类型可以有_____、_____和_____三种。

(2) 使用 link 方法引用 CSS 时通过_____属性指定外部 CSS 样式表。

(3) 设置盒子模型左侧外边距的属性是_____。

3. 编程题

利用 DIV＋CSS 进行如图 8-14 所示的布局。

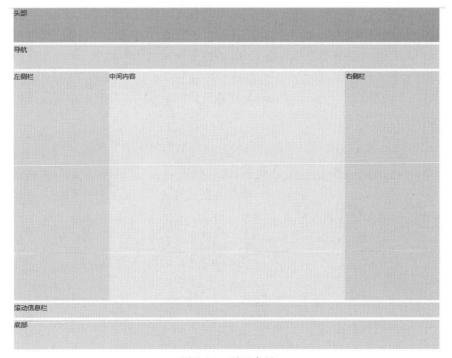

图 8-14　页面布局

页面布局

　　网页设计中的页面布局和风格会直接影响到用户的浏览体验,也关系到网页的传播。本章主要介绍利用 CSS+DIV 进行页面布局的方法。

9.1　div 标记与 span 标记

9.1.1　div 标记

　　div 是一种页面标记,它是 division 的缩写,它在语义上不代表任何特定类型的内容,它是用来定义页面中某些内容的逻辑区域。简单而言,div 像是一个区块容器,可以容纳段落、标题、表格、图片,乃至章节、摘要和备注等各种页面元素,把这些内容放置在＜div＞和＜/div＞标签之间。可以把用＜div＞和＜/div＞标签组合起来的页面内容视为一个相对独立的逻辑单元,其样式可由 CSS 样式表来控制呈现。声明时只需对＜div＞进行相应控制,其中的各标记元素都会因其而改变。＜div＞可以通过 CSS 样式来定位,放置在页面的任何位置。同时,几个＜div＞之间可以嵌套或重叠。正因为 div 的使用方式非常灵活,与 CSS 结合后,表现能力也非常强,可以很方便地实现各种效果,所以在页面设计中有着广泛的应用。

　　div 是一个块级元素,也就是说,div 元素内容本身占据一行,不允许其他元素与它在一行上并列显示。div 标记的语法形式如下。

```
<div id="id" class="class" style="style">div 内容</div>
```

其中,id 和 class 分别是 div 标记的 id 值和 class 类名;style 是 div 标记的行内样式。style 的主要属性有 position(定位方式)、left(标记占据区域的左边距)、top(标记占据区域的上边距)、width(标记占据区域的宽度)、height(标记占据区域的高度)、float(标记占据区域的浮动方式)、clear(标记占据区域浮动清除方式)和 z-index(标记占据区域的重叠上下层关系)等。

　　div 的用法示例如下。

　　【例 9-1】　div 的用法示例(部分代码),运行效果如图 9-1 所示。

```
<style type="text/css">
  div { font-size:14px; border:1px solid #000000;}
  div.paralle1 { background-color:#BAD3EB; width:150px; height:50px;}
```

```
    div.outer{ background-color:#8EF5D8; width:150px; height:80px;}
    div.inner{ background-color:#FD8090; width:100px; height:50px;}
    div.bottom{ position:absolute; background-color:#5BDE40; width:150px;
    height:50px; top:320px; left:20px; z-index:1;}
    div.top { position: absolute; background-color: #BAD3EB; width:150px;
    height:50px;top:345px; left:30px; z-index:2; }
</style>
...
<fieldset style="float:left; height:380px;">
<legend>div 用法示例</legend>
两个并列的 div
<div class="paralle1">这是一个 div</div><div class="paralle1">这是另一个并列
的 div</div>
<hr>
两个嵌套的 div
<div class="outer">这是外层的 div
    <div class="inner">这是内层的 div</div>
</div>
<hr>
两个重叠的 div
<div class="bottom">这是下方的 div</div>
<div class="top">这是上方的 div</div>
</fieldset>
```

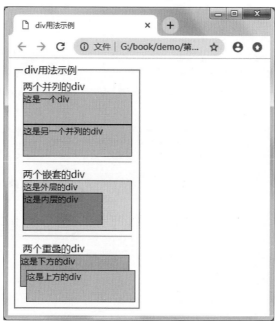

图 9-1　div 用法示例运行效果

在上述示例中,最上面的两个 div 是并列关系,从页面显示效果看,div 是块级标记。可以通过设置浮动或 display 属性改变 div 的显示方式。中间两个 div 是相互包含的嵌套关系,可以将功能相近的 div 块组织到一个更大的 div 之中,方便理清块与块之间的关系。下面两个 div 是一种层叠关系,一个 div 叠到了另一个 div 的上方。div 层叠时必须将 position 属性设置为 absolute,然后利用 z-index 属性控制层叠关系,z-index 属性值大的 div 块在上方,z-index 属性值小的 div 块在下方。

9.1.2 span 标记

span 标记是一个内联元素(inline element)。它也可以包含各种页面元素,只不过其元素会在一行内显示。span 标记的前后都不会自动换行。span 标记没有结构上的意义,纯粹是为应用样式而设计的。如果不对 span 标记应用样式,那么 span 元素中的文本与其他文本不会有任何视觉上的差异,只有对它应用样式时它才会产生视觉上的变化。span 标记的语法形式如下。

```
<span id="id" class="class" style="style">span 内容</span>
```

其中,id 和 class 分别是 span 标记的 id 值和 class 类名;style 是 span 标记的行内样式。

span 的用法示例如下。

【例 9-2】 span 的用法示例(部分代码),运行效果如图 9-2 所示。

```
<style type="text/css">
    span#ex{ color:#D91F72; font-weight:bold; }
</style>
…
<fieldset style="float:left; height:85px;">
<legend>span 用法示例</legend>
    俯身去拾,只拾起一片<span id="ex">月光</span>,如一页美丽故事的残笺,寄给你。
<hr>
    别后的日子。爬满纤纤<span>青藤</span>。窗外的流云,依窗望断无雁阵。
</fieldset>
```

图 9-2　span 用法示例运行效果

在上述示例中,上面的 span 通过样式设置为"月光"二字设定了不同的外观。下面的

span 没有样式指定,所以其中的"青藤"二字与其他文字的样式并无不同。另外,从页面显示效果看,span 是行级标记,它可以和标记前后的内容同处于一行上。

9.1.3　div 标记与 span 标记的区别

虽然 div 和 span 标记在默认情况下都没有对标记的内容进行格式化和渲染,只有使用 CSS 来定义相应的样式时才会显示出不同的效果,但是它们二者还是有很大的区别。

(1) div 标记是块级元素,一般可包含较大的范围,在区域的前后会自动换行;而 span 标记是内联元素,一般包含范围较窄,通常在一行内,在区域外不会自动换行。

(2) span 可以作为 div 的子元素,包含在 div 元素中。但 div 不能作为 span 的子元素,如果 span 中出现 div 不符合页面标准。

(3) span 元素的宽度是由被包围的内容宽度决定的,不建议给 span 设置宽度属性 width,可以给 span 设置 margin 值。

块级元素和内联元素可以通过 display 属性相互转换。display 属性有以下几种取值。

block:被显示为块级元素,元素前后有换行符。

inline:被显示为内联元素,元素前后没有换行符。

inline-block:被显示为行内块元素,元素前后没有换行符,可以设置 width、height、margin、padding 等属性值。

none:元素不再被显示,也不占用页面空间,相当于该元素不存在。

块级元素与内联元素的相互转换用法示例如下。

【例 9-3】　块级元素与内联元素的相互转换用法示例(部分代码),运行效果如图 9-3 所示。

```
<style type="text/css">
  div, span { background-color:#8EF5D8; font-size:14px; border:1px solid #000000;}
div.toInline{ display:inline; }
span.toBlock { width:320px; height:35px; display:block; }
div.toInlineBlock{ width:160px; height:35px; display:inline-block; }
</style>
…
<fieldset style="float:left; height:250px;">
<legend>块级元素与内联元素的相互转换用法示例</legend>
块级元素转换为内联元素<br/>
<div class="toInline">转换为内联元素的 div</div>
<div class="toInline">转换为内联元素的 div</div>
<hr>
内联元素转换为块级元素
<span class="toBlock">转换为块级元素的 span</span>
<span class="toBlock">转换为块级元素的 span</span>
```

```
<hr>
块级元素转换为行内块元素<br/>
<div class="toInlineBlock">转换为行内块元素的 div</div>
<div class="toInlineBlock">转换为行内块元素的 div</div>
</fieldset>
```

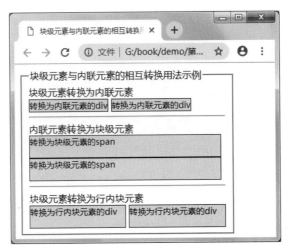

图 9-3　块级元素与内联元素的相互转换用法示例运行效果

在上述示例中,上面的 div 通过设置属性"display：inline"显示为内联状态,两个 div 处于同一行上,div 的大小由所包含的内容决定,width 和 height 属性不再起作用。中间的两个 span 通过设置属性"display：block"显示为块级元素状态,两个 span 分别处于两行上,通过 width 和 height 属性设定了 span 的大小。下面的 div 通过设置属性"display：inline-block"显示为行内块元素状态,两个 div 处于同一行上,但此时仍可通过设置 width 和 height 属性决定 div 元素的大小。可见,div 在转换为行内块元素时,与使用浮动属性"float：left"的显示效果类似,而且更容易处理 div 间的关系,排列更有序。

9.2　页面布局

页面布局是指浏览器对页面中的元素进行排版的方式。一个网站的点击率很大程度上取决于网页内容和页面的结构布局。合理的布局方式,使页面结构清晰,层次分明,兼具美观性和功能性,使网站既能彰显自己的特色,又满足浏览者的视觉体验。

现在越来越多的网站都采用 DIV＋CSS 的页面布局方式来构建网页。这种技术的优势是将页面结构与内容分离,使页面代码简洁,利于搜索,也方便后期对页面的维护和修改。清晰的代码结构,对搜索引擎更加友好,方便检索。这种表现和内容分离的结构特点,使页面设计者可以进行分工合作,进行程序控制和页面表现部分的开发,提高了开发效率。

DIV＋CSS 页面布局方式的设计方法,一般是先对页面有一个整体规划,把页面的主体部分划分为几个区域,如顶部 Logo 区（Banner）、主体内容区（Content）、导航区

(Navigation)、页脚区(Footer)等。每个区域都设计为一个 div 块,分配一个唯一的 id 标识。对于复杂的页面,还可以在主要的区域内部,再进一步细分内部区域,相当于 div 块的嵌套。在区域划分好以后,再根据页面布局类型,利用 CSS 对各个 div 区域块进行定位,具体包括位置、大小、对齐方式、浮动等属性。下面介绍几种常用的页面布局方式。

9.2.1 两列布局

在这一类布局方式中,页面的主体部分分为左右两列,左侧列是导航或链接,右侧列放置页面主要内容。这种布局结构又分为两列固定宽度、一列固定宽度一列宽度自适应及两列宽度自适应三种情况,下面分别进行介绍。

1. 两列固定宽度

放置两个 div,分别设置其样式。为了能使两列处于同一水平行上,可通过浮动属性实现。示例代码如下。

【例 9-4】 固定宽度的两列布局示例(部分代码),运行效果如图 9-4 所示。

```
<style type="text/css">
  div { background-color:#70B4C4; border:2px solid #0066FF; width:200px;
height:200px; }
  #left, #right{ float:left; }
</style>
...
<div id="left">左侧列</div>
<div id="right">右侧列</div>
```

图 9-4 固定宽度的两列布局示例运行效果

如果要使两列在页面中居中,可以在这两个 div 外部嵌套一个居中的 div 来实现。示例代码如下。

【例 9-5】 固定宽度的两列(居中)布局示例(部分代码),运行效果如图 9-5 所示。

```
<style type="text/css">
  #container { width:408px; margin:0px auto; }
```

```
#left, #right { background-color:#70B4C4; border:2px solid #0066FF; width:
200px; height:200px; float:left; }
</style>
…
<div id="container">
<div id="left">左侧列</div>
<div id="right">右侧列</div>
</div>
```

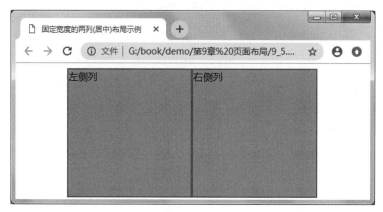

图 9-5   固定宽度的两列(居中)布局示例运行效果

2. 一列固定宽度一列宽度自适应的两列布局

放置两个 div,分别设置其样式。左列宽度固定,右列宽度自适应,使左列浮动,右列不浮动,也不设置宽度。示例代码如下。

【例 9-6】   一列固定宽度一列宽度自适应的两列布局示例(部分代码),运行效果如图 9-6 所示。

```
<style type="text/css">
    div { background-color:#70B4C4; border:2px solid #0066FF; height:200px; }
    #left { width:100px; float:left; }
</style>
…
<div id="left">左侧列</div>
<div>右侧列</div>
```

3. 宽度自适应的两列布局

放置两个 div,分别设置其样式。两列都是宽度自适应,可以通过设置宽度百分比来确定两列的宽度比例,使左右两列都浮动。两个 div 的宽度和应当小于 100%,为它们的边框留有一定的余量,否则会使两个 div 分布到两行上。示例代码如下。

图 9-6　一列固定宽度一列宽度自适应的两列布局示例运行效果

【例 9-7】　宽度自适应的两列布局示例(部分代码),运行效果如图 9-7 所示。

```
<style type="text/css">
    div { background-color:#70B4C4; border:2px solid #0066FF; height:200px; }
  #left { width:25%; float:left; }
  #right { width:73%; float:left; }
</style>
…
<div id="left">左侧列</div>
<div id="right">右侧列</div>
```

图 9-7　宽度自适应的两列布局示例运行效果

9.2.2　三列布局

在三列布局方式中,可以看作页面的主体部分分为左中右三列。这种布局结构按照宽度固定或宽度自适应,又分为 8 种组合。其中,三列都固定和两侧列固定中间列宽度自适应是比较常见的两种布局方式。前一种布局形式比较容易实现,不再赘述。下面介绍后一种布局方式。

两侧列固定中间列宽度自适应的三列布局方式中,可以放置三个 div,分别设置其样式。为了能使三列处于同一水平行上,可以设置左列向左浮动,右列向右浮动,中间列不设置浮动,同时两侧两列分别设置相应的固定宽度来实现。在页面中应先放置两侧的 div,后放置中间的 div,这样才能保证三者在一行上显示,示例代码如下。

【例 9-8】 中间列宽度自适应的三列布局示例(部分代码),运行效果如图 9-8 所示。

```
<style type="text/css">
    div { background-color:#70B4C4; border:2px solid #0066FF; height:200px; }
  #left { width:150px; float:left; }
  #right { width:100px; float:right; }
</style>
...
<div id="left">左侧列</div>
<div id="right">右侧列</div>
<div >中间列</div>
```

图 9-8　中间列宽度自适应的三列布局示例运行效果

9.2.3　两行布局

在两行布局方式中,页面的主体部分分为上下两行。一种用法是上面放置导航或菜单栏,下面是主要内容;另一种用法是上面放置主要内容,下面是页脚。这种布局结构又分为两行固定高度、一行固定高度一行高度自适应及两行高度自适应三种情况,下面分别进行介绍。

1. 两行固定高度

【例 9-9】 高度固定的两行布局示例(部分代码),运行效果如图 9-9 所示。

```
<style type="text/css">
    div { background-color:#70B4C4; border:2px solid #0066FF; }
  #top { height:80px; }
  #bottom { height:240px; }
```

```
</style>
...
<div id="top">上侧行</div>
<div id="bottom">下侧行</div>
```

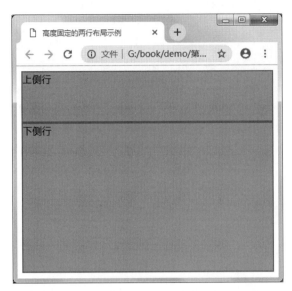

图 9-9　高度固定的两行布局示例运行效果

2. 一行固定一行高度自适应

高度自适应并不像宽度自适应那样简单，一般可以利用 absolute 定位来实现。当一个元素采用绝对定位时，在未设定高度或宽度的情况下，它的高度和宽度是由 top、right、bottom、left 属性决定的。所以，我们可以在页面上放置两个 div，为前一个 div 指定固定高度，两个 div 分别设置为 absolute 定位，然后通过设定 top、right、bottom、left 属性来实现想要的效果，示例代码如下。

【例 9-10】　一行固定一行高度自适应的两行布局示例（部分代码），运行效果如图 9-10 所示。

```
<style type="text/css">
  body { margin:0; padding:0; }
    div { background-color:#70B4C4; border:2px solid #0066FF; }
    #top { position:absolute; height:80px; left:0; right:0; }
    #bottom { position:absolute; top:80px; bottom:0; left:0; right:0; }
</style>
...
<div id="top">上侧行</div>
<div id="bottom">下侧行</div>
```

如果在上述示例的基础上进行扩展，可以实现下侧一行再分为左中右三列的布局效

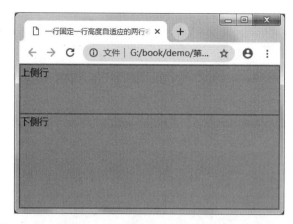

图 9-10　一行固定一行高度自适应的两行布局示例运行效果

果。示例代码如下。

【例 9-11】　上侧固定下侧分三列高度自适应的两行布局示例（部分代码），运行效果如图 9-11 所示。

```
<style type="text/css">
  body { margin:0; padding:0; }
  div { background-color:#70B4C4; border:2px solid #0066FF; }
  #top { position:absolute; height:80px; left:0; right:0; }
  #bottom { position:absolute; top:80px; bottom:0; left:0; right:0; overflow:
hidden; }
  #left { width:150px; float:left; height:100%; }
  #right { width:100px; float:right; height:100%; }
  #middle { height:100%; }
</style>
...
<div id="top">上侧行</div>
<div id="bottom">
    <div id="left">下侧左列</div>
    <div id="right">下侧右列</div>
    <div id="middle">下侧中列</div>
</div>
```

3. 两行高度自适应

如果两行的高度都需要自适应，就将 height 属性按比例设置为百分比，利用 absolute 定位来实现，示例代码如下。

【例 9-12】　高度自适应的两行布局示例（部分代码），运行效果如图 9-12 所示。

```
<style type="text/css">
    body { margin:0; padding:0; }
```

图 9-11　上侧固定下侧分三列高度自适应的两行布局示例运行效果

```
div { background-color:#70B4C4; border:2px solid #0066FF; }
    #top { position:absolute; height:30%; left:0; right:0; }
    #bottom { position:absolute; height:70%; bottom:0; left:0; right:0; }
</style>
...
<div id="top">上侧行</div>
<div id="bottom">下侧行</div>
```

图 9-12　高度自适应的两行布局示例运行效果

9.2.4　三行布局

在三行布局方式中,页面的主体部分分为上中下三个部分。一般上面部分放置标题、导航菜单、Logo 等内容,中间部分放置页面的主体内容,下面部分是版权信息、联系方式及通信地址等页脚内容。这种布局结构又可分为三行固定高度和上下两行固定高度中间高度自适应这两种最常用的布局方式。下面分别进行介绍。

1. 三行固定高度

这种布局方式实现起来比较简单，在页面上放置三个 div，分别为它们设置 height 属性即可，示例代码如下。

【**例 9-13**】 高度固定的三行布局示例（部分代码），运行效果如图 9-13 所示。

```css
<style type="text/css">
    div { background-color:#70B4C4; border:2px solid #0066FF; }
    #top { height:30px; }
    #middle { height:100px; }
    #bottom { height:20px; }
</style>
<div id="top">上侧行</div>
<div id="middle">中间行</div>
<div id="bottom">下侧行</div>
```

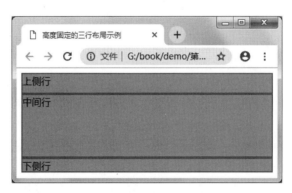

图 9-13　高度固定的三行布局示例运行效果

2. 上下两行固定中间高度自适应

这种布局方式在页面上放置三个 div，对于上侧的 div 只需设置 height 属性为固定值即可，中间和下侧的 div 要设置成 absolute 定位，left 和 right 属性全部设为 0。把下侧的 div 的 height 属性设为固定值，并把 bottom 属性设为 0。而对于中间的 div，还要把其 top 和 bottom 属性值分别设为上侧 div 和下侧 div 的 height 值，示例代码如下。

【**例 9-14**】 上下两行固定中间高度自适应的三行布局示例（部分代码），运行效果如图 9-14 所示。

```css
<style type="text/css">
body { margin:0; padding:0; }
    div { background-color:#70B4C4; border:2px solid #0066FF; }
    #top { height:50px; }
    #middle { position:absolute; bottom:30px; top:50px; left:0; right:0; }
```

```
    #bottom { position:absolute; height:30px; bottom:0; left:0; right:0; }
</style>
...
<div id="top">上侧行</div>
<div id="middle">中间行</div>
<div id="bottom">下侧行</div>
```

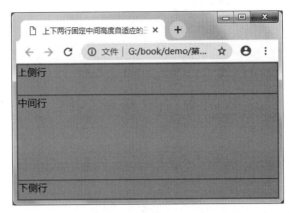

图 9-14　上下两行固定中间高度自适应的三行布局示例运行效果

如果在上述示例的基础上进行扩展,把中间行再分隔为左中右三列的布局效果,示例代码如下。

【例 9-15】　上下行固定中间分三列高度自适应的三行布局示例(部分代码),运行效果如图 9-15 所示。

```
<style type="text/css">
  body { margin:0; padding:0; }
    div { background-color:#70B4C4; border:2px solid #0066FF; }
    #top { height:50px; }
    #middle { position:absolute; bottom:30px; top:50px; left:0; right:0; }
    #bottom { position:absolute; height:30px; bottom:0; left:0; right:0; }
    #left { width:150px; float:left; height:100%; }
    #right { width:100px; float:right; height:100%; }
    #center { height:100%; }
</style>
...
<div id="top">上侧行</div>
<div id="middle">
    <div id="left">中间左列</div>
    <div id="right">中间右列</div>
    <div id="center">中间</div>
</div>
<div id="bottom">下侧行</div>
```

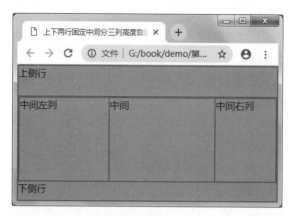

图 9-15　上下两行固定中间分三列高度自适应的三行布局示例运行效果

9.3　导　航　菜　单

页面的导航也很重要。导航是一个网站的核心，页面的所有内容都是在导航的引导下扩展出来的。完美的导航菜单会引导浏览者迅速找到感兴趣的信息，为页面增色不少。导航菜单大多可以采用 DIV＋CSS 的布局方式，通过控制列表样式来制作。下面介绍两种导航菜单的设计方法。

9.3.1　纵向导航菜单

1. 纵向导航菜单

纵向导航菜单，其实就是在一个 div 中放置一个无符号列表，然后通过控制列表的样式，再配合＜a＞标记，产生菜单的效果。具体的制作过程如下。

先在 div 中放置 ul，并添加 a 标记；然后分别为 div、ul、li 和 a 创建样式，示例代码如下。

【例 9-16】　纵向导航菜单示例(部分代码)，运行效果如图 9-16 所示。

```
<style type="text/css">
  #menu { width:80px; }
  #menu ul { margin:0; padding:0;list-style:none; }
  #menu ul li {background:#0A725B; height:26px; line-height:26px; text-align:center; border-bottom:1px solid #FFFFFF; }
  a { display:block; font-size:14px; color:#FFFFFF; text-decoration:none; }
  a:hover { color:#FF0000; text-size:16px; }
</style>
...
<div id="menu">
  <ul>
  <li><a href="#">开始</a></li>
  <li><a href="#">插入</a></li>
```

```
<li><a href="#">布局</a></li>
<li><a href="#">引用</a></li>
<li><a href="#">邮件</a></li>
<li><a href="#">审阅</a></li>
<li><a href="#">视图</a></li>
</ul>
</div>
```

图 9-16　纵向导航菜单示例运行效果

2. 带二级菜单的纵向导航菜单

为纵向导航菜单增加二级菜单,当光标滑过导航菜单项时,弹出显示二级菜单项,光标离开导航菜单项时,二级菜单隐藏。可以先制作好作为二级菜单的 ul,将其嵌入到作为父对象的 li 内部,设置其为隐藏显示、绝对定位,设置 top 属性为 0,left 属性为父对象宽度。将二级菜单的父对象设为相对定位。设置父对象在光标盘旋时属性♯menu ul li:hover ul 及♯menu ul li:hover ul li a 属性,使它们以 block 方式显示,示例代码如下。

【例 9-17】　带二级菜单的纵向导航菜单示例(部分代码),运行效果如图 9-17 所示。

```
<style type="text/css">
  #menu { width:80px; }
  #menu ul { margin:0; padding:0; list-style:none; }
  #menu ul li { background:#0A725B; height:26px; line-height:26px; text-
align:center; border-bottom:1px solid #FFFFFF; position:relative; }
  a { display:block; font-size:14px; color:#FFFFFF; text-decoration:none; }
  a:hover { color:#FF0000; text-size:16px; }
  #menu ul li ul { display:none; width:100px; top:0; border-bottom:1px solid #
FFFFFF; position:absolute; left:81px; }
  #menu ul li:hover ul, #menu ul li:hover ul li a { display:block; }
</style>
...
<div id="menu">
```

```
<ul>
<li><a href="#">开始</a>
<ul>
<li><a href="#">剪贴板</a></li>
<li><a href="#">字体</a></li>
<li><a href="#">段落</a></li>
<li><a href="#">样式</a></li>
<li><a href="#">编辑</a></li>
</ul>
…
</ul>
</div>
```

图 9-17　带二级菜单的纵向导航菜单示例运行效果

9.3.2　横向导航菜单

1. 横向导航菜单

在纵向导航菜单里面,是把无符号列表项 li 作为菜单项的。li 的默认排列方式是纵向排列的。对于横向导航菜单,只需要将纵向菜单项横排即可,这可以通过将 li 设置为向左浮动,使每一个 li 都跟在其前面一个 li 的右侧来实现。去掉♯menu 的 width 属性值,改为设置 li 的 width 为适当的宽度。去掉 li 的 border-bottom 属性设置,改为 border-right 属性的设置,示例代码如下。

【例 9-18】　横向导航菜单示例(部分代码),运行效果如图 9-18 所示。

```
<style type="text/css">
  #menu ul { margin:0; padding:0; list-style:none; }
  #menu ul li { width:80px; float:left; background:#0A725B; height:26px; line
-height:26px; text-align:center; border-right:1px solid #FFFFFF; }
  a { display:block; font-size:14px; color:#FFFFFF; text-decoration:none; }
  a:hover { color:#FF0000; text-size:16px; }
</style>
```

```
...
<div id="menu">
  <ul>
  <li><a href="#">开始</a></li>
  <li><a href="#">插入</a></li>
  <li><a href="#">布局</a></li>
  <li><a href="#">引用</a></li>
  <li><a href="#">邮件</a></li>
  <li><a href="#">审阅</a></li>
  <li><a href="#">视图</a></li>
  </ul>
</div>
```

图 9-18　横向导航菜单示例运行效果

2. 带下拉菜单的横向导航菜单

为横向导航菜单增加下拉菜单,其具体做法与带二级菜单的纵向导航菜单类似。可以用 ul 来代替下拉菜单,嵌入到作为父对象的 li 内部,设置其为隐藏显示、相对定位,设置 top 和 left 属性为相应值。将二级菜单的父对象设为相对定位。设置父对象在光标盘旋时属性♯menu ul li:hover ul 及♯menu ul li:hover ul li a 属性,使它们以 block 方式显示,示例代码如下。

【例 9-19】　带下拉菜单的横向导航菜单示例(部分代码),运行效果如图 9-19 所示。

```
<style type="text/css">
#menu ul { margin:0; padding:0; list-style:none; }
  #menu ul li { width:80px; float:left; background:#0A725B; height:26px; line
-height:26px; text-align:center; border-right:1px solid #FFFFFF; position:
relative; }
  a { display:block; font-size:14px; color:#FFFFFF; text-decoration:none; }
  a:hover { color:#FF0000; text-size:16px; }
  #menu ul li ul { display:none; width:120px; border-bottom:1px solid #FFFFFF;
position:absolute; left:0; top:27px; }
  #menu ul li:hover ul, #menu ul li:hover ul li a { display:block; }
</style>
...
<div id="menu">
  <ul>
```

```
        <li><a href="#">开始</a>
        <ul>
        <li><a href="#">剪贴板</a></li>
        <li><a href="#">字体</a></li>
        <li><a href="#">段落</a></li>
        <li><a href="#">样式</a></li>
        <li><a href="#">编辑</a></li>
        </ul>
        …
        </ul>
    </div>
```

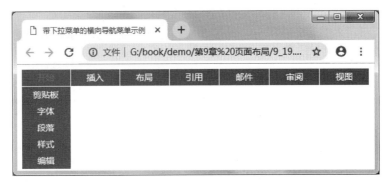

图 9-19　带下拉菜单的横向导航菜单示例运行效果

9.4　综合案例

本章综合案例为首页设计了总体布局,页面布局采用 DIV＋CSS 实现。下面简要介绍一下页面的布局情况。

页面从总体上看,分为上面的 content 和下面的 footer 两个 div。content 里面放置页面主要内容,footer 放置了导航菜单和版权信息。在 content 里面又嵌套了 logo、top-links、header 和 content-box 共 4 个 div。

logo 中放置的是班级标志,top-links 中则是一个横向导航菜单,这两个 div 采用浮动技术,分别位于最上一行的左右两侧。下面的 header 中放置的是 banner,水平占满整个页面宽度。content-box 中内容比较多,下面单独进行分析。

content-box 包含页面的主体内容,分为 left-col 和 right-col 两个 div。它们运用了浮动,一左一右排列在同一行上。左侧的 left-col 中是处于上方的 main-content 和下方并列左右分布的 gallery-section 和 drawing-section。右侧的 right-col 中是上面的 events-section 和下面的 kcb。页面总体布局效果如图 9-20 所示,为了清晰,图中的部分 div 没有标示出来。

页面布局的主要代码如下所示。

图 9-20　首页页面布局效果图

```
<div id="content">
  <div class="logo"><img src="images/logo.png" /></div>
  <div class="top-links">
  …          /* top-links 横向导航菜单 */
  </div>
  <div class="header">
  …          /* banner */
  </div>
  <div class="content-box">
    <div class="left-col">
      <div class="main-content">
      …      /* main-content */
      </div>
      <hr>
      <div class="gallery-section">
      …      /* gallery-section 包含"班级采风"内容 */
      </div>
      <div class="drawing-section">
      …      /* drawing-section 包含"班级动态"内容 */
      </div>
```

```
        </div>
      <div class="right-col">
        <div class="events-section">
        …         /* events-section 包含"公告栏"内容 */
        </div>
        <div class="kcb">
        …         /* kcb 包含"课程表"内容 */
        </div>
      </div>
    </div>
  </div>
  <div class="footer">
    <div class="footer-links">
      …              /* footer-links 包含横向导航菜单 */
    </div>
  </div>
```

再结合 CSS 样式表中的属性设置，实现页面布局。

另外，综合实例里实现了横向菜单，主要代码如下。

1. 样式表有关内容

```
.top-links ul{ list-style:none; padding-top:22px; }
.top - links li { float: left; color: # 272727; background: url (images/li -
seperator.gif) top right no - repeat; font - weight:bold; line - height:20px;
padding:0 20px; }
.top-links li a{ text-decoration:none; color:#272727; font-weight:bold; }
.top-links li a:hover, .top-links li a:active{ color:#517208 }
```

2. 页面代码

```
<div class="top-links">
  <ul>
    <li><a href="index.html">首页</a></li>
    <li><a href="classblog.html">班级日志</a></li>
    <li><a href="classphoto.html">班级相册</a></li>
    <li><a href="personpage.html">个人主页</a></li>
    <li><a href="message.html">留言本</a></li>
    <li><a href="register.html">注册</a></li>
    <li><a href="about.html">关于我们</a></li>
  </ul>
</div>
```

习　　题

1. 选择题

（1）下列选项为行内标记的是（　　）。

    A. <p></p>　　　　　　　　　　　B. <div></div>

    C. <span></span>　　　　　　　　D. <pre></pre>

（2）下列能够将 div 标记由块显示方式转换为行内显示方式的是（　　）。

    A. div{overflow：hidden；}　　　　B. div{display：inline；}

    C. div{display：block；}　　　　　D. div{display：none；}

（3）多个 div 层要实现层叠的必要条件是 position 属性的值必须是（　　）。

    A. static　　　　　B. relative　　　　　C. absolute　　　　D. fixed

（4）下列 CSS 规则中能够让 div 层不显示的选项是（　　）。

    A. div{display：block；}　　　　　B. div{display：none；}

    C. div{display：inline；}　　　　　D. div{display：hidden；}

（5）下列选项中，关于 display：none；样式说法正确的是（　　）。

    A. 显示元素对象　　　　　　　　B. 隐藏元素对象

    C. 占用页面空间　　　　　　　　D. 删除元素对象

（6）关于元素显示模式的转换，下列说法正确的是（　　）。

    A. 将块级元素转换为行内元素的方法是使用 display：inline；样式

    B. 将行内元素转换为块级元素的方法是使用 display：inline；样式

    C. 两者不可以转换

    D. 两者可以随意转换

（7）下列关于 div 层的说法中错误的是（　　）。

    A. div 层可以被准确地定位于网页的任何地方

    B. 可以规定 div 层的大小

    C. div 层与层可以有重叠，但是不可以改变重叠的次序

    D. 可以动态设定 div 层的可见性

2. 填空题

（1）在 HTML 文件中，定义层的标记是＿＿＿＿＿＿＿。

（2）一个 div 层的位置可以通过 4 个属性来设置，分别为 left、＿＿＿＿＿＿＿、width 和＿＿＿＿＿＿＿。

（3）设置 div 层的层叠关系可以通过设置＿＿＿＿＿＿＿属性来实现，其属性值越大，div 层越层叠在上面，但前提条件是需要将属性的值设为 absolute。

（4）＿＿＿＿＿＿＿还可以重叠，因此可以利用在网页中实现内容的重叠效果。

表单的应用

本章主要介绍在交互式网站中经常用到的表单技术。表单(form)主要用于在浏览器端收集用户输入的数据,并将数据传送至服务器端,交由服务器端进程处理,或者取消用户输入的数据。也可使用表单来处理其他预定义的脚本功能。

10.1　表单的概念与工作原理

表单是在某些交互式网站中用到的一种技术,实现类似网上投票、网上调查、网上注册等交互式功能。表单的使用使服务器和浏览器间的数据传递由单向变为双向,从而实现了交互式的对话。

当用户在浏览器端网页的表单中输入数据,单击"提交"按钮后,这些数据将被打包传送到服务器端,由服务器端的脚本或应用程序接收,并进行相应处理。所以,为了保证表单中数据能够在浏览器和服务器之间进行完整的交互,表单的实现会涉及两个部分的内容:其一是在服务器端有用以处理提交数据的脚本或应用程序(如 CGI 脚本、JSP、PHP等),否则,就不能处理浏览器端提交的数据;其二是在浏览器端网页源代码中有对表单的描述。如果真正要实现和访问者交互的网页,仅有包含表单的网页文档是不够的,还需要设计在服务器端的处理程序。本章以介绍表单为主,不会涉及服务器端的程序开发,有兴趣的读者可查阅相关书籍。图 10-1 是一个使用了表单的网页。

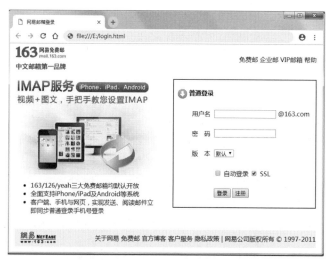

图 10-1　使用了表单元素的网页

10.2　定　义　表　单

一个表单通常由三个部分组成,第一部分是表单标签<form>和</form>,这对标签之间的部分就是一个表单,标签的属性描述了处理表单数据所用 CGI 程序的 URL 以及数据提交到服务器的方法。第二部分是表单域,也叫表单控件,是表单内容在网页上的具体呈现形式,这些控件包括文本框、密码框、隐藏域、多行文本框、复选框、单选框、下拉选择框和文件上传框等。第三部分是表单按钮,包括提交按钮、复位按钮和一般按钮,用于将表单数据传送到服务器上的 CGI 脚本或者取消输入,还可以用表单按钮来控制其他定义了处理脚本的处理工作。

表单标签<form>与</form>可用来创建一个表单,在标记对之间的一切都属于表单的内容。在<form>标记中,可以设置表单的基本属性,包括表单的名称、处理程序和传送方式等。一般情况下,表单的处理程序 action 和传送方式 method 是必不可少的参数。

form 的基本语法如下。

```
<form id="idValue" name="formName" action="URL" method="get|post" enctype=
"encoding" >
   form elements
</form>
```

语法说明:

<form>和</form>之间可以包含各种表单元素,如不同类型的 input 输入框及复选框、单选按钮、提交按钮等。表单元素用于收集用户的输入信息。form 标签属性的说明如下。

id 属性:表单 ID,用来标记一个表单。

name 属性:规定表单的名称。为了防止表单提交到处理程序后出现混乱,一般需要给表单命名。表单名称不能包含特殊字符和空格。

action 属性:用于指定表单数据提交到哪个处理程序进行处理。表单的处理程序是表单要提交的地址,也就是表单中收集到的资料将要传递的程序地址(可以是绝对地址、相对地址或其他形式的地址)。

method 属性:用于指定在数据提交到服务器时,使用哪种 HTTP 提交方法,可取值为 get 或 post。

使用 get 方法时,表单数据会被视为 CGI 或 ASP 的参数发送,用户输入的数据会附加在 URL 之后,由浏览器端直接发送至服务器,因此速度上会比 post 方法快,其缺点是数据长度不能太长,仅为 2KB 以下。它是 method 属性的默认值。

使用 post 方法时,表单数据是与 URL 分开发送的,用户端会通知服务器来读取数据,因此通常没有数据长度上的限制,其缺点是速度比 get 方法慢。

enctype 属性:用于定义表单数据的编码方式。

【例 10-1】 定义一个表单。

```
<form id="form1" name="regForm" action="dao/take.jsp" method="post" enctype
="text/ plain">
  <!—此处放置表单元素-->
</form>
```

上述代码定义了一个名为 regForm 的表单,采用 text/plain 的编码方式将用户输入的数据按照 POST 传输方式提交至服务器端的处理程序 dao/take.jsp。表单的数据由表单元素来收集。

10.3 定义域和域标题

域标签<fieldset></fieldset>可以将表单中的相关元素组合起来,对 form 中的信息进行分组归类,使表单元素在表单中的显示更有条理。

<fieldset>可将表单内的相关元素分组。<fieldset>将一部分表单内容打包,生成一组相关表单的字段。当一组表单元素放到<fieldset>标签内时,浏览器会以特殊方式来显示它们,它们可能有特殊的边界、3D 效果,甚至可创建一个子表单来处理这些元素。一个表单可以有多个 fieldset。

<legend>标签为 fieldset 元素定义标题(caption)。

fieldset 和 legend 的基本语法如下。

```
<form>
  <fieldset>
  <legend  align="left|right|bottom|top">标题内容</legend>
  form elements
  </fieldset>
</form>
```

<fieldset>标签没有属性。<legend>标签位于<fieldset>标签内,align 属性用于指定标题的对齐方式。

【例 10-2】 fieldset 的应用,运行效果如图 10-2 所示。

```
<form action="diaocha.jsp" method="post" name="diaochaFrm">
<fieldset>
<legend>用户名与密码</legend>
用户名:<input type="text" id="username" /></br>
密    码:<input type="password" id="pass" />
</fieldset>
<fieldset>
<legend>性别</legend>
男<input type="radio" value="1" id="sex" name="sex"/>
女<input type="radio" value="2" id="sex" name="sex"/>
```

```
保密<input type="radio" value="3" id="sex" name="sex"/>
</fieldset>
<fieldset>
<legend>爱好</legend>
运动<input type="checkbox" value="1" id="fav" />
旅游<input type="checkbox" value="2" id="fav" />
阅读<input type="checkbox" value="3" id="fav" />
</fieldset>
</form>
```

图 10-2　fieldset 的应用

10.4　表单元素

　　表单元素用于接收用户的输入,是表单的重要组成部分。通常在表单中使用的表单元素有 input 元素、列表框元素 select、文本域元素 textarea 等,这些元素常常被称为表单控件。其中,应用最广泛的是 input 元素。

10.4.1　input 元素

　　input 元素用来定义用户可输入数据的输入字段,根据 type 属性的不同取值,可以有输入文本框、密码框、单选按钮、复选框、按钮、图像域、隐藏域、文件选择框等不同的表现形式。

　　基本语法如下。

```
<input  type="formElementsType"  name="formElementsName"/>
```

　　name 可以使程序对不同表单元素加以区分,type 则表明表单元素的类型,type 的属性取值如表 10-1 所示。

表 10-1　input 元素的 type 属性取值

属　性　值	说　明	属　性　值	说　明
text	文本域	submit	提交按钮
password	密码域	reset	重置按钮
radio	单选按钮	image	图像域
checkbox	复选框	file	文件域
button	普通按钮	hidden	隐藏域

1. 文本框: text

设置 input 元素的 type 属性值为 text,用来设置表单中的单行文本框,在其中可输入任何类型的文本、数字或字母,输入的内容以单行显示。

基本语法:

```
<input name="elementsName" type="text" size="size" maxlength="maxlength"
value="value" readonly/>
```

属性说明:

name:定义 input 元素的名称,用于与页面中的其他元素加以区别。名称由英文字母、下画线及数字组成,区分大小写字母。

maxlength:定义文本框中最多可输入的字符数。

size:定义输入文本框在页面中显示的以字符为单位的长度,其值不大于 maxlength 值。

value:文本框的默认值。

readonly:定义文本框中的内容是只读的,不可编辑。

【例 10-3】　文本框的应用。

```
校名:<input name="school" type="text" size="30" maxlength="40" value="育才中
学" />
```

2. 密码框: password

设置 input 元素的 type 属性值为 password,用来设置表单中的密码域,在其中输入任何类型的数据,都将以实心圆点的形式显示,以保护用户在输入密码时不会被泄漏。

基本语法:

```
<input name="elementsName" type="password" size="size" maxlength=
"maxlength"/>
```

密码框的属性与文本框类似,不再详述。

【**例 10-4**】　密码框的应用,运行效果如图 10-3 所示。

```
<fieldset>
<legend>用户信息</legend>
用户:<input name="user" type="text" size="20" maxlength="40" />
密码:<input name="password" type="password" size="20" maxlength="40" />
</fieldset>
```

图 10-3　密码域的应用

3. 单选按钮 radio

设置 input 元素的 type 属性值为 radio,可以实现单选按钮,用来让用户从多个选择项中进行单一的选择。单选按钮在页面中以空心圆圈显示。属于同一选择项的一组单选按钮,其 name 属性应当取相同的值,而 value 属性应当取不同的值。

基本语法:

```
<input name="radioName" type="radio" value="radioValue"  checked/>
```

属性说明:

name:定义 input 元素的名称。

value:定义单选按钮的取值。

checked:用来标识预先选定的单选按钮项。

【**例 10-5**】　单选按钮的应用,运行效果如图 10-4 所示。

```
<fieldset>
<legend>用户信息</legend>
性别:<input name="gender" type="radio" value="1" checked>男
<input name="gender" type="radio" value="0">女
</fieldset>
```

图 10-4　单选按钮的应用

4. 复选框 checkbox

设置 input 元素的 type 属性值为 checkbox,可以实现复选框。用户在填写表单时,有一些内容可以通过做出选择的形式来实现。复选框能够实现项目的多项选择功能,以一个方框表示。在其语法中,checked 表示复选框在默认情况下已经被选中,一个选项中可以有多个复选框被选中。

基本语法:

```
<input name="checkboxName" type="checkbox" value="checkboxValue" checked/>
```

复选框的属性与单选按钮类似,不再详述。

【例 10-6】 复选框的应用,运行效果如图 10-5 所示。

```
<fieldset>
  <legend>您是通过何种方式知道本网站的?</legend>
  <input name="intri" type="checkbox" value="1">通过朋友介绍<br/>
  <input name="intri" type="checkbox" value="2">通过电视宣传<br/>
  <input name="intri" type="checkbox" value="3" checked>通过微信朋友圈<br/>
  <input name="intri" type="checkbox" value="4">通过其他网站链接<br/>
  <input name="intri" type="checkbox" value="5">通过短信推送<br/>
  <input name="intri" type="checkbox" value="6">通过其他方式
</fieldset>
```

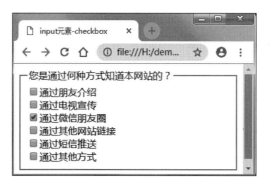

图 10-5　复选框的应用

5. 提交按钮 submit

设置 input 元素的 type 属性值为 submit,可以实现提交按钮。提交按钮是一种特殊的按钮,单击该类按钮,可以将用户输入的表单数据提交至服务器。

基本语法:

```
<input name="btnName" type="submit" value="btnValue" />
```

属性说明:

name:定义 input 元素的名称。

value：定义按钮上显示的文本。

6. 重置按钮 reset

设置 input 元素的 type 属性值为 reset，可以实现重置按钮。重置按钮可以清除用户在页面中输入的信息，将各项表单元素的值恢复成默认的初始状态。重置按钮可以使用户放弃表单元素的输入值，以便于重新填写。一般来说，提交按钮与重置按钮经常一起出现。

基本语法：

```
<input name="btnName" type="reset" value="btnValue" />
```

重置按钮的属性与提交按钮类似，不再详述。

【例 10-7】　提交与重置按钮的应用，运行效果如图 10-6 所示。

```
<fieldset>
  <legend>用户信息</legend>
  用户:<input name="user" type="text" size="20" maxlength="40" /><br/>
  密码:<input name="password" type="password" size="20" maxlength="40" />
<br/>
  性别:<input name="gender" type="radio" value="1" checked />男
  <input name="gender" type="radio" value="0" />女<br/>
  <input name="btnSubmit" type="submit" value="提交" />
  <input name="btnReset" type="reset" value="重置">
</fieldset>
```

图 10-6　提交按钮与重置按钮的应用

7. 按钮 button

设置 input 元素的 type 属性值为 button，可以实现普通按钮。按钮在表单中起着至关重要的作用。提交按钮可以触发提交表单的动作，重置按钮可以将表单数据恢复到默认的状态。除此之外，普通按钮也可以按照需要，产生其他的动作。普通按钮主要是通过绑定 JavaScript 事件或运行脚本，来进行表单的处理，完成所需的功能。

基本语法：

```
<input name="btnName" type="button" value="btnValue" onclick="script"/>
```

属性说明：

name：定义 input 元素的名称。

value：定义按钮上显示的文本。

onclick：定义为按钮绑定的事件代码或设置的脚本。

【例 10-8】 按钮的应用，运行效果如图 10-7 所示。

```
<fieldset width="200px">
  <legend>用户信息</legend>
  用户：<input name="user" type="text" size="15" maxlength="40" /><br/>
  密码：<input name="password" type="password" size="15" maxlength="40" />
<br/>
  <input name="btnSubmit" type="submit" value="提交" />
  <input name="btnReset" type="reset" value="重置"/>
  <input name="btnCommon" type="button" value="注册用户" onclick="javascript:
alert('注册用户');"/>
</fieldset>
```

图 10-7 按钮的应用

8. 图像按钮 image

设置 input 元素的 type 属性值为 image，可以实现图像按钮。图像按钮是可以用在提交按钮位置的图像，使这幅图像具有按钮的功能。

基本语法：

```
<input name="btnName" type="image" src="imgURL" />
```

属性说明：

name：定义 input 元素的名称。

src：定义了图像的位置。

9. 文件选择框 file

设置 input 元素的 type 属性值为 file，可以实现文件选择框。在 Chrome 浏览器中，文件选择框是由一个"选择文件"按钮和一个文本框组成的，用户可以单击"选择文件"按钮进行上传文件的选择。

基本语法：

```
<input name="name" type="file" accept="filetype"/>
```

属性说明：

name：定义 input 元素的名称。

accept：定义文件传输的 MIME 类型的列表（用逗号分隔）。

需要特别说明的是，在使用包含文件选择框的表单时，表单的 enctype 属性必须使用"multipart/form-data"。表单的 enctype 属性定义了在数据发送到服务器之前，对表单数据进行编码的方式。

【例 10-9】　文件域的应用，效果如图 10-8 所示。

```
< form action="upload.jsp" method="post" name="upFrm" enctype="multipart/
form-data">
  <fieldset width="200px">
    <legend>文件上传</legend>
    请选择要上传的文件:<br/>
    <input name="upfile" type="file" accept="image/gif, image/jpeg "/><br/>
    <input name="btnSubmit" type="submit" value="提交" />
    <input name="btnReset" type="reset" value="重置"/>
  </fieldset>
</form>
```

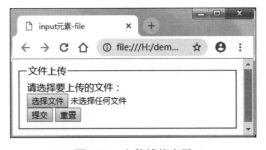

图 10-8　文件域的应用

10. 隐藏域 hidden

设置 input 元素的 type 属性值为 hidden，可以实现隐藏域。隐藏域在页面中对于用户来说是不可见的，在表单中插入隐藏域的目的在于收集和发送信息，以便于被处理表单的程序所使用。发送表单时，隐藏域的信息也被一起发送到服务器。

基本语法：

```
<input name="name"  type="hidden" value="value"  />
```

例如：

```
<input name="itemcode"  type="hidden" value="0471"  />
```

该行代码可在表单中插入一个隐藏域 itemcode，在提交表单时将 itemcode 的值"0471"也一同提交给了服务器。

10.4.2　textarea 元素

有时候，表单需要向服务器提交的文本格式的数据比较长，文本框无法满足这一要求，这时就可以使用多行文本框。多行文本框可让用户输入较多的文本信息，可以包含换行。当文本超出规定的范围时，会出现滚动条。多行文本区域适合于用户填写观点、意见、看法等大量的文本信息。

基本语法：

```
<textarea name="name" rows="row" cols="col" wrap="virtual|physical|wrap">
    多行文本框内容
</textarea>
```

属性说明：

rows：定义文本行数。

cols：定义文本列数（即每行文本的宽度）。

wrap：定义在表单提交时，文本框中的文本如何换行。设为 virtual 时，文本会在文本框内自动换行，在传输给服务器时，文本只在用户按下 Enter 键的地方进行换行，其他地方没有换行的效果。设为 physical 时，实现文本区内的自动换行，并以这种形式传送给服务器。设为 wrap 时，文本框会包含一行文本，用户必须将光标移动到右边才能看到全部文本，在传输给服务器时，将把一行文本传送给服务器。

例如：

```
<textarea  name="text"  cols="45" rows="5" wrap="physical">一道残阳铺水中,半
江瑟瑟半江红。</textarea>
```

10.4.3　select 元素

下拉列表是一种最节省页面空间的选择方式，因为正常状态下只显示一个选项，单击按钮打开列表后才会看到全部选项。它通过＜select＞和＜option＞标记来分别定义下拉菜单和列表项。带有 multiple 时，表示允许用户从列表中选择多项。带有 selected 的选项，表示在初始时被选中。

基本语法：

```
<select  name="下拉列表名称" size="显示在列表中的选项数" multiple>
  <option  value="选项值"  selected>选项 1 内容</option>
  <option  value="选项值"  selected>选项 2 内容</option>
  …
</select>
```

属性说明：

size：定义下拉列表框中可见的列表选项的数目，默认值为 1。

multiple：定义一次可选择多个列表项。

value：定义列表项的值，这个值将来会提交至服务器。如果不设置 value 的值，提交
＜option＞＜/option＞之间的内容，之间的内容为显示在浏览器上的内容。

selected：定义预先选定的默认列表项。

【例 10-10】 下拉列表的应用，运行效果如图 10-9 所示。

```
<form action="course.jsp" method="post" name="courseFrm">
  <fieldset>
    <legend>选择课程</legend>
    请选择已开设的课程:<br/>
    <select name="courseSel" size="4" multiple>
      <option value="DS">数据结构</option>
      <option value="OS">操作系统</option>
      <option value="DB">数据库原理</option>
      <option value="CP">编译原理</option>
      <option value="CA">计算机体系结构</option>
      <option value="CN">计算机网络</option>
      <option value="SE">软件工程</option>
    </select>
  </fieldset>
</form>
```

图 10-9 下拉列表的应用

10.5 综合案例

本章综合案例在第 9 章的基础上增加了"学生注册"页面，主要使用表单技术实现学生注册信息的收集与提交。其页面效果如图 10-10 所示。

整个页面采用 DIV 方式布局。页面主体的注册部分采用表格布局，是由一个 8 行 2 列的表格完成布局的。界面采用表单和表单控件来实现。主要代码如下。

```
1   <div id="register">
```

```
2      <form name="regForm" id="form" action="XXX.html" method="post">
3       <fieldset>
4        <legend>学生注册</legend>
5        <table>
6         <tr>
7          <td width="280" class="stytd">用户名:</td>
8           <td width="480"><input type="text" name="user"/><span> *
   </span><div id="userError"></div></td>
9         </tr>
10        <tr>
11         <td class="stytd">密码:</td>
12         <td><input type="password" name="pass"/><span> * </span><div
   id="passError"></div></td>
13        </tr>
14        <tr>
15         <td class="stytd">确认密码:</td>
16         <td><input type="password" name="repass" /><span> * </span><
   div id="repassError"></div></td>
17        </tr>
18        <tr>
19         <td class="stytd">性别:</td>
20         <td><input type="radio" name="gender" value="male" checked=
   "checked" />男<input type="radio" name="gender" value="female" />女
21        </td>
22        </tr>
23        <tr>
24         <td class="stytd">兴趣:</td>
25        <td><input type="checkbox" name="interest" value="wenxue" />文学
26         <input type="checkbox" name="interest" value="yinyue" />音乐
27         <input type="checkbox" name="interest" value="tiyv" />体育
28         <input type="checkbox" name="interest" value="jianshen" />健身
29         <input type="checkbox" name="all" id="all" onclick="checkIns();" />
   全选/不选
30        </td>
31        </tr>
32        <tr>
33         <td class="stytd">籍贯:</td>
34         <td><select name="s1" onchange="checkSch()">
35           <option>请选择省份</option>
36           <option value="neimenggu">内蒙古</option>
37           <option value="hebei">河北</option>
38           <option value="shanxi">山西</option>
39         </select>
40         <select name="s2">
```

```
41            <option>请选择县市</option>
42          </select>
43        </td>
44      </tr>
45      <tr>
46        <td class="stytd">联系电话:</td>
47        <td><input type="text" name="tel" /><span> * </span><div id=
   "telError"></div></td>
48      </tr>
49      <tr class="btntd">
50        <td colspan="2"><input type="submit" value="注册" />
51          <input type="reset" value="重置" />
52        </td>
53      </tr>
54    </table>
55    </fieldset>
56  </form>
57 </div>
```

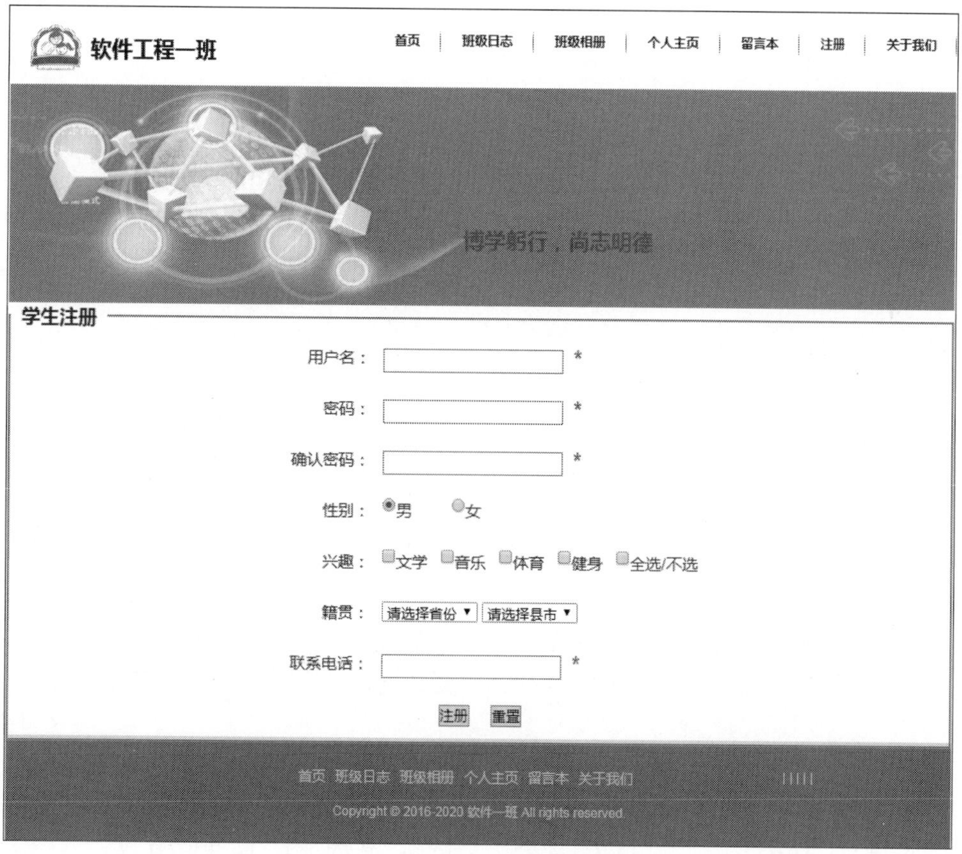

图 10-10 学生注册页面效果图

代码解释：

01～57 行是在网页中对注册界面进行布局的 div。其中，

02～56 行是注册界面对应的表单 regForm。

05～54 行是放置表单元素的表格。

08 行是单行文本框，用于输入用户名。

12 行及 16 行分别是密码输入行，用于输入用户的密码。

20 行是单选按钮，用于输入性别信息。

25～29 行是复选框，用于输入兴趣信息。

34～42 行是下拉列表，用于输入籍贯信息。

47 行是单行文本框，用于输入电话号码。

50～51 行是提交按钮和重置按钮，用于提交及清空注册界面的表单信息。

习　　题

1. 选择题

（1）下列选项不是表单标记的属性是（　　　）。

    A. method   B. action

    C. enctype   D. option

（2）表单标签中的 method 属性是指（　　　）。

    A. 提交的方式   B. 表单所用的脚本语言

    C. 提交的 URL 地址   D. 表单的形式

（3）下列 input 标记的类型属性取值表示单选按钮的是（　　　）。

    A. hidden   B. checkbox

    C. radio   D. select

（4）用于设置单行文本输入框显示宽度的属性是（　　　）。

    A. size   B. maxlength

    C. value   D. length

（5）以下关于 select 标签的说法正确的是（　　　）。

    A. select 标签定义的表单元素，在一个下拉列表中显示选项

    B. rows 和 cols 属性可以定义其大小

    C. select 标签定义的表单元素是一个单选按钮

    D. select 标签定义的表单元素通过改变其 multiple 属性值可以实现多选

2. 填空题

（1）表单标签中，method 属性的取值可以是_____和_____。

（2）提交按钮的 type 属性值为_____，重置按钮的 type 属性值为_____，普通按钮的 type 属性值为_____。

（3）一组单选按钮的 name 属性值必须_____。

（4）select 标签必须与_____标签配合使用，包含_____、_____和_____属性。

（5）表单是 Web _____和 Web _____之间实现信息交流和传递的桥梁。

（6）设置图像按钮时，type 属性应当设为_____。其中_____属性是不可缺少的，用于设置图像文件的路径。

HTML5 基础与 CSS3 应用

HTML5 是 HTML 的新版本,它不再仅仅是一种标记语言,而是被称为广泛应用于 Web 前端开发的下一代 Web 语言。HTML5 强化了 Web 网页的表现性能,追加了本地数据库等 Web 应用的功能。HTML5 的第一份正式草案已于 2008 年 1 月 22 日公布,目前 HTML5 仍处于完善之中。然而,大部分现代浏览器已经具备了某些 HTML5 支持。CSS3 是 CSS 技术的升级版本,在 CSS2 基础上增强或新增了许多特性,弥补了 CSS2 的众多不足之处,使得 Web 开发变得更为高效和便捷。

11.1 HTML5 概述

为了弥补 HTML4 的许多不足之处,W3C 与 WHATWG 合作共同研制 HTML5 相关技术标准,于 2014 年正式发布了 HTML5 标准。它解决了浏览器之间的兼容性问题、Web 应用程序受限及文档结构不够明确等问题,结束了 HTML 规范长时间的停滞状态,逐渐被各种浏览器支持。W3C 称"HTML5 是开放的 Web 网络平台的基石"。

11.1.1 HTML5 的新特性

HTML5 具有以下 8 个特性。

1. 语义特性(Semantic)

HTML5 赋予网页更好的意义和结构。更加丰富的标签将随着对 RDFa(RDF attribute)、微数据与微格式等方面的支持,构建对程序、对用户都更有价值的数据驱动的 Web。

2. 本地存储特性(Offline & Storage)

基于 HTML5 开发的网页 App 拥有更短的启动时间,更快的联网速度,这些全得益于 HTML5 App Cache、本地存储功能、Indexed DB 和 API 说明文档。

3. 设备兼容特性(Device Access)

从 Geolocation 功能的 API 文档公开以来,HTML5 为网页应用开发者提供了更多功能上的优化选择,带来了更多体验功能的优势。HTML5 提供了前所未有的数据与应用接入开放接口。使外部应用可以直接与浏览器内部的数据相连,例如,视频影音可直接与麦克风及摄像头相连。

4. 连接特性(Connectivity)

更有效的连接工作效率,使得基于页面的实时聊天、更快速的网页游戏体验、更优化的在线交流得到了实现。HTML5 拥有更有效的服务器推送技术,Server-Sent Event 和 WebSockets 就是其中的两个特性,这两个特性能够实现将服务器端数据"推送"到客户端的功能。

5. 多媒体特性(Multimedia)

支持网页端的 Audio、Video 等多媒体功能,与网站自带的 Apps、摄像头、影音功能相得益彰。

6. 三维、图形及特效特性(3D、Graphics & Effects)

浏览器中所呈现的基于 SVG、Canvas、WebGL 及 CSS3 的 3D 视觉效果,会令用户惊叹。

7. 性能与集成特性(Performance & Integration)

没有用户会永远等待——HTML5 会通过 XMLHttpRequest2 等技术,帮助 Web 应用和网站在多样化的环境中更快速地工作。

8. CSS3 特性(CSS3)

在不牺牲性能和语义结构的前提下,CSS3 中提供了更多的风格和更强的效果。此外,较之以前的 Web 排版、Web 的开放字体格式(WOFF)也提供了更高的灵活性和控制性。

11.1.2　HTML5 与 HTML4 的主要区别

HTML5 和之前的 HTML 版本相比,主要的区别体现在文档结构及语法的变化,增加了一些新的元素及废弃了一些旧的元素,增加了全局属性的概念。

1. HTML5 文档结构的变化

HTML5 的文档结构也是由头部和主体两部分组成的,只是在其中增加了一些结构元素,如 header、nav、article、section、aside 和 footer 等 6 个结构元素。HTML5 的结构元素布局如图 11-1 所示。HTML5 的文档结构元素的语法如例 11-1 所示。

【例 11-1】　HTML5 文档结构元素的语法示例。

```
<!doctype html>
<html lang="en">
  <head>
```

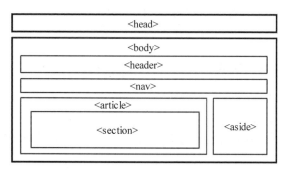

图 11-1　HTML5 结构元素布局示意图

```
    <meta charset="UTF-8">
    <meta name="Keywords" content="">
    <meta name="Description" content="">
    <title>HTML5 文档结构示例</title>
  </head>
  <body>
    <header>此处是页眉</header>
    <nav>此处是导航 nav</nav>
    <article>此处是文档</article>
      <section>此处是节</section>
    <aside>此处是旁注</aside>
      <footer>此处是页脚</footer>
  </body>
</html>
```

header 标记定义了文档和区域的页眉,通常是一些引导和导航信息。nav 标记是作为页面导航的链接组。article 标记是一个独立完整的内容块,可独立于页面其他内容使用。article 标记可以嵌套使用。section 标记定义节。aside 标记用来说明其所包含的内容与页面主要内容相关,不是该页面的一部分,类似于对正文进行注释。footer 标记定义文档或节的页脚,包含与页面、文章或部分内容有关的信息。

2. HTML5 语法的变化

HTML5 的语法与之前的版本没有太大的变化。为了提高浏览器之间的兼容性,HTML5 重新规范了部分语法形式。

（1）标签不区分大小写。

（2）部分元素的标记可以省略。省略标记的元素可以分为 3 种情况:不允许写结束标记的元素,如 area、base、img 等;可以省略结束标记的元素,如 li、option、tr、td 等;开始标记和结束标记全部可以省略的元素有 html、head、body 等。具体情况如表 11-1 所示。

表 11-1　HTML5 省略标记元素的 3 种情况

情　　况	说　　明
不允许写结束标记的元素（只允许写＜元素/＞的形式）	area、base、br、col、command、embed、hr、img、input、keygen、link、meta、param、source、track、wbr
可以省略结束标记的元素	colgroup、dd、dt、li、optgroup、option、p、rp、rt、tbody、td、tfoot、th、thead、tr
可以省略全部标记的元素	body、colgroup、head、html、tbody

（3）允许省略属性值的属性。允许部分"标志性"的属性可以省略属性值，当不指定属性值时，表示属性值为 true。

（4）允许属性值不使用引号，但不推荐，因为容易导致浏览器误解。

3. HTML5 增加的元素

为了增强 Web 开发的功能，HTML5 新增了一些元素和属性，废弃了很多不常用的元素，取消了一些属性。HTML5 增加的元素如表 11-2 所示。

表 11-2　HTML5 的新增元素

元　　素	说　　明
audio	用于定义音频
canvas	表示绘图画布
command	表示命令按钮
datagrid	表示可选数据的列表
datalist	定义选项列表
details	用于描述文档或文档某个部分的细节
dialog	表示对话框
embed	用于插入各种多媒体
figure	表示一段独立的流内容，一般表示文档主体流内容中的一个独立单元
keygen	表示生成密钥
main	用于表示页面中的主要内容
mark	用于实现文字的突出显示或高亮显示
menu	表示菜单列表
meter	表示度量衡，用于已知最大值和最小值的度量
output	表示不同类型的输出
progress	用于表示运行中的进度条
ruby	用于表示 ruby 注释
source	为媒体元素定义媒体资源
time	用于表示日期和时间
video	用于定义视频
wbr	表示软换行

4. HTML5 的全局属性

HTML5 新增了"全局属性"的概念。全局属性是指可以对任何元素使用的属性。HTML5 新增的全局属性如表 11-3 所示。

表 11-3　HTML5 新增的全局属性

属　　性	说　　明
contenteditable	规定是否允许用户编辑内容
contextmenu	规定元素的上下文菜单
designmode	规定页面是否可编辑
dropzone	规定被拖动的数据在拖放到某个元素上时是否被复制、移动或链接替代
hidden	规定该元素是无关的
spellcheck	规定是否必须对元素进行拼写或语法检查

11.2　HTML5 表单

表单是 HTML 中获取用户数据的重要手段。HTML5 在保留原有表单元素的基础上，新增表单元素，丰富了原有元素的属性，增强了表单的功能，方便了用户的操作。

11.2.1　HTML5 新增的表单属性

HTML5 中新增两个表单属性，分别是 autocomplete 和 novalidate 属性。

1. autocomplete 属性

autocomplete 属性用于控制表单或某些类型的 input 元素的自动完成功能是否开启，当设置为 on 时，开启该功能；当设置为 off 时，关闭该功能。开启该功能后，当用户在开始输入时，浏览器就会在该域中显示填写的选项。用户每提交一次，就会增加一个用于选择的选项，记录用户输入过的内容，双击表单元素会显示历史输入。

2. novalidate 属性

novalidate 属性用于控制在提交表单时，是否会对表单或某些类型的 input 元素的输入内容进行验证。当 novalidate 属性取值为 true 时，对输入内容不进行验证，否则会进行验证。

11.2.2　HTML5 新增的 input 元素属性

1. autofocus 属性

该属性用于在页面加载时，使该 input 元素自动获取焦点。

2. form 属性

form 属性用于设置 input 元素所属的表单。在之前的 HTML 版本中,表单中的所有元素都必须在这个表单的<form>和</form>标签之间,而在 HTML5 中,可以将<form>和</form>标签之外的元素归属到该表单中,只需要设置 form 属性即可。form 属性的取值是所属表单的 id。

3. 表单重写属性

重写属性用于重写表单元素的某些属性。在 HTML5 中,可以重写的表单属性有 formaction、formmethod、formenctype、formnovalidate 和 formtarget,这些属性分别用于重写表单的 action、method、enctype、novalidate 和 target 属性。

4. list 属性

list 属性用于设置元素的选项列表 datalist,将元素的取值与 datalist 元素关联起来。list 属性可以应用于 text、search、url、telephone、email、date、pickers、number、range 和 color 等类型的 input 元素。

5. multiple 属性

multiple 属性用于设置 input 元素是否可以有多个值。该属性只适用于 email 和 file 类型的 input 元素。multiple 属性应用于 email 类型的 input 元素时,在输入框中可以输入用逗号隔开的多个 E-mail 地址;应用于 file 类型的 input 元素时,在打开的选择文件对话框中就可以选择多个文件。

6. pattern 属性

pattern 属性的取值是一个正则表达式,用于匹配 input 元素的输入内容。pattern 属性可应用于 text、search、url、telephone、email 和 password 类型的 input 元素。

7. placeholder 属性

placeholder 属性用于为 input 元素提供一种提示,描述 input 元素所期待的值。

8. required 属性

required 属性用于规定用户在提交之前必须填写内容,否则无法提交。

9. min、max、step 属性

这些属性用于为包含数字或日期的 input 类型规定限定(约束)。其中,max 属性和 min 属性分别规定输入域所允许输入的最大值和最小值。step 属性用于为输入域规定合法的数字间隔。

HTML5 新增的 input 元素属性用法如例 11-2 所示。

【例 11-2】 HTML5 新增的 input 元素属性示例（部分代码）。

```
<form action="" method="post" name="Frm" id="regForm">
  <fieldset>
    <legend>学生注册</legend>
    <table>
      <tr><td>姓名:</td><td><input name="name" type="text" size="20"
maxlength="40" autofocus placeholder="输入姓名" required/></td></tr>
      <tr><td>年龄:</td><td><input name="age" type="number" min="12" max=
"28" size="6" placeholder="输入年龄(12-28)"/>性别:<input name="gender" type
="radio" checked/>男<input name="gender" type="radio"/>女</td></tr>
      <tr><td>班级:</td><td><input name="class" type="text" size="20"
placeholder="选择班级" list="classList"/></td></tr>
      <tr><td>手机:</td><td><input name="tel" type="tel" size="20"
placeholder="输入手机号码" pattern="1[3|4|5|8][0-9]{9}$"/></td></tr>
      <tr><td>邮箱:</td><td><input name="email" type="email" size="20"
placeholder="输入邮箱" multiple="multiple"/></td></tr>
      <tr><td colspan="2" align="center"><input type="submit" value="提交"/>
        <input name="reset" type="reset" value="重置" /></td></tr>
    </table>
    <datalist id="classList">
      <option value="软件工程 19-1"/>
      <option value="软件工程 19-2"/>
      <option value="数据 19"/>
      <option value="网络工程 19"/>
      <option value="计算机 19"/>
    </datalist>
  </fieldset>
</form>
备注:<input name="note" type="text" size="20" maxlength="40" form="regForm" />
```

11.2.3 HTML5 新增的表单元素

1. output 元素

output 元素用于不同类型的输出。output 有 for、form 和 name 三个属性。for 属性用于指明计算中所使用的元素的 id，多个 id 之间用空格分隔。form 属性定义元素所属的表单。name 属性确定元素的名称。output 元素的用法如例 11-3 所示。示例运行效果如图 11-2 所示。

【例 11-3】 output 元素用法示例（部分代码）。

```
<form method="post" oninput="num.value=parseInt(num1.value)+parseInt
(num2.value)">
在括号中填入数字,进行计算:<br/>
```

```
(<input name="num1" id="num1" type="text" size="2" style="border:0px;"/>)+
(<input name="num2" id="num2" type="text" size="2" style="border:0px;"/>)=
<output name="num" for="num1 num2"/>
</form>
```

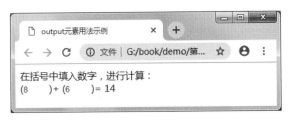

图 11-2　output 元素用法示例运行效果

2. keygen 元素

keygen 元素是密钥对生成器,用于提供一种验证用户的可靠方法。在提交表单时会生成一个私钥及一个公钥,私钥存储于客户端,公钥被发送到服务器。公钥可用来验证用户的客户端证书。

3. datalist 元素

datalist 元素定义了 input 元素可能的选项列表。可以使用已经定义好的 datalist 元素,为 input 元素提供输入"数据源"。一般使用 input 元素的 list 属性来关联 datalist 元素。datalist 元素的用法见例 11-2。

11.2.4　HTML5 新增的 input 元素类型

HTML5 增加了很多新的表单输入类型,为 input 的数据输入提供了更加丰富的选择,更方便地完成输入控制与验证。

1. Date Pickers 类型

HTML5 提供了多种输入日期和时间的 input 元素类型,支持不同形式的日期与时间数据的输入。type 属性可选择如下几种类型。

(1) date,用来选取年、月、日。

(2) month,用来选取年、月。

(3) week,用来选取年和周(即一年中的第几周)。

(4) time,用来选取小时和分钟。

(5) datetime,用来选取年、月、日、时、分(UTC 时间)。

(6) datetime-local,用来选取年、月、日、时、分(本地时间)。

Date Pickers 元素的用法示例如下。运行效果如图 11-3 所示。

【例 11-4】 Date Pickers 元素用法示例(部分代码)。

```
<form action="" method="post">
```

```
会议日期:<br/>
<input type="date" name="date" />
</form>
```

图 11-3　Date Pickers 元素用法示例运行效果

2. color 类型

color 类型可以从取色器中拾取颜色。color 类型的用法示例如下。

【例 11-5】　color 类型用法示例(部分代码)。

```
<form action="" method="post">
<div id="poem" style="width:200px;border:solid 1px black;text-align:
center;">
小满<br/>
夜莺啼绿柳,皓月醒长空。<br/>
最爱垄头麦,迎风笑落红。<br/>
</div>
设置文字颜色:<input type="color" oninput="poem.style.color=this.value">
</form>
```

3. tel 类型

tel 类型用于输入电话号码。tel 类型的用法见例 11-2。

4. email 类型

email 类型用于输入电子邮箱。email 类型的用法见例 11-2。

5. number 类型

number 类型用于输入数值。number 类型的用法见例 11-2。

6. range 类型

range 类型用于输入一定范围内的数值。range 类型显示为滑动条。

7. search 类型

search 类型用于输入搜索值。

8. url 类型

url 类型用于输入 URL 地址。

11.3　HTML5 视频与音频

　　直到今天,仍然没有在网页上播放视频与音频的统一标准。早期在页面上播放视频和音频需要安装 QuickTime Player、RealPlayer 等插件,后期主要是通过 Flash Player 插件来完成。视频和音频的格式种类较多,需要不同的插件来支持,而且有时播放速度很慢。HTML5 提供了音频、视频的标准接口,使多媒体播放不再需要插件,只需要支持 HTML5 的浏览器即可。

11.3.1　HTML5 的 video 元素

　　HTML5 提供了视频内容的标准接口,使用<video>标签来描述和播放视频内容。视频文件是一个容器,包括标题、字幕等称为元数据的信息。
　　<video>标签的语法格式如下。

```
<video src="url" controls="controls">替代文字</video>
```

其中,src 属性规定要播放的视频的 URL。controls 属性设置页面上显示的播放控件,如播放、暂停、定位、音量、全屏切换、字幕、音轨等。替代文字指定当浏览器不支持相应的 video 元素时,页面显示的文字。
　　除此之外,还有 autoplay 属性,用于设置视频就绪后马上播放。loop 属性用于当视频播放完成后循环播放。preload 属性用于设置视频在页面加载时进行加载,并预备播放。poster 属性用于设置视频在下载时或在播放前显示的图像。
　　video 元素的用法示例如下。
　　【例 11-6】　video 元素用法示例(部分代码),运行效果如图 11-4 所示。

```
<fieldset style="float:left;">
  <legend>video 元素用法</legend>
  <video src="shanshui.mp4" autoplay width="320" height="200" controls=
"controls">
    您的浏览器不支持 video 标记
  </video>
</fieldset>
```

图 11-4   video 元素用法示例运行效果

video 标签支持多个 source 标记，可以使用 source 标记为 video 标签提供多个不同的视频文件，以解决浏览器支持。浏览器将使用第一个支持的格式，如以下用法。

```
<video width="320" height="240" controls="controls" poster="img/adv.jpg"
autoplay>
  <source src="movie_1.mp4" type="video/mp4">
  <source src="movie_2.ogg" type="video/ogg">
  您的浏览器不支持 video 标签
</video>
```

11.3.2 HTML5 的 audio 元素

HTML5 中的＜audio＞标签用来实现音频的播放。＜audio＞元素能播放声音文件或音频流。＜audio＞标签的语法格式如下。

```
<audio src="url" controls="controls">替代文字</audio>
```

audio 标签的属性与 video 标签用法类似，不再赘述。如果浏览器不支持 audio 标签，则显示标签之间的替代文字。audio 标签同样也可以使用 source 标记提供不同格式的音频文件，浏览器将使用第一个支持的音频文件，如以下用法。

```
<audio controls="controls" autoplay>
  <source src="music_1.mp3" type="audio/mp3">
  <source src="music_2.ogg" type="audio/ogg">
  您的浏览器不支持 audio 标签
</audio>
```

audio 元素的用法示例如下。

【例 11-7】　audio 元素用法示例(部分代码),运行效果如图 11-5 所示。

```
<fieldset style="float:left;">
  <legend>audio 元素用法</legend>
  <audio src="qingsong.mp3" controls="controls">
    您的浏览器不支持 audio 标记
  </audio>
</fieldset>
```

图 11-5　audio 元素用法示例运行效果

11.4　HTML5 canvas 画布

canvas 是 HTML5 提供的在页面上绘制图形的容器。在页面上放置一个 canvas 元素,相当于放置了一块矩形画布,通过 JavaScript 脚本来完成绘制图形。HTML5 提供了多种方法使用 canvas 画布绘制图形。

11.4.1　canvas 标签

canvas 是由 HTML 代码配合高度和宽度属性而定义出的可绘制区域。JavaScript 代码可以访问该区域,类似于其他通用的二维 API,通过一套完整的绘图函数来动态生成图形。在页面中使用 canvas 标签,需要指定 width、height 及 id 属性。其语法格式如下。

```
<canvas id="canvasId" width="width" height="height">提示文字</canvas>
```

其中,属性 id 是 canvas 元素的标识,供 JavaScript 脚本调用,width 和 height 属性分别指定 canvas 的宽度和高度,以像素(px)为单位。默认情况下,canvas 标记的 width 和 height 分别为 300px 和 200px。提示文字用来指定当浏览器不支持 canvas 元素时显示的提示文字。

11.4.2　绘制图形的步骤

canvas 元素本身没有绘图能力,需要通过 JavaScript 脚本来完成图形绘制。在 canvas 元素中绘制图形一般采用以下几个步骤。

(1) 获取 canvas 元素。在 JavaScript 脚本中通过 document. getElementById()、document. getElementByName()等方法获取 canvas 元素,如以下代码所示。

```
var canvas=document.getElementById("canvasId");
```

（2）获取绘图环境对象 context。canvas 会创建一个固定大小的画布，包含一个或多个绘图环境对象 context，context 对象提供了用于在 canvas 元素上绘图的方法和属性，来绘制和处理要展示的内容。canvas 元素的 getContext（）方法用于返回环境对象 context，调用该方法时可以传递一个参数 contextType，表示环境对象的类型，可以是 2d 或 3d。如以下代码即可获取 canvas 元素的环境对象。

```
var conText=canvas.getContext("2d");
```

（3）设定绘图样式。绘图的样式一般指图形的颜色、线条样式、线条宽度、填充样式等。在设定好绘图样式后，就可以调用绘图方法完成图形的绘制。fillStyle 属性可设置或返回用于填充绘图的颜色、渐变或模式。strokeStyle 属性可设置或返回用于绘图笔触的颜色、渐变或模式。如以下代码所示。

```
conText.fillStyle="FF0000";        //设置填充样式
conText.strokeStyle="00FF00";      //设置边框样式
conText.lineWidth=2;               //设置线条宽度
```

（4）在绘图环境对象内绘图。使用绘图方法绘制图形，如以下代码所示。

```
conText.fillRect(0, 10, 200, 300);   //绘制填充矩形
conText.strokeRect(0,10, 200, 300); //绘制矩形边框
```

11.4.3　图形的绘制

canvas 画布可理解为是由二维的网格像素点组成的，水平方向的 X 轴从左到右为正向，垂直方向的 Y 轴从上到下为正向，坐标原点位于画布的左上角。在画布上绘制的图形都是相对于坐标原点来定位的。

canvas 只支持一种原生的矩形绘制方式，有三种绘制矩形的方法：fillRect(x，y，width，height)用于绘制一个填充的矩形。strokeRect(x，y，width，height)用于绘制一个矩形的边框。clearRect(x，y，widh，height)用于清除指定的矩形区域。

这 3 个方法具有相同的参数。其中，参数 x，y 分别用于指定矩形的左上角的坐标（相对于 canvas 的坐标原点），参数 width，height 用于指定绘制矩形的宽和高。canvas 图形绘制用法示例如下。

【例 11-8】　canvas 图形绘制用法示例（部分代码），运行效果如图 11-6 所示。

```
<fieldset style="float:left;">
  <legend>canvas 绘制矩形</legend>
  <canvas id="canvas1" width="190" height="140"></canvas>
</fieldset>
<script type="text/javascript">
  var canvas=document.getElementById("canvas1");
  var context=canvas.getContext("2d");
  context.fillStyle="#FF0000";
```

```
    context.fillRect(20,20,150,100);
    context.strokeStyle="#00FF00";
    context.lineWidth=4;
    context.strokeRect(20,20,150,100);
</script>
```

图 11-6　canvas 图形绘制用法示例运行效果

对于其他复杂的图形,需要使用路径(path)来绘制。路径可以理解成通过画笔画出的任意线条,这些线条甚至不用相连。在没描边(stroke)或填充(fill)之前,路径在 canvas 画布上是看不到的。在绘制图形时,需要先定义一个路径,然后再对其进行描边或填充,这样图形才能显示出来。

开始创建路径时,使用环境对象的 beginPath()方法来重置当前的路径,可使用 moveTo()、lineTo()、arc()等方法绘制线段或弧线,moveTo(x,y)可将笔触移动到指定的坐标 x 和 y 上,lineTo(x,y)可绘制一条从当前位置到指定 x 和 y 位置的直线,arc(x,y, radius, startAngle, endAngle, anticlockwise)方法用于绘制一条原点在(x, y),半径为 radius,起始角度为 startAngle,终止角度为 endAngle 的圆弧线,anticlockwise 为 true 时表示逆时针,否则为顺时针。路径创建完成后,使用环境对象的 closePath()方法关闭路径。路径创建好后,再对其进行描边或填充。canvas 路径用法示例如下。

【例 11-9】　canvas 路径用法示例(部分代码),运行效果如图 11-7 所示。

```
<canvas id="canvas2" width="120" height="120"></canvas>
<script type="text/javascript">
  var context=document.getElementById("canvas2").getContext("2d");
  context.lineWidth=2;
  context.fillStyle="#0000FF";
  context.beginPath();
  context.fillRect(10, 10, 80, 80);
  context.closePath();
  context.fillStyle="#FF0000";
  context.beginPath();
  context.arc(50, 50, 30, 0, Math.PI * 2, true);
  context.closePath();
```

```
    context.fill();
    context.strokeStyle="#00FF00";
    context.beginPath();
    context.moveTo(0, 50);
    context.lineTo(100, 50);
    context.stroke();
</script>
```

图 11-7　canvas 路径用法示例运行效果

11.4.4　文本绘制

canvas 也可以绘制文本，其语法形式如下。

context. fillText(text，x，y)：用于绘制实心文本，参数 text 为要绘制的文本，x 为文本起始处的 X 坐标值，y 为文本起始处的 Y 坐标值。

context. strokeText(text，x，y)：用于绘制空心文本，参数用法同上。

context. font＝"font-style"；：font 属性用于设置文本字体的样式，用法与 CSS 的 font 属性相同。

context. textAlign＝"start|end|left|right|center"；：用于设置或取得当前文本的水平对齐方式。start 为文本在指定的位置开始，end 为文本在指定的位置结束，left 为文本左对齐，right 为文本右对齐，center 为文本的中心放置在指定的位置。

context. textBaseline＝"alphabetic|top|hanging|middle|ideographic|bottom"；：用于设置或取得当前文本的基线。alphabetic 为普通字母的基线，top 为顶部，hanging 为悬挂（比 top 略高），middle 为中部，bottom 为底部，ideographic 表意基线（与 bottom 效果相同）。

每次调用 fillText()或 strokeText()方法，只能绘制一行文本，如果要绘制多行文本，需要调用多次。canvas 文本用法示例如下。

【例 11-10】　canvas 文本用法示例（部分代码），运行效果如图 11-8 所示。

```
<fieldset style="float:left;">
  <legend>canvas 文本用法示例</legend>
  <canvas id="canvas2" width="260" height="90"></canvas>
</fieldset>
<script type="text/javascript">
  var context=document.getElementById("canvas2").getContext("2d");
```

```
    context.font="bold 35px Arial";
    context.textAlign="left";
    context.textBaseline="bottom";
    context.fillStyle="#CCCCCC";
    context.strokeText("Hello, Canvas!", 10, 50);
    context.fillText("Hello, Canvas!", 10, 80);
</script>
```

图 11-8　canvas 路径用法示例运行效果

11.4.5　渐变

canvas 提供了一种图形渐变效果,可以定义颜色过渡,应用于填充矩形、圆形、线条、文本等。具体做法是先创建渐变对象,指定渐变属性,再将环境对象的填充属性指定为渐变对象,就可在后面的填充时实现渐变。

createLinearGradient(xstart,ystart,xend,yend)方法用于创建线性渐变,参数 xstart、ystart 及 xend、yend 分别指定渐变开始位置和渐变结束位置。

createRadialGradient(xstart,ystart,radiusstart,xend,yend,radiusend)方法用于创建径向渐变,第 1、2、4、5 个参数用法与线性创建渐变相同,参数 radiusstart 和 radiusend 分别指定渐变开始和渐变结束的径向半径。

addColorStop(offset,color)方法用于规定渐变对象中的颜色和相对位置,参数 offset 是一个 0.0~1.0 的数值,表示渐变中颜色所在的相对位置,参数 color 表示该位置上的颜色值。如 0.5 即表示颜色会出现在正中间,0 为起始处,1 为结束处。

canvas 渐变用法示例如下。

【例 11-11】　canvas 渐变用法示例(部分代码),运行效果如图 11-9 所示。

```
<fieldset style="float:left;">
  <legend>canvas 线性渐变用法示例</legend>
  <canvas id="canvas1" width="260" height="90"></canvas>
</fieldset>
<fieldset style="float:left;">
  <legend>canvas 径向渐变用法示例</legend>
  <canvas id="canvas2" width="260" height="90"></canvas>
</fieldset>
```

```
<script type="text/javascript">
  //线性渐变
  var context1=document.getElementById("canvas1").getContext("2d");
  var grd1=context1.createLinearGradient(0,0,260,0);
  grd1.addColorStop(0, "red");
  grd1.addColorStop(0.5, "blue");
  grd1.addColorStop(0.8, "green");
  grd1.addColorStop(1, "purple");
  context1.fillStyle=grd1;
  context1.fillRect(10,10,240,80);
  //径向渐变
  var context2=document.getElementById("canvas2").getContext("2d");
  var grd2=context2.createRadialGradient(130,45,5,130,45,130);
  grd2.addColorStop(0, "red");
  grd2.addColorStop(1, "white");
  context2.fillStyle=grd2;
  context2.fillRect(10, 10, 240, 80);
</script>
```

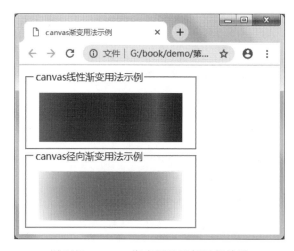

图 11-9　canvas 渐变用法示例运行效果

11.4.6　图像

HTML5 支持在 canvas 上绘制图像。drawImage()方法可实现 canvas 图像的绘制，该方法有三种用法。createPattern()方法指定图像的平铺方式。clip()方法用于绘制封闭路径区域内的图像。

drawImage(image，x，y)方法用于绘制图像。参数 image 指定绘制的图像，参数 x、y 指定开始绘制图像的位置。

drawImage(image，x，y，width，height)方法用于绘制图像。前 3 个参数与上一种用法相同，参数 width 及 height 分别指定图像的宽度和高度。

drawImage(image，sx，sy，sw，sh，dx，dy，dw，dh)方法用于绘制图像。参数 image 指定绘制的图像，参数 sx、sy 指定原始图像上的坐标位置，sw、sh 指定原始图像的绘制区域的宽度和高度，参数 dx、dy 指定图像在画布上的坐标位置，dw、dh 指定画布上绘制区域的宽度和高度。

createPattern(image，type)方法指定图像的平铺方式。参数 image 指定要绘制的图像，type 指定平铺方式，no-repeat 表示不平铺，repeat-x 表示沿水平方向平铺，repeat-y 表示沿垂直方向平铺，repeat 表示沿水平和垂直两个方向平铺。

clip()方法用于绘制封闭路径区域内的图像。

canvas 图像用法示例如下。

【例 11-12】 canvas 图像用法示例(部分代码)，运行效果如图 11-10 所示。

```
<fieldset style="float:left;">
  <legend>canvas 图像用法示例</legend>
  <canvas id="canvas" width="480" height="320" style="border:1px solid blue">
</canvas>
</fieldset>
<script type="text/javascript">
  var img=new Image();                        //创建图像对象
  img.src="shihu.jpg";                        //指定图像对象对应的图像文件
  var context=document.getElementById("canvas").getContext("2d");
  context.drawImage(img, 0, 0);               //绘制图像
  context.drawImage(img, 280, 190, 180, 120); //绘制图像
</script>
```

图 11-10 canvas 图像用法示例运行效果

11.5　CSS3 应用

CSS 称为层叠样式表,它提供了丰富的格式化功能,可以在页面中有效而精确地控制页面的布局、字体、颜色、背景及其他效果。在 CSS 中进行简单的编辑,就可以改变页面的外观和布局,提高页面开发的效率。同时,CSS 可以使页面内容与样式分离,使代码更易维护和管理。CSS3 是 CSS 的升级版本,它提供了更加丰富且实用的规范,如选择器、背景和边框、文字特效、多栏布局等。目前有很多浏览器已经相继支持 CSS3 规范。

CSS3 被细分为许多"模块",增加了一些最重要的 CSS3 模块,提供了一系列强大的功能,开发者只需用简单的 CSS 代码,就可实现出全新的效果,降低了代码的复杂度,也提高了开发效率,使页面更易维护。CSS3 的新特性大致分为六类,即 CSS3 选择器、CSS3 边框与圆角、背景与渐变、CSS3 过渡、CSS3 变换和 CSS3 动画。本节着重介绍 CSS3 的一些新特性。

11.5.1　CSS3 新增的选择器

在 CSS3 中新增了 3 种选择器类型,分别是属性选择器、结构伪类选择器和 UI 状态伪类选择器。

1. 属性选择器

CSS3 中的属性选择器是指直接使用属性控制标签样式,它可以根据某个属性是否存在或者属性值来查找元素。使用属性选择器具有很大的方便性。下面是常用的属性选择器。

E[attr]:选择匹配 E 的元素,且该元素定义了 attr 属性。

E[attr="val"]:选择匹配 E 的元素,且该元素将 attr 属性值定为 val。E 选择符可以省略,用法与上一个选择符类似。

E[attr~="val"]:选择匹配 E 的元素,且该元素定义了 attr 属性。attr 属性值是一个以空格符分隔的列表,其中一个列表的值为 val。

E[attr|="val"]:选择匹配 E 的元素,且该元素定义了 attr 属性。attr 属性值是一个以连字符(-)分隔的列表,值开头的字符为 val。

E[attr^="val"]:选择匹配 E 的元素,且该元素定义了 attr 属性。attr 属性值包含前缀为 val 的字符串。

E[attr$="val"]:选择匹配 E 的元素,且该元素定义了 attr 属性。attr 属性值包含后缀为 val 的字符串。

E[attr*="val"]:选择匹配 E 的元素,且该元素定义了 attr 属性。attr 属性值包含 val 的字符串。

以上属性选择器中,E 选择符可以省略,表示可以匹配任意类型的元素。

2. 结构伪类选择器

CSS3 中的结构伪类选择器可以通过文档结构的先后关系来匹配特定的元素。对于有规律的文档结构,可以减少 class 属性和 id 属性的定义,使得文档结构更加简洁。下面是常用的结构伪类选择器。

:root:将样式应用到根元素,即<html>元素。

E:not(s):匹配所有选择器 s 以外的 E 元素。

E:empty:匹配所有没有子元素的 E 元素。

E:target:匹配文档中的 target 元素,当用户单击了页面中的某个超链接后,在跳转到 target 元素后所设置的样式起作用。

E:first-child:匹配其父元素的第一个子元素 E。

E:last-child:匹配其父元素的最后一个子元素 E。

E:nth-child(n):匹配其父元素的第 n 个子元素 E。参数 n 可以是整数值,也可以是表达式(如 2n+1)或关键字(如 odd、even),n 的起始值是 1。

E:nth-last-child(n):匹配其父元素的倒数第 n 个子元素 E。

E:only-child:匹配其父元素的仅有的一个子元素 E。

E:first-of-type:匹配其父元素的第一个某类型的子元素 E。

E:last-of-type:匹配其父元素的最后一个某类型的子元素 E。

E:only-of-type:匹配其父元素的唯一一个某类型的子元素 E。

E:nth-of-type(n):匹配其父元素的第 n 个某类型的子元素 E。参数 n 可以是整数值,也可以是表达式(如 2n+1)或关键字(如 odd、even),n 的起始值是 1。

E:nth-last-of-type(n):匹配其父元素的倒数第 n 个某类型的子元素 E。

3. UI 状态伪类选择器

UI 状态伪类选择器,可以设置元素处于某种状态下的样式。UI 元素一般指包含在 form 元素内的表单元素。下面是常用的 UI 状态伪类选择器。

E:checked:匹配所有选中的 UI 元素 E。

E:enabled:匹配所有可用的 UI 元素 E。

E:disabled:匹配所有不可用的 UI 元素 E。

E::selection:匹配元素中被用户选中或处于高亮状态的部分。

E:read-only:匹配处于只读状态的元素 E。

E:read-write:匹配处于非只读状态的元素 E。

CSS3 新增的选择器用法示例如下。

【例 11-13】 CSS3 新增的选择器用法示例,运行效果如图 11-11 所示。

```
<html>
  <head>
    <title>CSS3新增选择器用法示例</title>
    <style type="text/css">
```

```
        span#tip{ color:red; font-style:bold; }
        a[href$=pdf] { background:orange; color:#FFF; }
        a[class^=html] { background:green; color:#FFF; }
        a[title*=jQuery] { background:blue; color:#FFF; }
        li:not([title="food"]) { list-style-type:circle; }
        li:first-child { font-style:italic;}
        li:last-child { list-style-type:square;}
        li:nth-child(odd) { color:orange; }
        li:nth-child(even) { color:blue; }
        li:nth-last-child(3) { color:green;}
        :target { border:1px solid #D0D0D0; background-color: #E5F2D6; }
        input[type="checkbox"]:checked { border:1px solid red; }
        input[type="text"]:enabled { background-color: #EEEEEE; }
        input[type="text"]:disabled { background-color: #CCCCCC; }
        ::selection { color:red; }
    </style>
</head>
<body>
  <fieldset style="float:left;">
    <legend>CSS3新增选择器用法示例</legend>
    属性选择器:<br/>
    <a href="css3.pdf">css3教程</a>
    <a href="#" class="html5">HTML5教程</a>
    <a href="#" title="jQuery">jQuery教程</a><br/>
    <hr>
    结构伪类选择器:<br/>
    <ul>
      <li title="fruit">香蕉</li>
      <li title="fruit">葡萄</li>
      <li title="food">蛋糕</li>
      <li title="food">奶酪</li>
      <li title="food">冰淇淋</li>
      <li title="food">可乐</li>
      <li title="food">面包</li>
      <li title="food"><a href="#tip1">蜂蜜</a></li>
      <li title="food"><a href="#tip2">核桃</a></li>
    </ul>
    <span id="tip1">蜂蜜是蜜蜂从开花植物的花中采得的花蜜<br/>
    在蜂巢中经过充分酿造而成的天然甜物质。</span><br/>
    <span id="tip2">核桃,又称胡桃、羌桃,是胡桃科植物。</span>
    <hr>
    UI状态伪类选择器:<br/>
    <form action="" method="post">
      <input type="checkbox" name="fruit" checked>苹果</li>
```

```
        <input type="checkbox" name="fruit" checked>香蕉</li>
        <input type="checkbox" name="fruit">蜜桃</li>
        <input type="checkbox" name="fruit">鸭梨</li><span id="tip"><br/>
    注：只有 Opera 浏览器支持"E:checked"选择器。</span><br/>
        <input type="text" size="8" value="请输入文字" /></li>
        <input type="text" size="4" value="博学躬行" disabled />
        <input type="text" size="4" value="尚志明德" disabled />
    </form>
  </fieldset>
 </body>
</html>
```

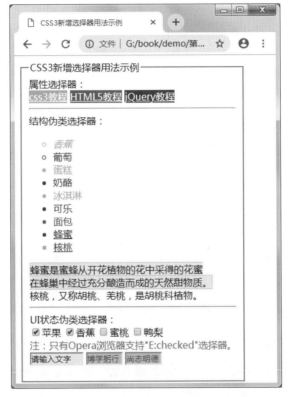

图 11-11　CSS3 新增的选择器用法示例运行效果

11.5.2　CSS3 新增的与文字有关的属性

在 CSS3 中新增了控制页面文字的 3 个属性 text-shadow、text-overflow、word-wrap 和 1 个规则@font-face。下面分别进行介绍。

1. text-shadow 属性

text-shadow 属性用于设置对象中文字的阴影及模糊效果，其定义的语法如下。

```
text-shadow: h-shadow v-shadow [blur] [color];
```

其中,h-shadow 为水平阴影的位置,可以为负值;v-shadow 为垂直阴影的位置,可以为负值;blur 为模糊的距离;color 为阴影的颜色。

2. text-overflow 属性

text-overflow 属性用于设置当对象内的文本溢出时,是否使用一个省略标记来表示溢出的文字。text-overflow 属性的语法如下。

```
text-overflow:clip|ellipsis;
```

其中,clip 表示不显示任何标记,而是将溢出的文字简单地裁切;ellipsis 表示当对象内的文字溢出时,显示省略标记。

实际上,text-overflow 属性仅用于决定当文字溢出时是否显示省略标记,并不具备样式定义的功能,要实现溢出时产生省略号的效果,应该再定义两个样式:强制文字在一行内显示(white-space:nowrap)和溢出内容为隐藏(overflow:hidden),只有这样才能实现溢出文字显示为省略号效果。

3. word-wrap 属性

word-wrap 属性用于设置当前行超过指定容器的边界时是否断开转行。word-wrap 属性的语法如下。

```
word-wrap:normal|break-word;
```

其中,normal 表示只在允许的断字点换行;break-word 表示长的单词或 URL 内部换行。

4. @ font-face 规则

@font-face 规则可以加载服务器端的字体,让浏览器显示浏览器所没有安装的字体。@font-face 规则的语法如下。

```
@font-face { 字体描述属性:取值;}
```

能够在@font-face 规则中使用的字体描述属性包括以下几种。

font-family:设置文本的字体名称,此属性为必需项。

src:定义字体文件的 URL,此属性为必需项。

font-stretch:定义如何拉伸字体,可取值包括 normal、condensed、ultra-condensed、extra-condensed、semi-condensed、expanded、semi-expanded、extra-expanded、ultra-expanded 等。

font-style:定义字体的样式,可取值包括 normal、italic、oblique。

font-weight:定义字体的粗细,可取值包括 normal、bold、100~900。

unicode-range:定义字体支持的 Unicode 字符范围。

CSS3 新增的与文字有关的属性用法示例如下。

【例 11-14】　CSS3 新增的与文字有关的属性用法示例（部分代码），运行效果如图 11-12 所示。

```
<style type="text/css">
  @font-face { font-family:myFont; src:url('fzstk.ttf');}
  h3{ float:left; padding:0px 10px; }
  h3.ex1{ text-shadow:2px 2px 3px #FF0000; }
  h3.ex2{ text-shadow:5px 5px 8px blue; }
  h3.ex3{ text-shadow:4px 4px #D3D3D3; }
  .clip { text-overflow:clip; overflow:hidden; white-space:nowrap; width:
300px; }
  .ellipsis { text-overflow:ellipsis; overflow:hidden; white-space:nowrap;
width:300px; }
  .normal { word-wrap:normal; border:1px solid black; width:300px; }
  .break-word { word-wrap:break-word; border:1px solid black; width:300px; }
  .font { font-family:myFont; border:1px solid black; width:390px; }
</style>
...
<fieldset style="float:left;">
  <legend>CSS3 新增与文字有关的属性用法示例</legend>
  text-shadow 属性:<br/>
  <h3 class="ex1">Hello, CSS3!</h1>
  <h3 class="ex2">Hello, CSS3!</h1>
  <h3 class="ex3">Hello, CSS3!</h1><br/>
  <hr>
  text-overflow 属性:<br/>
  <div class="clip">日暮苍山远,天寒白屋贫。柴门闻犬吠,风雪夜归人。</div>
  <div class="ellipsis">日暮苍山远,天寒白屋贫。柴门闻犬吠,风雪夜归人。</div>
  <hr>
  word-wrap 属性:<br/>
  <div class="normal">There contains a long
word:HelloCSS3HelloCSS3HelloCSS3HelloCSS3. </div>
  <div class="break-word">There contains a long
word:HelloCSS3HelloCSS3HelloCSS3HelloCSS3. </div>
  <hr>
  @font-face 规则:<br/>
  <div class="font">日暮苍山远,天寒白屋贫。柴门闻犬吠,风雪夜归人。</div>
</fieldset>
```

11.5.3　CSS3 新增的与边框有关的属性

在 CSS3 中新增了 3 种有关边框控制的属性 border-image、border-radius、box-shadow。下面分别进行介绍。

图 11-12　CSS3 新增的与文字有关的属性用法示例运行效果

1. border-image 属性

　　border-image 属性用于设置使用图像作为对象的边框效果。border-image 属性是一个简写属性，它包含 border-image-source、border-image-slice、border-image-width、border-image-outset 及 border-image-repeat 属性。其中，border-image-source 用于指定要用于绘制边框的图像的位置，border-image-slice 用于指定图像边界向内的偏移量，border-image-width 用于指定图像边界的宽度，border-image-outset 用于指定边框图像区域超出边框的量，border-image-repeat 用于设置图像边界是否应重复（repeat）、拉伸（stretch）或铺满（round）。以上属性中，border-image-source 是唯一必需的。其他属性若无特殊指定即为默认值。在通常的使用中，最主要的就是 border-image-source、border-image-slice 和 border-image-repeat 三个属性。

　　border-image 属性的语法如下。

```
border-image: source slice width outset repeat;
```

其中，source 一般写成 url(xxx)的形式，指出图像的位置。slice 可写成数值或百分比形式。width 在复合写法中应该位于 slice 属性和 repeat 属性中间，用"/"分隔。outset 在复合写法中应该位于 border-image-width 后面，用"/"分隔。repeat 的取值为 repeat、round 和 stretch，stretch 是默认值。除 source 外，其他属性都包含 1～4 个参数，代表上右下左四个方位的剪裁，符合 CSS 普遍的方位规则。border-image 的用法示例如下。

```
border-image:url(border.png) 30 30 round;
border-image:url(border.png) 30%40% round repeat;
```

2. border-radius 属性

border-radius 属性用于实现圆角的边框效果。其语法如下。

```
border-radius:length/length;
```

其中,length 可以是 1～4 个带单位的数值或百分比。如果是一个值,表示四个边角设置统一的圆角弧度;如果是四个值,表示左上角、右上角、右下角、左下角顺序的四个边角的圆角弧度;其他情况采用对角线相等的原则,如果是两个值,表示左上角和右下角、右上角和左下角的圆角弧度;如果是三个值,表示左上角、右上角和左下角、右下角的圆角弧度。border-radius 的用法示例如下。

```
border-radius:2em;
border-radius:4em 1em 2em;
```

3. box-shadow 属性

box-shadow 属性用于向边框添加阴影效果。box-shadow 属性的语法如下。

```
box-shadow:h_shadow v_shadow blur_radius spread_radius color inset;
```

其中,h_shadow 表示水平阴影的位置,允许负值,是必需项。v_shadow 表示垂直阴影的位置,允许负值,是必需项。blur-radius 表示模糊半径,值越大模糊区域越大,阴影就越大越淡,不能取负值,默认为 0。spread-radius 表示扩展半径,取正值时阴影扩大,取负值时阴影收缩,默认为 0。color 表示阴影的颜色。inset 表示是内部阴影,默认是外部阴影。box-shadow 属性的用法示例如下。

```
box-shadow: 0 0 10px #f00;
box-shadow:4px 4px 10px #f00;
```

CSS3 新增的与边框有关的属性用法示例如下。

【例 11-15】　CSS3 新增的与边框有关的属性用法示例(部分代码),运行效果如图 11-13 所示。

```
<style type="text/css">
  div { float:left; width:100px; height:50px; margin:10px 20px 10px; border:
2px solid black; }
  div[class^="image"] { margin:10px 7px; }
  .image1 { border:15px solid transparent; border-image:url(border.png) 30 30
round; }
  .image2 { border:15px solid transparent; border-image:url(border.png) 30 30
stretch; }
  .image3 { border:15px solid transparent; border-image:url(border.png) 15 15
round; }
  .radius1 { border-radius:20px; }
  .radius2 { border-radius:10%25px; }
```

```
    .radius3 { border-radius:80px 50px 60px 120px/50px 60px 70px 30px; }
    .shadow1 { background-color:#F38844; box-shadow:3px 3px 1px 2px #000000; }
    .shadow2 { background-color:#F38844; box-shadow:0px 0px 10px 5px #000000
inset; }
    .shadow3 { background-color:#F38844; box-shadow:3px -3px 5px 2px #000000; }
</style>
...
<fieldset style="float:left;">
    <legend>CSS3 新增与边框有关的属性用法示例</legend>
    border-image 属性:<br/>
    <div class="image1"></div>
    <div class="image2"></div>
    <div class="image3"></div>
    <hr>
    border-radius 属性:<br/>
    <div class="radius1"></div>
    <div class="radius2"></div>
    <div class="radius3"></div>
    <hr>
    box-shadow 属性:<br/>
    <div class="shadow1"></div>
    <div class="shadow2"></div>
    <div class="shadow3"></div>
</fieldset>
```

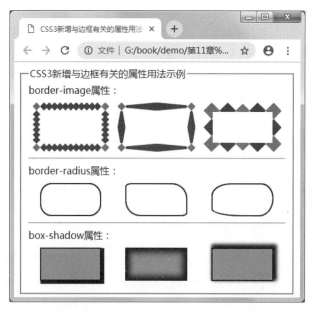

图 11-13　CSS3 新增的与边框有关的属性用法示例运行效果

11.5.4　CSS3 新增的与背景有关的属性

在 CSS3 中新增了 3 个有关背景有关的属性 background-clip、background-origin 和 background-size。同时,在 CSS3 中还增加了为一个元素同时设置多个背景图像的功能。下面分别进行介绍。

1. background-clip 属性

background-clip 属性用于确定背景图像的覆盖区域范围,其语法形式如下。

```
background-clip: border-box | padding-box | content-box;
```

其中,border-box 表示背景图像覆盖到边框。padding-box 表示背景图像覆盖到内边距区。content-box 表示背景图像覆盖到内容区。

2. background-origin 属性

background-origin 属性用于确定背景图像的起始位置,也就是说,background-position 属性相对于什么位置来定位,其语法形式如下。

```
background-origin: border-box | padding-box | content-box;
```

其中,border-box 表示背景图像相对于边框来定位。padding-box 表示背景图像相对于内边距框来定位。content-box 表示背景图像相对于内容框来定位。

3. background-size 属性

background-size 属性用于确定背景图像的尺寸,其语法形式如下。

```
background-size: length|percentage|cover|contain;
```

其中,length 可包含 1~2 个数,用于设置背景图像的高度和宽度,第一个值设置宽度,第二个值设置高度。如果只设置一个值,则第二个值会被设置为 auto。percentage 以父元素的百分比来设置背景图像的宽度和高度。第一个值设置宽度,第二个值设置高度。如果只设置一个值,则第二个值会被设置为 auto。cover 把背景图像扩展至足够大,以使背景图像完全覆盖背景区域。背景图像的某些部分也许无法显示在背景定位区域中。contain 把图像图像扩展至最大尺寸,以使其宽度和高度完全适应内容区域。

4. 设置多背景图像

CSS3 中,允许为元素设置多个背景图像。实际上这个功能是通过为 background-image、background-repeat、background-position 和 background-size 等属性提供多个属性值来实现的。各个属性值之间用逗号分隔,如以下代码所示。

```
div { width:600px; height:400px;
  background-image: url(img1.jpg), url(img2.jpg), url(img3.jpg);
  background-repeat: repeat-x, repeat-x, repeat-y;
```

```
    background-position: top, center, left;
  }
```

CSS3 新增的与背景有关的属性用法示例如下。

【例 11-16】 CSS3 新增的与背景有关的属性用法示例（部分代码），运行效果如图 11-14 所示。

```
<style type="text/css">
  div { float:left; width:100px; height:50px; margin:10px 5px 10px;}
  div[class^="clip"] { padding:25px; border:10px dotted black; background-
color:yellow; }
  div[class^="origin"] { font-size:12px; padding:25px; border:10px dotted
black; background-image:url(jing.jpg); background-repeat:no-repeat; }
  div[class^="size"] { width:168px; height:80px; border:1px solid black;
background-image:url(jing.jpg); background-repeat:no-repeat; }
  .clip1 { background-clip:border-box; }
  .clip2 { background-clip:padding-box; }
  .clip3 { background-clip:content-box; }
  .origin1 { background-origin:border-box; }
  .origin2 { background-origin:padding-box; }
  .origin3 { background-origin:content-box; }
  .size1 { background-size:40px 40px; }
  .size2 { background-size:cover; }
  .size3 { background-size:contain; }
  .mulbg { width:520px; height:160px; border:1px solid black; background-
image:url(bg1.gif),url(bg2.gif); }
</style>
...
<fieldset style="float:left;">
  <legend>CSS3 新增与背景有关的属性用法示例</legend>
  background-clip 属性:<br/>
  <div class="clip1"></div>
  <div class="clip2"></div>
  <div class="clip3"></div>
  <hr>
  background-origin 属性:<br/>
  <div class="origin1">站在季节的一角回望,时光匆匆。刚告别了秋水长天,就迎来素雪
飘飞的冬日。</div>
  <div class="origin2">站在季节的一角回望,时光匆匆。刚告别了秋水长天,就迎来素雪
飘飞的冬日。</div>
  <div class="origin3">站在季节的一角回望,时光匆匆。刚告别了秋水长天,就迎来素雪
飘飞的冬日。</div>
  <hr>
  background-size 属性:<br/>
  <div class="size1"></div>
```

```
<div class="size2"></div>
<div class="size3"></div>
<hr>
设置多背景图像:<br/>
<div class="mulbg"></div>
</fieldset>
```

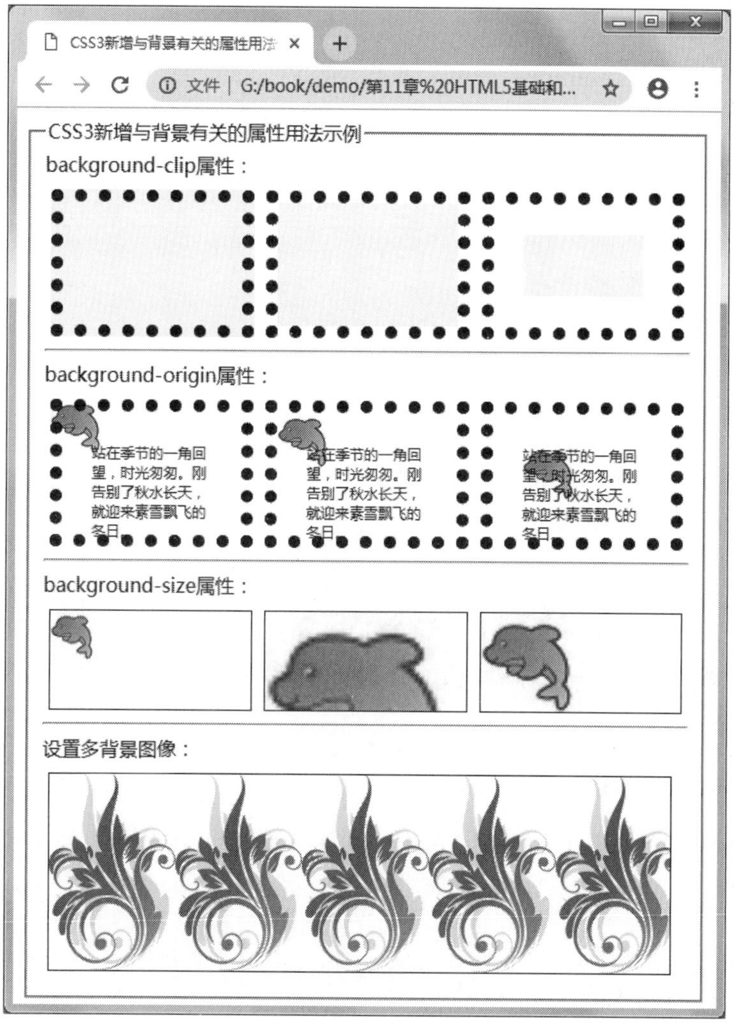

图 11-14　CSS3 新增的与背景有关的属性用法示例运行效果

11.5.5　CSS3 新增的 transition 属性

在 CSS3 中提供了一种过渡(transition)属性,可以控制页面元素的某个属性在一个时间区域内以平滑渐变的方式发生改变,从而形成动画效果。下面对 CSS3 的 transition 属性进行介绍。

transition 属性是元素从一种样式逐渐改变为另一种样式的效果。这种过渡效果可以在获得焦点、被单击或对元素的改变时触发,以平滑的动画效果改变 CSS 的属性值。要实现这种样式渐变的效果,需要设置两个方面的内容,即指定要添加效果的 CSS 属性及效果所持续的时间。transition 属性是一个复合属性,它是四个属性的组合,如表 11-4 所示。

表 11-4　transition 属性

属　　性	说　　明
transition-delay	定义过渡效果开始的时间
transition-duration	完成过渡效果持续的时间
transition-property	设置过渡效果的 CSS 属性
transition-timing-function	设置过渡效果的速度曲线

transition 属性的语法形式如下。

```
transition : property duration timing-function delay;
```

1. transition-property 属性

transition-property 属性指定参与过渡的 CSS 属性的名称。在 transition 过渡时,会启动所指定的 CSS 属性发生改变。其语法形式如下。

```
transition-property : all | none | property;
```

其中,all 为默认值,表示所有可进行过渡的 CSS 属性。none 表示不指定过渡的 CSS 属性。property 表示指定要进行过渡的 CSS 属性,当同时指定多个属性时,用逗号进行分隔。

2. transition-duration 属性

transition-duration 属性指定过渡持续的时间。其语法形式如下。

```
transition-duration : time;
```

其中,time 指定过渡持续的时间,默认值为 0,此时不会产生过渡效果。如果存在多个属性值时,用逗号进行分隔。

3. transition-timing-function 属性

transition-timing-function 属性指定过渡的速度效果的曲线。其语法形式如下。

```
transition-timing-function:ease|linear|ease-in|ease-out|ease-in-out|cubic
-bezier(n,n,n,n);
```

其中,ease 表示逐渐变慢,该值为默认值。linear 表示匀速。ease-in 表示加速。ease-out 表示减速。ease-in-out 表示加速然后减速。cubic-bezier 允许自定义一个时间曲线。

4. transition-delay 属性

transition-delay 属性指定过渡的延迟时间,即延迟多长时间才开始过渡。其语法形式如下。

```
transition-delay : time;
```

其中,time 的用法与 transition-duration 属性相同。

CSS3 的 transition 属性用法示例如下。

【例 11-17】　CSS3 的 transition 属性用法示例(部分代码),运行效果如图 11-15 所示。

```
<style type="text/css">
  div { height:60px; background:blue; }
  div.width { width:80px; transition:width 2s;}
  div.width:hover { width:230px; }
  div.background { width:230px; transition:background 5s;}
  div.background:hover { background:green; }
</style>
...
<fieldset style="float:left;">
  <legend>CSS3 transition 属性用法示例</legend>
  div 的 width 属性的过渡:<br/>
  <div class="width"></div>
  <hr>
  div 的 background 属性的过渡:<br/>
  <div class="background"></div>
</fieldset>
```

图 11-15　CSS3 的 transition 属性用法示例运行效果

transition 属性有以下几个不足之处:①需要事件触发,无法在网页加载时自动发生;②它是一次性的,不能重复发生,除非再次触发;③只能定义开始和结束两种状态,没有中间状态。如果要设计更加复杂的动画效果,可以使用后面要介绍的 animation 属性。

11.5.6 CSS3 新增的 transform 属性

CSS3 提供了 transform 和 transform-origin 两个属性,可以用来实现对元素进行平移、旋转、缩放、倾斜等 2D 变换。这些功能是通过改变元素的形状、位置和尺寸来达到变换效果的。下面对 CSS3 的 transform 属性进行介绍。

1. transform 属性

transform 属性是用来实现元素的变换,包括平移、旋转、缩放、倾斜等效果。其语法形式如下。

```
transform : none | transform-functions;
```

其中,none 表示不进行转换。transform-functions 表示所要进行的变换函数。变换函数包括平移 translate()、旋转 rotate()、缩放 scale()和倾斜 skew()。当要进行多个变换时,变换函数间用空格分隔。

1) 平移

利用 transform 属性的 translate()函数可以实现平移。translate()函数有以下几种用法。

```
transform : translate(x,y);
transform : translateX(x);
transform : translateY(y);
```

其中的 x 和 y 分别表示沿 X 轴和 Y 轴平移的距离,取值为像素值,可以为正值或负值,表示沿坐标轴正向或负向的平移量。第一个函数可以实现在 X 轴和 Y 轴上同时平移,第二个和第三个函数分别实现沿 X 轴和 Y 轴的平移。

2) 旋转

利用 transform 属性的 rotate()函数可以实现旋转。rotate()函数用法如下。

```
transform : rotate(angle);
```

其中的 angle 指定旋转的角度,其值可取正或负,正值表示顺时针旋转,负值表示逆时针旋转。在使用该函数前,可以使用 transform-origin 属性指定旋转变换的基点位置。

3) 缩放

利用 transform 属性的 scale()函数可以实现缩放。scale()函数有以下几种用法。

```
transform : scale(x,y);
transform : scaleX(x);
transform : scaleY(y);
```

其中的 x 和 y 分别表示沿 X 轴和 Y 轴方向的缩放比例,可以取正值或负值,绝对值大于 1 表示放大,绝对值小于 1 表示缩小,绝对值等于 1 表示不进行缩放。取负值表示在缩放的同时进行反转。第一个函数可以实现在水平和垂直方向上同时进行缩放,第二个和第三个函数分别实现水平和垂直方向上的缩放。

4) 倾斜

利用 transform 属性的 skew() 函数可以实现倾斜。skew() 函数有以下几种用法。

```
transform : skew(x_angle,y_angle);
transform : skewX(x_angle);
transform : skewY(y_angle);
```

其中的 x_angle 和 y_angle 分别表示沿 X 轴和 Y 轴方向的倾斜角度,单位为 deg(角度),可以取正值或负值。第一个函数可以实现在水平和垂直方向上同时进行倾斜,第二个和第三个函数分别实现水平和垂直方向上的倾斜。

2. transform-origin 属性

transform-origin 属性用于指定实现旋转变换的元素的基点的位置。其语法形式如下。

```
transform-origin : x-axis [y-axis];
```

其中,x-axis 和 y-axis 分别指定视图被放置在 X 轴和 Y 轴的位置。x-axis 可能的取值包括 left、center、right、坐标值和百分比。y-axis 可能的取值包括 top、center、bottom、坐标值和百分比。如果只指定了一个参数 x-axis,则 y-axis 的默认值为 50%。

CSS3 的 transform 属性用法示例如下。

【例 11-18】　CSS3 的 transform 属性用法示例(部分代码),运行效果如图 11-16 所示。

```
<style type="text/css">
  div { border:1px solid black; }
  #content { width:350px; border:0px;}
  div.outer { float:left; width:160px; height:140px; margin:5px; }
  div.outer>div { position:absolute; width:80px; height:60px; background-
color:yellow; }
  div.translate { left:65px; top:70px; }
  div.rotate { left:240px; top:70px; }
  div.scale { left:65px; top:220px; }
  div.skew { left:240px; top:220px; }
  #dt1, #dr1, #ds1, #dk1 { border-style:dashed;}
  #dt2 { transform:translate(20px, 30px); }
  #dr2 { transform-origin:bottom left; transform:rotate(30deg);}
  #ds2 { transform:scaleX(0.6); }
  #dk2 { transform:skewX(30deg);}
</style>
...
<fieldset style="float:left;">
```

```
<legend>CSS3 transform 属性用法示例</legend>
<div id="content">
  <div class="outer">
    平移:<br/>
    <div class="translate" id="dt1"></div>
    <div class="translate" id="dt2"></div>
  </div>
  <div class="outer">
    旋转:<br/>
    <div class="rotate" id="dr1"></div>
    <div class="rotate" id="dr2"></div>
  </div>
  <div class="outer">
    缩放:<br/>
    <div class="scale" id="ds1"></div>
    <div class="scale" id="ds2"></div>
  </div>
  <div class="outer">
    倾斜:<br/>
    <div class="skew" id="dk1"></div>
    <div class="skew" id="dk2"></div>
  </div>
</div>
</fieldset>
```

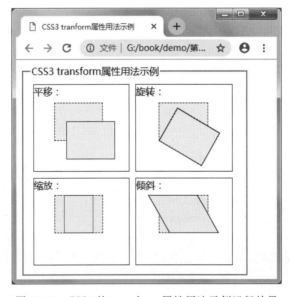

图 11-16　CSS3 的 transform 属性用法示例运行效果

11.5.7　CSS3 新增的 animation 属性

CSS3 中提供的 animation 属性,可以使页面元素从一种样式逐渐变化为另一种样式,产生动画的效果。从最终的表现效果来看,animation 属性实现的动画与 11.5.5 节介绍的 transition 属性相似。但实际上,animation 属性的可操作性更强,可以制作出更为复杂的动画效果。animation 属性可以看作对 transition 属性的扩展。animation 的 keyframes 提供了更多的控制,尤其是时间轴的控制,使得 animation 更加强大,因此诞生了大量基于 CSS 的动画库来取代 Flash 的动画部分。

1. 关键帧规则 @ keyframes

在实现 animation 动画时,需要先定义关键帧。关键帧规则指定了动画在不同阶段的状态,描述了在动画中由一个样式转换到另一个样式的序列。定义了关键帧后,就可以将动画应用到页面元素中。关键帧规则的定义语法如下。

```
@keyframes animationName {
  from|to|percentage { properties : value; }
}
```

其中,animationName 是动画名,关键帧定义好后,会应用于页面元素中。from｜to｜percentage 用于指定关键帧的位置,from 代表动画的开始帧,to 代表动画的结束帧,percentage 是一个百分比值,代表动画中某一帧出现的位置,其取值为 $0\sim100\%$,如 20% 代表该帧出现在动画进行时间的 20% 处。from 和 to 分别对应于 0 和 100%。关键帧规则定义中可以包含多个帧。properties : value 指定某一帧中的属性名和属性值,在一个关键帧中可以指定多个属性。具体用法如下所示。

```
@keyframes  myFirstAnimation  {
  from { top : 0px; }
  40%{ background-color : yellow;  opacity : 0.2; }
  60%{ background-color : yellow;  opacity : 1; }
  to { top : 100px; }
}
```

2. animation 属性

定义好关键帧后,就可以使用 animation 属性来指定动画的运行方式。animation 属性是一个复合属性,由以下 8 个相关属性复合而成。

animation-name:指定对象所应用的动画名称,与 @keyframes 规则定义的动画名称一致。

animation-duration:指定对象动画的持续时间,以秒(s)为单位,如 1s、6s 等。

animation-timing-function:指定对象动画的过渡类型,其用法和取值与 11.5.5 节介绍的 transition-timing-function 属性相同。

animation-delay：指定对象动画的启动延迟时间，即在开始执行动画之前等待的时间。

animation-iteration-count：指定对象动画的循环播放次数，默认值是 1，infinite 表示无限次播放。

animation-direction：指定对象动画在循环播放时是否反向运动。默认值 normal 表示正常方向播放，reverse 表示反向播放，alternate 表示正常与反向交替播放。

animation-fill-mode：指定对象动画不播放时应用到元素的样式。默认值 none 表示不设置任何样式，forwords 表示动画结束时的样式，backwords 表示动画开始时的样式，both 表示动画遵循 forwards 和 backwards 的规则，即动画会在两个方向上扩展动画属性。

animation-play-state：指定对象动画的状态，默认值 running 表示播放，paused 表示暂停。

animation 属性可由以上属性组合起来，其语法形式如下。

animation：name duration timing-function delay iteration-count direction fill-mode state；

3. animation 应用

页面元素使用定义好的 animation 动画时，只要在元素的样式中应用 animation 属性，并指定动画名称、持续时长及其他相关的属性值就可以了。例如在 div 元素上使用动画 myAnimation，可采用如下的格式。

```
div { animation : myAnimation 10s infinite; }
```

CSS3 的 animation 属性用法示例如下。

【例 11-19】 CSS3 的 animation 属性用法示例（部分代码），运行效果如图 11-17 所示。

```
<style type="text/css">
  div.contain { height:180px; overflow:hidden; }
  div.move {margin-top:0;width:200px;height:180px; color:#F04941;
    font-size:10px;animation: rot 10s linear infinite; }
  @keyframes rot {
    from { padding-top : 180px; }
    10%{ padding-top : 160px; }
    20%{ padding-top : 140px; }
    30%{ padding-top : 120px; }
    40%{ padding-top : 100px; }
    50%{ padding-top : 80px; }
    60%{ padding-top : 60px; }
    70%{ padding-top : 40px; }
    80%{ padding-top : 20px; }
    90%{ padding-top : 0px; }
```

```
    to { padding-top : 0px; }
  }
</style>
...
<fieldset style="float:left;">
  <legend>CSS3 animation 属性用法示例</legend>
  <div class="contain">
    <div class="move">
      <p>我如果爱你</p>
      <p>绝不像攀援的凌霄花</p>
      <p>借你的高枝炫耀自己</p>
      <p>我如果爱你</p>
      <p>绝不学痴情的鸟儿</p>
      <p>为绿荫重复单调的歌曲</p>
    </div>
  </div>
</fieldset>
```

图 11-17　CSS3 的 animation 属性用法示例运行效果

11.5.8　CSS3 新增的多列属性

在 CSS3 中新增了多列属性,可以创建多个列来对文本进行布局。常用的 CSS3 多列属性有 column-count、column-width、column-gap、column-fill 和 column-span 等,下面分别进行介绍。

1. column-count 属性

column-count 属性用于设置元素内容被分隔的列数。其语法形式如下。

```
column-count: number|auto;
```

其中,number 为一个数字,指定元素内容被分隔的列数。auto 表示将由其他属性来决定内容被分隔的列数。

2. column-width 属性

column-width 属性用于元素内容被分隔的列的宽度。其语法形式如下。

```
column-width: length|auto;
```

其中，length 指定元素内容被分隔的列的宽度。auto 表示将由浏览器来决定内容被分隔的列的宽度。

3. columns 属性

columns 属性是由 column-width 和 column-count 组合起来的复合属性，用于指定元素内容被分隔的情况。其语法形式如下。

```
columns:column-width column-count;
```

其中，column-width 和 column-count 的含义如前所述。

4. column-gap 属性

column-gap 属性用于指定元素内容被分隔的列间间隔宽度。其语法形式如下。

```
column-gap:length|normal;
```

其中，length 指定元素内容被分隔的列间间隔宽度。normal 指定元素内容被分隔的列间间隔宽度为一个常规的宽度，W3C 建议的值是 1em。

5. column-fill 属性

column-fill 属性用于指定如何填充列。其语法形式如下。

```
column-fill:balance|auto;
```

其中，balance 指定在填充列时对列进行协调，浏览器应对列长度的差异进行最小化处理。auto 指定按顺序对列进行填充，列长度会各有不同。

6. column-span 属性

column-span 属性用于指定元素应横跨的列数。其语法形式如下。

```
column-span:1|all;
```

其中，1 指定元素应横跨 1 列。all 指定元素应横跨所有列。

7. column-rule 属性

column-rule 属性用于指定列之间的规则，它是 column-rule-width、column-rule-style 和 column-rule-color 三个属性的复合属性。其语法形式如下。

```
column-rule:column-rule-width column-rule-style column-rule-color;
```

8. column-rule-width 属性

column-rule-width 属性用于指定元素的列之间的宽度规则。其语法形式如下。

```
column-rule-width:thin|medium|thick|length;
```

其中,thin 指定纤细规则。medium 指定中等规则。thick 指定宽厚规则。length 指定规则的宽度。

9. column-rule-style 属性

column-rule-style 属性用于指定元素的列之间的样式规则。其语法形式如下。

```
column-rule-style:none|hidden|dotted|dashed|solid|double|groove|ridge|
inset|outset;
```

其中,none 代表无规则。hidden 指定隐藏规则。dotted 指定点状规则。dashed 指定虚线规则。solid 指定实线规则。double 指定双线规则。groove、ridge、inset、outset 指定对应的 3D 规则,其效果取决于宽度和颜色的值。

10. column-rule-color 属性

column-rule-color 属性用于指定元素的列之间的颜色规则。其语法形式如下。

```
column-rule-color:color;
```

其中,color 指定元素的列之间的颜色值。

CSS3 的多列属性用法示例如下。

【例 11-20】　CSS3 的多列属性用法示例(部分代码),运行效果如图 11-18 所示。

```
<style type="text/css">
  h2 { column-span:all; text-align:center; font-size:16px; }
  p { margin:6px; text-indent:2em;}
  .essay { width:550px; column-count:3; column-gap:5px; column-rule:3px
double #000; }
</style>
...
<fieldset style="float:left;">
  <legend>CSS3 多列属性用法示例</legend>
  <h2>※清欢※</h2>
  <div class="essay"><p>一个人喝茶的时候,随手拿起一本书翻阅,这是中国台湾著名作家
林清玄的书。曾经以为只要用华丽的词汇,真挚的情感写出来的文字便是一篇好的文章,在看了
他写的书后,对于写作我有了更多的认识。他的文章并不华丽,却朴实、生动、富含深意。</p>
      <p>他的《人生最美是清欢》让我看到了一颗清净、柔软的平常心,用惭愧心看自己,用感恩心
看世界。我们不是圣人,也做到圣人之道的清心寡欲,但我们却可以独守一颗平常心。以欢愉的
```

心境,享受清净、平淡的生活。清欢是一种境界,当黎明之前,呼吸自由的空气;夕阳西下时,漫步于江河两岸,醉心尘世的自然风光;逐路乡间,食于平淡,闲于独乐,静于清欢。</p>

    <p>每一缕阳光都有一丝欢乐,每一次独处都是一份愉悦。人生中最美好的时刻,莫过于静心,淡定从容地过好每一段时光。在平淡的生活里,观花赏月听雨声;在独处的时光中,阅书览画品香茗。</p>

    <p>现实生活中,谁都想过快乐。可怎样才能快乐呢?快乐是心灵的欢愉,放下内心的浮躁,将痛苦和烦恼,当作生活中的调味品,尝过之后就咽下,而不留于唇齿之间。更多的时候,去体味亲情,使内心充满温度;体味四季变换,享受平淡中的清欢。要用季节的露水滋养内心的枯木,静守内心的安宁。心情快乐、愉悦,也许这就是清欢。</p>

  </div>

</fieldset>

图 11-18　CSS3 的多列属性用法示例运行效果

11.6　综 合 案 例

    本章案例在第 10 章的综合案例的基础上,通过应用 HTML5 及 CSS3 的新技术,做了进一步的完善与改进,具体有以下几处:在"注册"页面 register.html 上,①增加了"出生日期"一项,采用 Date 类型的 input 输入项,获取输入日期;②增加了"电子邮箱"一项,采用 email 类型的 input 输入项,获取输入邮箱。设置 multiple 选项,可以输入多个电子邮箱;③修改了"联系电话"一项的类型,改为 tel 类型的 input 输入项,获取输入电话;④为用户名、密码、确认密码、联系电话和电子邮箱等输入项设置了 placeholder 属性,起到提示输入的作用。在样式表文件 style.css 中,①修改了".drawing-section p"样式,实现首页 index.html 中的"班级动态"栏目中的文本超出两行后的内容隐藏,并显示省略号;②增加了"#register input""#register select"样式,使用了属性选择器,使注册页面 register.html 的 input 输入框和 select 下拉列表框显示带阴影的圆角边框;③修改了".classblog p"样式,使"留言本"页面 message.html 等页面增加圆角边框;④增加了动画关键帧@keyframes around,修改了"h1.animation"及"h1.animation span"样式,修改了"关于我们"页面 about.html 的"<h1>关于我们</h1>"标签,为页面增加滚动的小球的动画;⑤修改了".info"样式,使每个页面上侧图像中出现"博学躬行尚志明德"的空心字样;⑥增加了".mulCol"样式,使"关于我们"页面 about.html 上的文字显示为两列。具体的改动见页面代码。

以下为"注册"页面 register.html 中的修改代码。

```
...
<td width="280" class="stytd">用户名:</td>
<td width="540"><input type="text" id="userId" placeholder="请输入用户名"
onKeyDown="return optInput('userId','pwdId');" onBlur="checkIt('userId
');"/><span> * </span><div id="userError"></div></td>
...
<td class="stytd">密码:</td>
<td><input type="password" id="pwdId" placeholder="请输入密码" onKeyDown=
return optInput('pwdId','cfmPwdId');" onBlur="checkIt('pwdId');"/><span> *
</span><div id="pwdError"></div></td>
...
<td class="stytd">确认密码:</td>
<td><input type="password" id="cfmPwdId" placeholder="请输入确认密码"
onKeyDown="return optInput('cfmPwdId','sexMaleId');" onBlur="checkIt('
cfmPwdId');"/><span> * </span><div id="cfmPwdError"></div></td>
...
<td class="stytd">出生日期:</td>
<td><input type="Date" name="birthday" /></td>
...
<td class="stytd">联系电话:</td>
<td><input type="tel" id="telId" placeholder="请输入联系电话" onKeyDown=
"return optInput('telId','submitId');" onBlur="checkIt('telId');"/><span>
* </span><div id="telError"></div></td>
...
<td class="stytd">电子邮箱:</td>
<td><input type="email" placeholder="请输入电子邮箱" multiple="multiple"></
td>
```

以下为样式文件 style.css 中,修改的部分代码。

```
...
19   .info{ position:absolute; top:180px; left:680px; color:#0080A3; text-
```

```
    shadow: 1px 1px #FFF,-1px -1px #FFF, 1px -1px #FFF, -1px 1px #FFF; font-size:
    40px; }
    …
35  .drawing-section p{padding-bottom:8px;color:#9b9875;line-height:21px;
    text-overflow:ellipsis;overflow:hidden; -webkit-line-clamp:2; display:
    -webkit-box; -webkit-box-orient:vertical;}
    …
61  .class_blog p{ padding:3px; text-indent:2em; color:#09706C;line-height:
    18px;border:1px solid black; border-radius:5px 5px; width:480px;}
    …
75  #register input[type="text"], #register input[type="password"],
    #register input[type="tel"],#register input[type="email"],#register input
    [type="date"],#register select{border-radius:5px 5px;border-color:#2FA6BE;
    box-shadow: 1px 1px 2px #000;}
76  @ keyframes around { 0% { transform: translateX (0); } 50% { transform:
    translate(400px); }100%{ transform: translateX(0); }}
    …
78  h1.animation span {
    display:inline-block; width:20px; height:20px;
    background:#007B3B; border-radius: 100%;
    animation-name:around;
    animation-duration: 10s;
    animation-timing-function: ease;
    animation-delay: 1s;
    animation-iteration-count:infinite;}
79  .mulCol { font-size:16px; column-count:2; column-gap:15px; column-rule:
    3px double #000; }
```

代码解释：

第 19 行为页面上侧的"博学躬行尚志明德"字样设置了 text-shadow 样式，使其具有空心字效果。

第 35 行为首页 index. html 的"班级动态"栏目的文字设置了 text-overflow 样式，结合其他属性，使文字内容超出两行时隐藏其余部分，且显示省略号。

第 61 行为"留言本"页面 message. html 的留言文字内容设置 border-radius 属性，增加了圆角边框。

第 75 行为"注册"页面 register. html 中的部分输入文本框设置了 border-radius 和 box-shadow 属性，增加了带阴影的圆角边框。

第 76 行定义了 animation 动画关键帧 around。

第 78 行为"关于我们"页面 about. html 的<h1>标签应用了 around 动画，产生滚动的小球的动画效果。

第 79 行为"关于我们"页面 about. html 的文字设置了多列显示属性。

习　题

1. 选择题

(1) 用于播放 HTML5 视频文件的正确元素是(　　　)。
    A. ＜media＞　　　　B. ＜audio＞　　　　C. ＜video＞　　　　D. ＜movie＞

(2) 在 HTML5 中,规定输入字段是必填的属性是(　　　)。
    A. required　　　　B. formvalidate　　　C. validate　　　　D. placeholder

(3) 下列输入类型定义为滑块控件的是(　　　)。
    A. search　　　　　B. controls　　　　C. slider　　　　　D. range

(4) 下列输入类型,用于定义周和年控件(无时区)的是(　　　)。
    A. date　　　　　B. week　　　　　C. year　　　　　D. time

(5) 下列属性中能够设置圆角边框的属性是(　　　)。
    A. box-shadow　　　　　　　　B. border-image
    C. border-style　　　　　　　　D. border-radius

(6) 下列属性用于指定 input 元素的提示信息的是(　　　)。
    A. placeholder　　　B. small　　　　C. contenteditable　D. strike

(7) 在 CSS3 中,可以用来设计阴影的属性是(　　　)。
    A. text-overflow　　B. box-shadow　　C. border-style　　D. column-gap

(8) canvas 绘图是借助于 JavaScript 脚本通过(　　　)方法进行图像绘制。
    A. getElementById()　　　　　　B. getContext("2d")
    C. fillRect()　　　　　　　　　　D. Rect()

(9) 使用 canvas 绘制圆形的方法是(　　　)。
    A. beginPath()　　　　　　　　B. arc(x, y, s, e, d)
    C. closePath()　　　　　　　　D. 三个方法依次执行

(10) 绘制直线的方法是(　　　)。
    A. moveTo(x, y)　B. lineTo(x, y)　　C. arc()　　　　　D. arcTo()

(11) 绘制实心文本的方法是(　　　)。
    A. lineTo(x, y)　　　　　　　　B. moveTo(x, y)
    C. strokeText(text,x,y)　　　　D. fillText(text,x,y)

(12) 在设置线性渐变时至少需要指定(　　　)次颜色停止。
    A. 2　　　　　　　B. 3　　　　　　C. 4　　　　　　D. 1

(13) 绘制图像裁剪的方法是(　　　)。
    A. drawImage(img, x, y)　　　　B. createPattern(img, type)
    C. clip()　　　　　　　　　　　D. drawImage(img,x,y,w,h)

2. 填空题

(1) 数据列表选项 datalist 标记通常与_____标记结合在一起使用,通过该标记

_____属性与 datalist 标记的_____属性关联。

（2）HTML5 新增媒体元素除了通过_____属性可以加载媒体文件 URL 外，还可以通过_____标记加载不同格式的媒体文件，以满足浏览器支持的需要。

（3）HTML5 新增_____类型的 input 元素可以拾取颜色；新增_____类型的 input 元素可以对邮箱进行自动验证；新增的_____类型的 input 元素可以产生滑动条控件；新增_____类型的 input 元素可以产生带有微调按钮的输入域。

（4）HTML5 新增_____表单元素可以产生数据加密；新增_____表单元素可以产生不同类型的输出；新增_____表单元素可以定义选项列表。

（5）HTML5 引入的_____可以直接在页面上绘制图形。

（6）在 CSS3 中的_____属性可以和其他属性配合来实现动画效果。

（7）在 CSS3 中，可以使用_____属性来对文本进行多列布局。

（8）在指定（x，y）处绘制指定宽度为 width、高度为 height 的图像 img 的方法是_____；选择从指定位置（sx，sy）开始，指定宽度为 sw、高度为 sh 的区域，在画布上指定的（dx，dy）处绘制宽度为 dw、高度为 dh 的图像 img 的方法是_____。

JavaScript 基础

JavaScript 是一种解释性的脚本语言,它可以嵌入 HTML 页面中,并在客户端执行,是目前绝大多数浏览器普遍支持的脚本语言。JavaScript 是动态 Web 设计的最佳选择,它被广泛地应用于 Web 应用开发,来为网页添加各式各样的动态功能,为用户提供更流畅美观的浏览体验。JavaScript 的解释器被称为 JavaScript 引擎,是浏览器的一个重要组成部分。

12.1　JavaScript 简介

JavaScript 是目前非常流行的一种 Web 前端的描述性脚本语言。它是基于对象(Object)的、事件驱动的并具有相对安全性的客户端脚本语言。JavaScript 运行在客户端,从而可减轻服务器端的负担。

HTML 网页在互动性方面能力较弱。JavaScript 是一种嵌入到 HTML 中的描述性语言,它并不编译产生机器代码,只是由浏览器的解释器将其动态地处理成可执行的代码。JavaScript 起源于 LiveScript 语言。当初,使用 HTML 表单与用户的交互,成了制约网络发展的重大瓶颈。于是 Netscape 公司推出了 LiveScript 语言,并最终定名为JavaScript。后来,有 3 种不同版本的 JavaScript,即 Netscape 的 JavaScript,微软的JScript 以及 CEnvi 的 ScriptEase。最终,由 ECMA(欧洲计算机制造商协会)于 1997 年确定了 JavaScript 的标准,并被 ISO 采纳通过,作为浏览器使用的脚本语言的统一标准。如今,JavaScript 已经成为 Web 浏览器中不可缺少的一种技术。随着 HTML5 的推广与广泛应用,出现了大量基于 JavaScript 的跨平台框架和游戏引擎,大大地扩展了JavaScript 的应用范围。

JavaScript 脚本语言具有如下一些特点。

(1)它是一种脚本编程语言,采用小程序段的方式实现编程,是一种解释性语言,无须进行编译,在代码运行过程中被逐行地进行解释。它提供了一个简易的开发过程,与HTML 结合在一起,方便用户使用操作。它的数据是弱类型的,未使用严格的类型检查。

(2)它是一种基于对象的语言,许多功能可以来自于脚本环境中对象的方法与脚本的相互作用。

(3)它具有简单性,它的基本语句和控制流设计简单而紧凑,它的变量类型采用弱类型。

（4）它是一种安全性语言，不允许任何人访问本地硬盘，不能将数据存放到服务器上，不允许对网络文档进行删除和修改，只能通过浏览器实现信息浏览与互动，从而有效地防止数据丢失，保障数据的安全性。

（5）它是动态的，可以直接对用户的输入做出响应，无须经过 Web 服务程序。它对用户的反应采用事件驱动的方式。

（6）它具有跨平台性。它依赖于浏览器本身，与操作环境和机器硬件系统无关。

JavaScript 脚本语言有如下一些典型应用。

（1）将 JavaScript 脚本嵌入到 HTML 页面中，实现动态文本、动态窗口及动画效果。

（2）对浏览器事件做出响应。

（3）读写 HTML 元素信息，在数据被提交到服务器之前进行验证。

（4）检测用户的浏览器信息，创建与编辑 Cookies 信息。

（5）基于 Node.js 技术的服务器端编程。

12.2　JavaScript 脚本的使用

12.2.1　JavaScript 脚本的应用实例

JavaScript 脚本在 HTML 页面中必须放置在＜script＞与＜/script＞标签之间，这样，浏览器才能解释和运行这对标签中的代码。如果没有这对标签，直接把 JavaScript 脚本放置在页面中，浏览器会把脚本的内容当成纯文本来处理，就不会实现脚本真正的运行效果。

基本语法：

```
<script type="text/javascript"  [src="外部 JavaScript 文件"]>
    …
</script>
```

属性说明：

type：定义脚本的 MIME 类型。MIME 类型由媒介类型和子类型两部分组成，用"/"进行分隔。JavaScript 脚本的 MIME 类型为"text/javascript"。几乎所有的现代浏览器都把 JavaScript 作为默认的脚本语言，所以好多情况下这个 type 属性可以省掉了。

src：定义要加载的外部 JavaScript 脚本文件位置。如果不使用外部的 JavaScript 脚本文件，则可以省略这个属性。

【例 12-1】　JavaScript 脚本的应用实例。

```
<html>
  <head>
    <title>JavaScript 脚本应用实例</title>
  </head>
  <body>
    <script type="text/javascript">
```

```
    document.write("这是第一个 JavaScript 脚本实例");
    </script>
  </body>
</html>
```

这个实例运行后,会在页面上显示"这是第一个 JavaScript 脚本实例"这样一行文本。

12.2.2　JavaScript 脚本的引用方法

JavaScript 脚本不能独立运行,它必须依附于某个网页,在浏览器端运行。按照 JavaScript 脚本与它所依附的 HTML 页面之间的关系,一般分为三种引用方式。一种方式是直接将 JavaScript 脚本嵌入到 HTML 文档中,成为 HTML 文档的一部分。另一种方式是将 JavaScript 脚本单独放置在一个 JavaScript 文件中,再引入到 HTML 文档。第三种方式是将 JavaScript 脚本作为某些特定标签的属性值来使用。具体使用哪种方式,要依据情况而定。

1. 在 HTML 文档中嵌入 JavaScript 脚本

在 HTML 文档中,可以将脚本语句放置在<script></script>标签对之间。每个标签对中可以包含多段脚本语句块。各个<script></script>标签对中的脚本块之间可以相互访问。

基本语法:

```
<script type="text/javascript">
    …
</script>
```

属性说明:

type:定义脚本的 MIME 类型。MIME 类型由媒介类型和子类型两部分组成,用"/"进行分隔。JavaScript 脚本的 MIME 类型为"text/javascript"。

包含 JavaScript 脚本的<script></script>标签可以放置在 HTML 文档的 head 部分或 body 部分中。如果把<script>标签放置在 head 部分,在页面载入的时候同时载入了脚本代码,然后可以在 body 部分调用。通常可以在 head 部分放置准备为 body 部分调用的各类函数或全局变量的声明等内容。其基本使用形式如例 12-2 所示。

【例 12-2】 JavaScript 脚本放置在页面文档的 head 部分,运行效果如图 12-1 所示。

```
<html>
  <head>
    <title>JavaScript 脚本放置在页面文档的 head 部分</title>
    <script  type="text/javascript">
      document.write("JavaScript 脚本放置在页面文档的 head 部分的效果。");
    </script>
  </head>
  <body>
```

```
  </body>
</html>
```

图 12-1　JavaScript 脚本放置在页面文档的 head 部分的运行效果

另一种嵌入方式，是将脚本的＜script＞标签放置在 body 部分中，在页面载入的时候需要同时执行，这些代码执行后的输出成为页面的内容，在浏览器中可以即时看到。一般来说，要在页面加载过程中运行，动态建立一些 Web 页面的内容时，这些脚本应放在 body 中。而把脚本代码定义为函数时，用于处理页面事件的脚本代码应放在 head 中，这样可以使其在 body 之前加载。这种使用形式如例 12-3 所示。

【例 12-3】　JavaScript 脚本放置在页面文档的 body 部分，运行效果如图 12-2 所示。

```
<html>
  <head>
    <title>JavaScript 脚本放置在页面文档的 body 部分</title>
  </head>
  <body>
    <script  type="text/javascript">
      document.write("JavaScript 脚本放置在页面文档的 body 部分的效果。");
    </script>
  </body>
</html>
```

图 12-2　JavaScript 脚本放置在页面文档的 body 部分的运行效果

2. 将外部的 JavaScript 脚本文件引入到 HTML 文档中

如果把大量的 JavaScript 脚本直接写进 HTML 文档中，会使 HTML 文档显得比较臃肿，既不方便阅读，也不利于维护。而且好多时候，一些脚本内容可能需要被多个页面共享。如果把脚本代码组织成一个单独的文本文件，当 HTML 文档需要使用这些脚本时，再通过引用的方式引入到 HTML 文档中，就可解决以上提到的问题。JavaScript 文件是一种文本文件，它的文件扩展名是".js"。在 HTML 文档中引用外部 JavaScript 文件时，其基本语法格式如下。

基本语法：

```
<script type="text/javascript" src="JavaScript 文件的路径"></script>
```

属性说明：

type：如前所述，定义脚本的 MIME 类型。

src：定义所引用的外部 JavaScript 文件的路径。

【例 12-4】　引用外部 JavaScript 脚本的实例，运行效果如图 12-3 所示。

```
<html>
  <head>
    <title>引用外部 JavaScript 脚本的方法</title>
    <script  type="text/javascript" src="example.js"></script>
  </head>
  <body>
  </body>
</html>
```

其中，example.js 文件中的内容如下。

```
document.write("引用外部 JavaScript 脚本的效果。");
```

运行效果如图 12-3 所示。

图 12-3　引用外部 JavaScript 脚本的运行效果

3. 将 JavaScript 脚本作为特定标签的属性值来使用

可以通过"javascript：XXX"的形式来调用 JavaScript 的函数或方法，并将它作为某个标签的属性值来使用，其中的"XXX"表示具体的脚本内容，如例 12-5 所示。

【例 12-5】　JavaScript 脚本作为标签属性值使用。

```
<html>
  <head>
    <title>JavaScript 脚本作为标签属性值使用</title>
  </head>
  <body>
    <a  href="javascript:alert('JavaScript 脚本应用举例。')">单击</a>
  </body>
</html>
```

或者也可以使 JavaScript 脚本和用户事件结合起来,用脚本的运行作为事件的响应。如例 12-6 所示。

【例 12-6】 JavaScript 脚本与标签的事件结合使用。

```html
<html>
  <head>
    <title>JavaScript 脚本与标签的事件结合使用</title>
  </head>
  <body>
    <span style="cursor:hand" onclick="alert('JavaScript 脚本与标签的事件结合
使用举例。')">单击</span>
  </body>
</html>
```

例 12-6 中,onclick 属性表示对标签单击事件的响应,alert()函数是对应的响应脚本。

12.3　JavaScript 的语法与数据类型

12.3.1　基本语法

1. 语句和语句块

语句是构成 JavaScript 脚本的基本单位。JavaScript 语句通常由字面量、变量、运算符、表达式和关键字等组成。JavaScript 以分号作为语句结束的标志,但这并不是强制性的要求,如果语句的结束处没有分号,会自动以该行代码的结尾作为语句的结束。所以,如果有多条语句写在同一行中,则应当在语句的结束处加上分号。JavaScript 解释器的语法检查相应不太严格,程序员在编写 JavaScript 代码时最好能用比较严谨的书写风格,这样才不会导致程序语义的二义性,也使代码更清晰,便于阅读。

在逻辑上相关的若干条语句可以放置在"{ }"内,称为一个语句块,可以形成相对完整的逻辑功能,有助于更清晰、准确地定义逻辑边界。语句块通常会应用于条件语句、循环语句及函数当中。

2. 空白符

JavaScript 会忽略程序代码中字符串以外的空白符(空白符包括空格符、换行符和制表符等)。在编写代码时,可以灵活运用空白符来进行排版,提高代码的可读性。

3. 标识符的大小写

JavaScript 语句中对大小写是敏感的,例如变量 area 和变量 Area 表示的是两个不同的变量。所以,在代码的编写过程中,要对关键字、变量、函数名及其他标识符中的大小写进行严格地区分,保证正确的书写形式。

4. 注释

为了增强代码的可读性,使代码更易于阅读与理解,便于对代码进行修改和维护,可以在程序中使用注释。解释器在解释程序时,会忽略注释部分。注释有单行注释和多行注释两种形式。

单行注释用两个斜杠"//"来表示,从代码中的"//"处开始直到本行结束处,都是注释的内容。多行注释则从代码中的"/ * "处开始,到" * /"处结束。

注释还有另外一个作用,就是用来屏蔽某些语句,使程序能够暂时忽略这些语句。这种用法通常用在代码调试中。

12.3.2　数据类型

数据类型是编程中所使用的一组性质相同的值的集合及定义在其上的操作的总称。JavaScript 是一种弱类型语言。在编程时可以不提前声明变量的类型,在变量被赋值或使用时,其类型会被自动确定。当然也可以先声明变量的数据类型,再进行赋值和使用。JavaScript 中的数据类型可以分为 3 个类别,分别是基本数据类型、复合数据类型和特殊数据类型,下面分别进行介绍。

1. 基本数据类型

JavaScript 的基本数据类型包括数值型(Number)、字符串型(String)和布尔型(Boolean)三种类型。

1) 数值型(Number)

数值型既包括整型数也包括浮点型数,如 12、25.8、036、0x9A、3.58e11 等。这几种表示法中,以"0"开头的 036 表示八进制数 36,以"0x"开头的 0x9A 表示十六进制数 9A,3.58e11 是使用科学记数法表示的数值,它的值是 3.58×10^{11}。除此以外,数值型还包括三个特殊的值:NaN、Infinity、-Infinity,分别表示"非数值""正无穷大""负无穷大"。

2) 字符串型(String)

字符串型是有限个 Unicode 字符组成的序列,用于表示文本数据。字符串型数据在书写时用英文的单引号或双引号括起来。单引号定界的字符串中可以含有双引号,同样双引号定界的字符串中可以含有单引号,但是在字符串中不能再包含同样定界符的字符串。以下是字符串书写方法的例子。

```
"Nowadays almost all web pages contain JavaScript"        //合法,使用双引号定界
'Nowadays almost all web pages contain JavaScript'        //合法,使用单引号定界
"Nowadays almost all web pages contain 'JavaScript'"      //合法,双引号定界串内使用
                                                          //单引号

'Nowadays almost all web pages contain "JavaScript"'      //合法,单引号定界串内使用
                                                          //双引号

"Nowadays almost all web pages contain "JavaScript""      //非法,双引号定界串内使用
                                                          //双引号
```

字符串中包含的字符个数称为字符串的长度,如字符串"JavaScript"的长度是 10,字符串"Hello World!"的长度是 12。空字符串也叫空串,是指不包括任何字符的字符串,即""。空字符串的长度是 0。

如果字符串中引号的使用与定界符造成冲突时,可以使用转义字符来表示串内的引号。一些不可显示的特殊字符也可以用转义字符来表示。转义字符是由"\"开头,后跟一个或几个字符组成的。转义字符具有特定的含义,不同于字符原有的含义,所以称作"转义字符"。表 12-1 是 JavaScript 中常用的转义字符。

表 12-1　JavaScript 中常用的转义字符

转义字符	描　　　述	转义字符	描　　　述
\b	退格	\\	反斜杠
\n	换行	\r	回车符
\t	水平制表符	\ooo	用八进制 ASCII 码表示的字符
\'	单引号	\xHH	用十六进制 ASCII 码表示的字符
\"	双引号	\uhhhh	用十六进制编码表示的 Unicode 字符

3)布尔型(Boolean)

布尔型数据只有两个取值,分别是 true(真)和 false(假)。布尔型数据是用来进行逻辑判断的,它说明了某个命题或判断是真的还是假的。例如 5＞3 的结果是 true,而 0＝＝1 则是假的。每个关系表达式的运算结果都是一个布尔型的值。

布尔型数据通常用于 JavaScript 代码中的控制结构。在 if…else…语句中可通过判断条件表达式值的结果来控制程序流程,如果条件表达式的值为 true 时执行一种动作,条件表达式的值为 false 时执行另一种动作。

2. 复合数据类型

JavaScript 的复合数据类型是由一些基本的数据类型复合而成的。复合数据类型也称为引用数据类型。JavaScript 中的复合数据类型包括数组型(Array)和对象型(Object)。

1)数组型(Array)

在 JavaScript 中,数组用来存放一组相同或不同类型的数据。JavaScript 中的数组是一个功能十分强大的"容器",它不仅可以代表数组,也可作为长度可变的线性表来使用。数组中存放的数据称为数组的"元素",数组的元素个数是可变的。未赋值的数组元素的值为 undefined。

2)对象型(Object)

对象是对现实世界中的事物的抽象。JavaScript 的对象中保存的是一组描述对象特征的属性和反映对象行为的方法(也称为函数)。同一种对象类型具有相同的属性类别和方法。通过对象名可以访问对象的属性和方法。JavaScript 还提供了大量的内置对象供用户使用。

3. 特殊数据类型

JavaScript 的特殊数据类型是指无法归入前面两种数据类型中的特殊数据。特殊数据类型包括 null 和 undefined。

1）空值(null)

JavaScript 中的关键字 null 是一个特殊的值，用来表示空的或不存在的引用。如果试图去引用一个没有定义的变量，会返回 null 值。需要注意的是，null 值不等同于空字符串或 0，同时也不等同于 undefined。null 不可写成 Null 或 NULL。可以通过将变量的值设为 null 来清空变量。

2）未定义类型(undefined)

未定义类型即 undefined，一个变量创建后还没有赋值，或者赋予了一个不存在的属性值时，该变量的值就是 undefined。当引用一个不存在的数组元素或对象属性时，会返回 undefined。

虽然 null 和 undefined 都具有“空值”的含义，但它们之间还具有完全不同的含义。null 表示一个变量被赋予了一个空值，而 undefined 表示变量尚未被赋值，不含有明确的值。可以通过将变量的值设为 null 来清空变量。

如果定义的变量准备在将来用于保存对象，那么最好将该变量初始化为 null。这样，只要直接检测 null 值就可以知道相应的变量是否已经保存了一个对象的引用。

12.3.3 常量与变量

1. 常量

在程序运行过程中其值保持不变的数据称为常量。常量可以为程序提供固定的和精确的数值。根据数据的表现形式可以确定常量的类型，如 425 是数值型常量，“take”是字符串型常量，true 是布尔型常量等。在 JavaScript 脚本中可以直接输入和使用这些值。常量在程序中定义后，便会在计算机内存中的固定位置存储下来，在程序结束之前，它是不会发生变化的。

2. 变量

变量是指程序中的一个命名的存储单元，是存取数字、提供存放信息的容器。存储在这个存储单元中的值在程序运行过程中可以随意地改变。变量是通过变量名来标识的。

1）变量名

变量名用来标识程序中的变量，在同一段程序中变量名是唯一的。JavaScript 中的变量名是区分大小写的。为了增强程序的可读性，变量命名时应具有一定的含义。JavaScript 中变量的命名规则如下。

(1) 变量名中只能包含字母、数字和下画线三种字符，且只能以字母或下画线开头。

(2) 变量名不能使用 JavaScript 中的关键字。

(3) 变量名的长度原则上没有限制。

2）变量的声明

在 JavaScript 中，变量在使用前需要先声明，所有类型的变量都用关键字 var 来声明。声明变量的语法形式如下。

```
var  variablename;
```

其中的 variablename 是要声明的变量名。如果要同时声明多个变量,变量名之间用逗号分隔,如:

```
var  variablename1, variablename2, variablename3;
```

或者也可以不使用 var 关键字,而是直接通过赋值方式定义变量,如:

```
param="hello";
```

3）变量的赋值

在声明变量的同时,使用赋值号对变量进行初始化赋值。其语法形式如下。

```
var  area=300;
```

其中,赋值号左边的 area 是要进行初始赋值的变量,赋值号右边是所赋的值。另外,还有一种用法是先声明变量,之后再对变量进行赋值。其语法形式如下。

```
var  area;
area=300;
```

由于 JavaScript 是一种弱类型语言,所以变量可以无须声明而直接进行赋值。但是,建议最好还是在使用变量之前先进行声明,这样便于发现代码中的错误,有利于编程的排错和调试。

4）变量的类型

变量的类型是指变量的值所属的数据类型。JavaScript 是一种弱类型语言,所以可以将任意类型的数据赋值给变量。而且在程序运行过程中,可以给同一个变量赋不同类型的值,如:

```
var  area=5 * 20;
area="长方形的面积是" +100;
```

5）变量的作用域和生存期

变量的作用域是指变量在程序中发挥作用的有效范围,也就是这个变量可以被使用的区域。在 JavaScript 中,变量按作用域可以分为两种,即全局变量和局部变量。全局变量定义在所有函数之外,在整个脚本代码中都可以使用。局部变量是定义在某个函数的函数体内的变量,只能在定义它的函数体范围内使用,在其他函数内不可见。

对于脚本中需要使用的全局变量,一般可以在页面的＜head＞部分进行声明,在页面的＜body＞部分使用。

变量的生存期是指变量在程序运行过程中,在计算机内的有效存在期。全局变量的生存期从它被定义的时刻开始,直到主程序结束为止。局部变量的生存期从定义它的函数被执行的时刻开始,函数执行结束后,局部变量的生存期也随之结束。所以,通常来讲,全局变量比局部变量的生存期要长。

12.3.4　表达式与运算符

1. 表达式

表达式是变量、常量以及运算符的组合,可以完成赋值、计算等一系列操作。表达式可分为算术表达式、字符串表达式、赋值表达式和布尔表达式等。

2. 运算符

运算符是表示数据处理方式的一种符号,用于对一个或多个运算对象进行运算,以实现自然算法的计算机表示,是完成一系列操作的基础。JavaScript 中,按功能分,运算符可以分为算术运算符、比较运算符、赋值运算符、字符串运算符、逻辑运算符、条件运算符等。

1) 算术运算符

算术运算符用于进行基本的算术运算,包括加、减、乘、除、取模、自增和自减等运算,如表 12-2 所示。运算的结果是数值。

表 12-2　JavaScript 中常用的算术运算符

运算符	描述	示例	功能
+	加法运算	5+3	计算两个操作数的和
-	减法运算	100-58	计算两个操作数的差
*	乘法运算	2*3	计算两个操作数的积
/	除法运算	15/5	计算两个操作数的商
%	取模运算	8%3	计算前一个操作数除以后一个操作数的余数
++	自增运算	a++ ++a	变量的值增1,返回变量的原值 变量的值增1,返回变量的新值
--	自减运算	a-- --a	变量的值减1,返回变量的原值 变量的值减1,返回变量的新值

2) 比较运算符

比较运算符用于两个操作数之间的比较运算。比较运算符有 8 个,即大于、小于、大于或等于、小于或等于、等于、不等于、绝对等于和不绝对等于,如表 12-3 所示。运算的结果是布尔值 true 或 false。进行比较运算的操作数可以是数值也可以是字符串。

表 12-3　JavaScript 中的比较运算符

运算符	描述	示例	功能
>	大于运算	5>3	第一个操作数大于第二个操作数,则为真
>=	大于或等于运算	100>=58	第一个操作数不小于第二个操作数,则为真
<	小于运算	2<3	第一个操作数小于第二个操作数,则为真
<=	小于或等于运算	15<=5	第一个操作数不大于第二个操作数,则为真

续表

运算符	描　述	示　例	功　能
==	等于运算	8==3	两个操作数相等,则为真(不涉及数据类型,只从表面值判断)
!=	不等于运算	20 != 25	两个操作数不等,则为真(不涉及数据类型,只从表面值判断)
===	绝对等于运算	3+9===12	两个操作数表面值相等,数据类型相同,则为真
!==	不绝对等于运算	7!==9	两个操作数表面值不等或数据类型不同,则为真

特别要注意区分等于运算(==)与绝对等于运算(===)的差异。等于运算(==)是先进行类型转换,再测试是否相等,如果相等,则返回 true,否则返回 false。类似地,不等于运算符(!=)是比较两个操作数是否不相等,如例 12-7 所示。

【例 12-7】　等于运算符用法示例。

```javascript
<script type="text/javascript">
var a="10", b=10, c=11;
if(a==b) {
  document.write("a 等于 b<br>");
} else {
  document.write("a 不等于 b<br>");
}
if(b==c) {
  document.write("b 等于 c<br>");
} else {
  document.write("b 不等于 c<br>");
}
</script>
```

上述代码的运行结果如图 12-4 所示。

图 12-4　等于运算符示例的运行效果

绝对等于运算符(===)也可以比较两个操作数是否相等,但它不进行类型转换,而直接进行测试是否相等,如果相等,则返回 true,否则返回 false。类似地,不绝对相等运算符(!==)是比较两个操作数是否不相等,如例 12-8 所示。

【例 12-8】　绝对等于运算符用法示例。

```javascript
<script type="text/javascript">
```

```
var  a="10";
var  b=10;
var  c=10;
if(a===b){
  document.write("a 等于 b<br>");
} else {
  document.write("a 不等于 b<br>");
}
if(b===c){
  document.write("b 等于 c<br>");
} else {
  document.write("b 不等于 c<br>");
}
</script>
```

上述代码的运行效果如图 12-5 所示。

图 12-5　绝对等于运算符示例的运行效果

3) 赋值运算符

在赋值运算中,先计算赋值运算符右侧表达式的值,再将算得的值赋给运算符左侧的变量。复合赋值运算符则相当于是算术运算和赋值运算的结合,如表 12-4 所示。赋值运算的基本语法如下:

v＝e;

其中,v 是欲赋值的变量;e 是一个表达式,用来计算所赋的值。

表 12-4　JavaScript 中的赋值运算符

运算符	示例	功　能
＝	a＝3	右侧表达式的值赋给左侧的变量
＋＝	a＋＝3	左侧变量的值加上右侧表达式的值再赋给左侧变量,等价于 a＝a＋3
－＝	a－＝3	左侧变量的值减去右侧表达式的值再赋给左侧变量,等价于 a＝a－3
＊＝	a＊＝3	左侧变量的值乘以右侧表达式的值再赋给左侧变量,等价于 a＝a＊3
/＝	a/＝3	左侧变量的值除以右侧表达式的值再赋给左侧变量,等价于 a＝a/3
％＝	a％＝3	左侧变量的值用右侧表达式的值取模再赋给左侧变量,等价于 a＝a％3

4）字符串运算符

字符串运算符用于两个字符串型操作数之间的连接操作，如表 12-5 所示。"＋"运算符将两个字符串首尾拼接起来，"＋="运算符将两个字符串拼接的结果赋给前一个字符串变量。

表 12-5 JavaScript 中的字符串运算符

运算符	示　例	功　能
＋	"Hello"＋"World"	连接两个字符串，示例结果是"Hello World"
＋=	var name＝"Hello"； name ＋="World"；	连接左侧变量和右侧字符串的值，将结果赋值给左侧的变量，示例结果是"Hello World"

5）逻辑运算符

逻辑运算符可以用于在布尔型表达式之间进行逻辑运算。JavaScript 中有 3 个逻辑运算，其基本用法如表 12-6 所示。

表 12-6 JavaScript 中的逻辑运算符

运算符	描　述	示　例	功　能
&&	逻辑与	a&&b	当 a 和 b 都为真时，结果为真，否则为假
||	逻辑或	a||b	当 a 为真或 b 为真时，结果为真，否则为假
！	逻辑非	！a	当 a 为真时，结果为假，否则为真

6）条件运算符

条件运算符是 JavaScript 支持的三目运算符。三目运算符是由两个运算符号组合起来构成，有 3 个操作数参加运算。条件运算符的使用方法如下。

操作数 1？操作数 2：操作数 3

上式中，由"？"和"："组成条件运算符。当操作数 1 为真时，整个表达式的值就是操作数 2 的值，当操作数 1 为假时，整个表达式的值是操作数 3 的值。

【例 12-9】 用条件运算符实现简单判断。

```
<script type="text/javascript">
  var age=parseInt(prompt("输入年龄值", ""));
  var status=(age>=18) ？"成年人" : "未成年人";
  document.write("今年" +age +"岁,你是" +status +"。");
</script>
```

3. 运算符的优先级与结合性

JavaScript 对运算符的优先级与结合性有明确的规定。优先级高的运算符要先于优先级低的运算符进行运算，除非使用了括号来改变它们的优先性。结合性是指具有同等优先级的运算符按怎样的顺序进行运算，分为左结合和右结合。左结合是指从左到右的顺序运算,右结合是指从右到左的顺序运算。大部分的运算符的结合性都是左结合。JavaScript 运算符的优先级与结合性如表 12-7 所示。

表 12-7　JavaScript 运算符的优先级与结合性

优先级	运 算 符	结合性	说　　　明
1	.、〔 〕、( )	左结合	字段访问、数组下标访问及函数调用
2	++、－－、－、!	左结合	自增、自减、取负及取反
3	*、/、%	左结合	乘法、除法、取模
4	+、－、+	左结合	加法、减法与字符串连接
5	<、<=、>、>=	左结合	小于、不大于、大于、不小于
6	==、!=、===、!==	左结合	等于、不等于、绝对等于、不绝对等于
7	&&	左结合	逻辑与
8	‖	左结合	逻辑或
9	?:	右结合	条件运算
10	=、+=、－=	右结合	简单赋值、复合赋值
11	,	左结合	逗号运算

12.4　JavaScript 程序的控制结构

JavaScript 程序有三种基本的控制结构,即顺序结构、选择结构与循环结构。

12.4.1　顺序结构

顺序结构是最简单最基本的一种流程结构。程序中按照引入的顺序一块一块地执行,在每一块中的语句从头至尾逐条执行。

12.4.2　选择结构

选择结构是指在程序运行过程中,需要通过判断某些特定条件是否满足来决定下一步的执行流程。选择结构也称为分支结构。JavaScript 中的选择结构用两种语句来实现,一种是 if 语句,另一种是 switch 语句。

1. if 语句

if 语句是选择结构中最基本、最简单的实现方式。if 语句通过一个逻辑表达式的结果进行判断,来决定是否执行一段语句,或者选择执行哪部分的语句。

在具体的使用过程中,if 语句有以下几种表现形式。

1) 单边 if 语句

单边 if 语句的语法形式如下。

```
if(逻辑表达式) {
    语句块;
}
```

在上述 if 语句的执行过程中,如果逻辑表达式的值为真,则会执行其中的语句块,否则就不执行。如果 if 语句内的语句块只有一条语句时,其两侧的大括号可以省略。

下面一个例子是根据输入的年龄值来做出判断,如果年龄大于 18 岁,就输出提示信息。

【例 12-10】 单边 if 语句用法示例。

```
var age=parseInt(prompt("输入年龄值", ""));
if (age >=18) {
    document.write("今年" +age +"岁,你是" +status +"。");
}
```

2) 双边 if 语句

双边 if 语句是在单边 if 语句的基础上又增加了一个 else 分支,使得程序流程通过逻辑表达式的值,分别在两个分支上运行。双边 if 语句是 if 语句的标准用法。

双边 if 语句的语法形式如下。

```
if(逻辑表达式) {
    语句块 A;
} else {
    语句块 B;
}
```

在双边 if 语句的执行过程中,如果逻辑表达式的值为真,则会执行其中的语句块 A,否则执行其中的语句块 B。

下面一个例子是根据输入的矩形的相邻两条边长,来判断矩形是长方形还是正方形。

【例 12-11】 双边 if 语句用法示例。

```
var edgeA=parseInt(prompt("输入矩形的一条边长", ""));
var edgeB=parseInt(prompt("输入矩形的另一条边长", ""));
if (edgeA==edgeB) {
    document.write("该矩形是正方形。");
} else {
    document.write("该矩形是长方形。");
}
```

3) 多边 if 语句

多边 if 语句是在双边 if 语句的基础上进一步增加若干个分支,使得程序流程通过多个逻辑表达式值的判断,分别沿多个不同的分支运行。

多边 if 语句的语法形式如下。

```
if(逻辑表达式 A) {
```

```
        语句块 A;
    }
    else if(逻辑表达式 B)  {
        语句块 B;
    }
    else if(逻辑表达式 C)  {
        语句块 C;
    }
      …
    else{
        语句块 N;
    }
```

在多边 if 语句的执行过程中，如果逻辑表达式 A 的值为真，则会执行其中的语句块 A，否则再判断逻辑表达式 B，如果逻辑表达式 B 的值为真，执行其中的语句块 B，否则再判断逻辑表达式 C，以此类推。最后，如果语句中的所有逻辑表达式的值都为假，则执行语句最后面的 else 中的语句块 N。

下面的例子是多边 if 语句的一个用法示例。根据输入的百分制学习成绩，输出成绩等级的考评信息。

【例 12-12】 多边 if 语句用法示例。

```
var score=parseInt(prompt("输入学习成绩", ""));
var appraisal;
if (score>=90)  {
  appraisal="优秀";
} else if (score>=80)  {
  appraisal="良好";
} else if (score>=70)  {
  appraisal="中等";
} else if (score>=60)  {
  appraisal="及格";
} else  {
  appraisal="不及格";
}
document.write("该生成绩评定为" +appraisal +"。");
```

if 语句除了一般的用法，还可以嵌套起来使用，即在一个 if 语句的语句块部分再包含另一个完整的 if 语句。以下是 if 语句的一种嵌套形式。

```
if(逻辑表达式 1)  {
    if(逻辑表达式 2)  {
        语句块 A1;
    } else {
        语句块 A2;
    }
```

```
    } else {
        if(逻辑表达式 3) {
            语句块 B1;
        } else {
            语句块 B2;
        }
    }
```

为了清晰地表达 if 语句的嵌套关系,建议在书写代码时不要省略大括号。

以下是 if 语句嵌套的一个用法示例。根据用户登录时输入的用户名及密码,给出相应的提示信息。

【例 12-13】 if 语句嵌套用法示例。

```
var userName=parseInt(prompt("请输入用户名:", ""));
var password=prompt("请输入密码:", "");
if (userName=="admin"&& password=="888888") {
    document.write("登录成功!");
} else {
    if (userName!="admin") {
        document.write("此用户名不存在!");
    } else {
        if (password!="888888") {
            document.write("密码不正确!");
        }
    }
}
```

2. switch 语句

与多边 if 语句类似,switch 也是一种多分支的选择语句。switch 语句的语法结构更整齐,可读性强。switch 语句根据一个表达式的值,选择一个匹配的分支执行,当没有匹配的分支时,会执行标示的默认分支。switch 语句的语法形式如下。

```
switch(表达式) {
    case 常量表达式 1:
        语句块 1;
        break;
    case 常量表达式 2:
        语句块 2;
        break;
    case 常量表达式 3:
        语句块 3;
        break;
    ...
        default:
```

```
    语句块 n;
    break;
}
```

switch 语句先计算表达式的值,随后用所得的值依次与每个 case 后面的值进行等值匹配,如果有匹配项,就执行此 case 后相应的语句块;如果没有匹配项,就执行 default 后面的相应语句。default 及其后面的部分可以省略,此时没有匹配的 case 项,switch 语句就执行完毕。

case 仅用于标示分支的起始位置,break 语句用来结束对应 case 的语句块的执行。如果某个 case 项后面没有 break 语句,该 case 分支语句块执行完以后,后续的 case 项会继续执行,直到遇到下一个 break 语句或整个 switch 语句结束为止。

以下是 switch 语句的用法示例,根据系统的当前时间来显示星期几。

【例 12-14】 switch 语句用法示例。

```
var now, day, week;
now=new Date;
day=now.getDay();
switch(day) {
  case 1:
    week="星期一";break;
  case 2:
    week="星期二";break;
  case 3:
    week="星期三";break;
  case 4:
    week="星期四";break;
  case 5:
    week="星期五";break;
  case 6:
    week="星期六";break;
  default:
    week="星期日";break;
}
document.write("今天是" +week);
```

虽然 if 语句和 switch 语句都可以实现选择结构,但二者还是有区别的。switch 语句适合于使用变量的值与几个常量进行比较来决定程序执行的分支,是用几个离散的点来进行流程的控制的。而 if 语句则更加适合于通过连续的数值区间的比较来控制程序流程。在程序开发过程中,要根据具体的实际情况,来选择恰当的语句实现特定的功能。

12.4.3　循环结构

如果在程序中,希望使某个语句块反复执行多次,就需要用到循环结构。在循环结构中,通过设定循环条件来控制循环体内容的重复执行。JavaScript 中的循环结构可以用 while 语句、do-while 语句、for 语句来实现。

1. while 语句

while 语句的语法形式如下。

```
while(表达式) {
   循环体语句块;
}
```

while 语句的执行流程如下。

(1) 计算表达式的值,如果值为真,则转到(2),否则结束整个 while 语句的执行。

(2) 执行循环体语句块,然后转到(1)。

以下是 while 语句的用法示例。计算并输出 1～100 所有自然数的和。

【例 12-15】 while 语句用法示例。

```
var i=1;
var summary=0;
while(i<=100) {
  summary +=i;
  i++;
}
document.write("1~100 的自然数的和是" +summary);
```

上述程序将变量 i 初始化为 1,每次执行循环体时,将 i 的值累加至变量 summary 中,并使 i 增加 1,当 i 大于 100 时,循环结束。所计算得到的总和就是 1～100 的自然数的累加和。

2. do-while 语句

do-while 语句的语法形式如下。

```
do {
   循环体语句块;
}while(表达式)
```

do-while 语句的执行流程如下。

(1) 执行循环体语句块。

(2) 计算表达式的值,如果值为真则转到(1),否则结束整个 do-while 语句的执行。

以下是 do-while 语句的用法示例,计算并输出 1～n 所有自然数的和。

【例 12-16】 do-while 语句用法示例。计算并输出 1～n 自然数的和,如果累加和值超过 2000 则结束。

```
var i=1, summary=0;
do{
```

```
  summary +=i;
  i++;
}while(summary <=2000);
document.write("1~" +(i-1) +"的累加和是" +summary);
```

程序的运行结果是输出"1～63 的累加和是 2016"字样。上述程序将变量 i 初始化为 1,每次执行循环体时,将 i 的值累加至变量 summary 中,并使 i 增加 1,当累加和 summary 大于 2000 时,循环结束。所计算得到的结果即符合题目的要求。

3. for 语句

for 语句的结构简洁,使用方便。它的语法形式如下。

```
for(初始化表达式;判断表达式; 循环表达式) {
  循环体语句块;
}
```

for 语句的执行流程如下。
(1) 计算初始表达式的值。
(2) 计算判断表达式的值,如果其值为真则转到(3),否则结束整个 for 语句的执行。
(3) 执行循环体语句块,然后再执行循环表达式,之后转到(2)。

初始化表达式完成循环的初始化工作,一般用于初始化循环变量。判断表达式用来控制循环的进行,每次执行循环前,总要计算判断表达式的值,其值为真时继续循环,否则循环结束。循环表达式在每次执行循环体语句块后被执行,一般用来更新循环变量的值,为下一次循环做准备。当判断表达式省略时,表示循环条件永远为真。

以下是 for 语句的用法示例。计算并输出 1～100 所有自然数的和。

【例 12-17】　for 语句用法示例。

```
var i, summary=0;
for(i=1; i<=100; i++) {
  summary +=i;
}
document.write("1~100 的累加和是" +summary);
```

4. break 语句和 continue 语句

前面介绍的三种循环语句用于循环结构中,能按循环条件的控制完成完整的循环过程。但在实际的应用中,有时循环未必要完整地执行完,可能遇到某些情况会使循环提前结束,或者放弃某次循环,在这种情况下,就可以使用 break 语句或 continue 语句来和前面介绍的循环语句配合完成。

break 语句的作用是立即结束循环,转去执行循环后面的语句,而不论循环过程还有多少次。一般来说,break 语句总是和 if 语句结合起来使用。以下是 break 语句的用法示例。输入一批学生的姓名并统计人数,以"End"来结束输入。

【例 12-18】 break 语句用法示例。

```
var studentName, count=0;
while(true) {
    studentName=prompt("请输入学生姓名:", "");
    if(studentName=="End")  break;
    count++;
}
document.write("学生人数为:" +count);
```

continue 语句的作用是结束本次循环,本次循环中 continue 后面的语句都不执行,提前进入下一轮循环。以下是 continue 语句的用法示例。输出 1～100 的自然数,但是要跳过 7 的倍数和个位是 7 的数。

【例 12-19】 continue 语句用法示例。

```
var num;
for(num=1; num<=100; num++) {
    if(num %7==0 || num %10==7)  continue;
    document.write(num +" ");
}
```

最后需要说明的是,循环语句也可以嵌套使用。如果在一个循环内部又完整地包含另一个循环,称为循环嵌套。循环嵌套可以完成更加复杂的循环功能。以下是循环嵌套的用法示例,输出九九乘法口诀表,其运行效果如图 12-6 所示。

图 12-6   嵌套循环示例的运行效果

【例 12-20】 循环嵌套用法示例。

```
var row, col;
for(row=1; row<=9; row++) {
    for(col=1; col<=row; col++)
        document.write(col +" * " +row +"=" + (row * col) +"\t");
    document.write("<br>");
}
```

12.5　JavaScript 的函数

　　函数是由若干条语句组成的能实现特定功能的命名程序单元。一旦定义好一个函数后,就可在程序中需要实现该功能的时候多次重复调用,这样就不但可以达到代码复用的目的,减轻程序开发人员的工作量,也降低了程序的维护难度。JavaScript 中的函数可以分为两大类,一类是由系统本身提供的,称为内部函数,另一类函数需要由程序员自己来定义,称为自定义函数。学习函数时,不但要会使用系统提供的内部函数,还要会自己定义函数,满足程序设计的需求。

12.5.1　函数的定义

　　一个完整的函数包括函数名、参数表和函数体三个组成部分。函数的基本语法结构如下。

```
function 函数名([参数列表]) {
  语句块;
  [return 返回值;]
}
```

　　关键字 function 表明函数的定义。函数名是不同函数间相互区别的标识,函数通过函数名来调用。参数列表在调用函数时向函数传递的参数序列,称为形式参数或形参。当函数有多个参数时,参数间用逗号分隔。没有参数的函数称为无参函数,参数列表为空,但两侧的括号不能省略。语句块也称作函数体,是函数功能的体现。函数的返回值是函数执行完毕后带回至函数调用处的数据。函数的返回值可以直接赋给变量或用在表达式中。以下是函数定义的示例。通过圆柱体的底面半径和高来计算圆柱体的体积。

　　【例 12-21】　函数定义示例。

```
function cylindarVolume(radius, height) {
  var volume=Math.PI * radius * radius * height;
  return volume;
}
```

　　上述代码中,函数名是 cylindarVolume,radius 和 height 是函数的参数,分别是圆柱体的底面半径和高。函数体中定义变量 volume 用于存储算得的体积值,Math.PI 是 JavaScript 系统内置的数学常量圆周率,通过传入的参数,计算出圆柱体的体积 volume 并返回计算结果。

12.5.2　函数的调用

　　前面介绍的函数定义仅仅是函数功能的定义。函数必须被调用才能发挥作用。函数的调用通过调用表达式来实现。调用表达式包括函数名和放在小括号中的参数值,这些参数称为实际参数或实参。实参与函数定义中的形参个数相同,顺序一一对应,多个实参间用逗号分隔。调用表达式的语法形式如下。

函数名([实参列表])

JavaScript 中函数的调用有以下几种形式。

1. 直接调用

如对于例 12-21 中定义的求圆柱体体积的函数，它的直接调用方式可以写成例 12-22 的形式。

【**例 12-22**】 函数的直接调用示例。

```
<script type="text/javascript">
  var v, h, r;
  h=parseFloat(prompt("输入圆柱体的高", ""));
  r=parseFloat(prompt("输入圆柱体的半径", ""));
  v=cylindarVolume(r, h);
  document.write("圆柱体的体积是" +v +"。");
</script>
```

通常函数的定义会放置在页面的＜head＞部分，而函数的调用可以在页面文件的任何位置。

2. 在页面事件响应中调用

事件是附加至页面的各种网页元素上，可以通过脚本响应的页面动作。例如用户单击按钮或选择文本等都会触发事件。绝大部分事件都是由用户引发的。在程序代码中对发生的事件做出反应，称为事件的响应。JavaScript 中，可以将函数与事件关联在一起，通过执行函数调用完成对事件的响应。例 12-23 是在事件响应中调用函数的示例。用户单击按钮时，弹出提示信息。

【**例 12-23**】 在页面事件响应中调用函数示例。

```
<script type="text/javascript">
  function sayHi() {
    alert("感谢您的支持。");
  }
</script>
<form action="" method="post" name="form">
  <input type="button" name="button" value="点赞" onClick="sayHi();"/>
</form>
```

上述示例中，首先定义了一个函数 sayHi()，功能是弹出一个信息框。然后在表单的按钮 click 事件的响应中调用 sayHi()函数，用户单击"点赞"按钮时，弹出"感谢您的支持"信息提示。

3. 在页面链接中调用

在页面链接中也可调用函数。具体做法是在页面的＜a＞标签的 href 属性中使用

"javascript：函数名()"的格式来调用函数，用户单击链接时，即会执行相关函数。例 12-24 通过页面链接中调用函数的方法来实现例 12-23 的功能。

【例 12-24】　在页面链接中调用函数示例。

```
<script type="text/javascript">
  function sayHi() {
    alert("感谢您的支持。");
  }
</script>
<a href="javascript:sayHi();">点赞</a>
```

上述示例中，首先定义了一个函数 sayHi()，功能是弹出一个信息框。然后在页面链接中调用 sayHi() 函数，用户单击"点赞"按钮时，弹出"感谢您的支持"信息提示。

12.6　JavaScript 的对象

对象（Object）的概念来源于人们对现实世界的抽象，用于描述客观世界存在的实体。JavaScript 中的对象是为解决客观问题而引入的抽象概念，它可以是"人""汽车""订单"等具体的实体，也可以是对"采购""登录""注销"等动作的抽象。对象中保存的是一组描述对象特征的属性和反映对象行为的方法（也称为函数）。例如，"卡车"是一个对象，它具有车长、轴距、排量、整车重量、额定载重等属性，具有启动、加速、装货、卸货、制动等方法。因此，对象是对具体事物的抽象，是一些属性和方法的集合。通过对象将数据与方法组织到一个灵巧的"包"中，大大增强了代码的模块性和重用性。

JavaScript 的一些语言特性支持以面向对象的方法进行系统设计，甚至其内置对象的功能都是以对象的形式提供的。JavaScript 可以根据需要创建自己的对象，对象是由属性和方法两个基本元素构成的。属性是对象在实施其所需要的行为的过程中，实现信息的装载单位，从而与变量相关联，方法是指对象能够按照设计者的意图而被执行，从而与特定的函数关联。

12.6.1　对象的属性和方法

对象是 JavaScript 中的一种复合数据类型，一个对象是通过属性和方法来描述的。在程序中通过设置和访问对象的属性，调用对象的方法，来完成所需的功能。对象的属性和方法也统称为对象的成员。

1. 对象的属性

对象的属性是用来描述对象特征的一组数据，是包含在对象内部的特征值。在程序中要访问一个对象的属性，要通过对象名和它的属性名结合起来访问，其语法形式如下。

对象名.属性名

例如,要访问 lorry 对象的 load 属性,可以使用下面的方式。

```
var weight=lorry.load;
lorry.load=350000;
```

2. 对象的方法

对象的方法是包含在对象内部的函数,是一种对象所特有的。方法用来实现对象的某种功能。对象方法的调用形式与函数的调用形式一致,也要与对象名结合起来,其语法形式如下。

对象名.方法名(实参列表);

实参列表是在调用方法时需要传递给方法的实参。例如,要访问 lorry 对象的 accelerate()方法,可以使用下面的方式。

```
lorry.accelerate(50);
```

12.6.2 对象的创建

对象作为 JavaScript 中的一种复合数据类型,在使用之前需要先创建出来。也有一个对象是通过属性和方法来描述的。根据产生方式的不同,JavaScript 中的对象可分为 3 种,一种是内部对象,是由系统预先将一些常用的功能包装成对象提供给用户使用,这些内部对象在使用时无须用户创建,可以直接使用。内部对象包括 Date、Math、String、Array、Number、Object 等。本章前面的例 12-21 中使用的圆周率 Math.PI 就是内部对象的属性。第二种对象是内置对象,是浏览器根据系统配置和所加载的页面为 JavaScript 提供的一些对象,包括 document、window、history、location 等,这一类对象也不需要用户来创建。第三种对象称为自定义对象,是由用户根据程序功能的需要来创建并使用的。

自定义对象的创建有 3 种方法,即直接创建,通过自定义构造函数创建和利用内部对象 Object 创建。

1. 直接创建对象

直接创建对象的语法形式如下。

var 对象名={属性名 1:属性值 1,属性名 2:属性值 2,…};

创建对象时,将对象的所有属性都放置大括号中并用逗号分隔,同一属性中,属性名和属性值之间用冒号分隔。以下是直接创建一个对象的示例。

【例 12-25】 直接创建一个职员对象 employee,设置编号(ID)、姓名(name)和性别(sex)三个属性。

```
var employee={
  ID : 1085,
```

```
  name : "张小东",
  sex : "男"
};
```

2. 通过自定义构造函数创建对象

构造函数是一种特殊的函数。通过构造函数可以创建并初始化一个新的对象。在构造函数的函数体中用 this 关键字初始化对象的属性和方法。构造函数在调用时要使用 new 运算符。以下是通过构造函数创建一个对象的示例。

【例 12-26】　利用构造函数创建一个职员对象 employee,设置编号(ID)、姓名(name)和性别(sex)三个属性,设置一个 show()方法,用于显示职员信息。

```
function Employee(mid, mname, msex) ={   //构造函数
  this.ID=mid;
  this.name=mname;
  this.sex=msex;
  this.show=function() {
    document.write("编号:" +this.ID +"<br>");
    document.write("姓名:" +this.name +"<br>");
    document.write("性别:" +this.sex);
  };
};
var employee=new Employee(1085, "张小东", "男");//创建一个 employee 对象
employee.show();
```

上述示例首先定义了一个构造函数 Employee,然后利用该构造函数创建了一个 employee 对象,随后通过 show()方法显示了 employee 对象的信息。

3. 利用内部对象 Object 创建对象

Object 对象是 JavaScript 中的内部对象,它提供了对象的最基本的功能,构成了所有其他对象的基础。使用 Object 对象创建对象,不需要定义构造函数。对象创建好后,可在程序运行时为对象随意添加属性。创建 Object 对象的语法形式如下。

```
var obj=new Object([value]);
```

其中,obj 为新创建的对象的变量名,value 为可选的参数。如果不包含参数或者参数 value 的值是 null 或 undefined,将会创建一个空对象,否则将创建一个与给定值对应类型的对象。

【例 12-27】　利用 Object 对象创建一个职员对象 employee,设置编号(ID)、姓名(name)和性别(sex)三个属性,设置一个 show()方法,用于显示职员信息。

```
var employee=new Object();
employee.ID=1085;
employee.name="张小东";
```

```
employee.sex="男";
employee.show()=function() {
    document.write("编号:" +this.ID +"<br>");
    document.write("姓名:" +this.name +"<br>");
    document.write("性别:" +this.sex);
};
employee.show();
```

12.6.3 JavaScript 常用内部对象

JavaScript 将一些常用的功能预先定义成对象,提供给用户直接使用,称为内部对象。内部对象可以帮助用户实现一些最常用最基本的功能。下面对这些常用的内部对象做一些简单介绍。

1. Array 对象

Array 对象也称为数组对象,用于保存一组相同或不同数据类型的数据。数组在内存空间中是连续存放的,每一个数组元素都有一个索引,也称为下标。索引是从 0 开始的整数,标识数组元素在整个数组中的位置。JavaScript 是一种弱类型语言,所以同一个数组中的元素类型可以不一致,但在编程中,还是应当尽量保证数组元素类型一致。

(1) Array 对象的创建。

创建 Array 对象的语法形式有如下几种。

① var a1 = new Array();

创建了一个空数组,数组的长度 length 为 0。在使用时,可以先创建空数组,再向其中添加数组元素,例如:

```
a1[0]="数据结构";
a1[1]="操作系统";
a1[2]="计算机网络";
```

② var a2= new Array(size);

在创建数组的同时指定了数组的长度为 size,但此时并没有为数组元素赋值,所有的元素值都是 undefined。在使用数组时,再向其中添加数组元素,例如:

```
var a2=new Array(3);
a2[0]="数据结构";
a2[1]="操作系统";
a2[2]="计算机网络";
```

③ var a3 = new Array(e1, e2, e3, …, en);

在创建数组的同时给出了数组元素的值,分别为 e1, e2, e3, …, en,例如:

```
var a3=new Array("数据结构", "操作系统", "计算机网络");
```

④ var a4 = [e1, e2, e3, …, en];

与第③种形式类似,在创建数组的同时给出了数组元素的值,分别为 e1,e2,e3,…,en,不同之处是没有使用构造函数,例如:

```
var a4 =["数据结构", "操作系统", "计算机网络"];
```

(2) Array 对象的属性。

① length 属性

length 属性表明了 Array 对象中元素的个数,也称为数组的长度。length 属性的值是数组元素的最大下标加 1。要获取数组对象的长度,代码如下。

```
var arr=new Array(9, 1, 5, 1, 2);
var len=arr.length;
document.write(len);      //输出数组 arr 的长度 5
```

用 new Array()创建的数组,不包含任何元素,其 length 属性为 0。如果为某数组设置了一个比其当前长度值小的 length 值,就会截断数组,该 length 值后面的元素会被删除。所以,有时也可以用这种方法来删除数组中后面的几个元素。

② prototype 属性

prototype 属性用于为 Array 对象增加自定义的属性和方法,其语法形式如下。

```
Array.prototype.name=value;
```

其中,name 为要增加的属性或方法名,value 为要增加的属性值或方法的函数。

以下是 Array 对象的 prototype 属性的用法示例。

【例 12-28】 Array 对象的 prototype 属性的用法示例。为 Array 对象增加 time 属性和 sum()方法。

```
Array.prototype.ver=null;
Array.prototype.sum=function(){
  var i, s=0;
  for(i=0; i<this.length; i++)
    s +=this[i];
  return s;
}
var arr=new Array(1, 2, 3, 4, 5, 6, 7, 8);
arr.ver=1001;
document.write("数组:" +arr);
document.write("<br>版本:" +arr.ver);
document.write("<br>长度:" +arr.length);
document.write("<br>总和:" +arr.sum());
```

上述示例为 Array 对象增加了属性 ver 和方法 sum(),ver 属性记录数组的修订号,sum()方法计算数据中全部元素的总和。然后定义了一个数组对象 arr,设置 arr 的 ver 属性值为 1001,最后输出显示了 arr 的信息,其运行效果如图 12-7 所示。

图 12-7　Array 对象的 prototype 属性用法运行效果

（3）Array 对象的常用方法。

Array 对象的常用方法如表 12-8 所示。

表 12-8　**Array 对象的常用方法**

方　　法	说　　明
concat()	连接两个或两个以上的数组,返回结果
join()	把数组的所有元素放入一个字符串,元素通过指定的分隔符分隔
pop()	删除并返回数组的最后一个元素
push()	向数组的末尾添加一个或多个元素,返回新的长度
reverse()	颠倒数组中元素的顺序
shift()	删除并返回数组的第一个元素
slice()	从某个已有的数组返回选定的元素
sort()	对数组的元素进行排序
splice()	删除元素,并向数组添加新元素
toLocaleString()	把数组转换为本地字符串,返回结果
toString()	把数组转换为字符串,返回结果
unshift()	向数组的开头添加一个或多个元素,返回新的长度
valueOf()	返回数组对象的原始值

以下是 Array 对象的常用方法用法示例。

【例 12-29】　Array 对象的常用方法用法示例。

```
var arr=new Array("America","Canada","Sweden","Egypt","Jordan");
document.write("最初的数组: "+arr);
var a=new Array("Iraq","Spain","France");
arr=arr.concat(a);
document.write("<br>连接另一个数组后: "+arr);
arr.push("Korea");
document.write("<br>末尾添加一个元素后: "+arr);
var del=arr.pop();
document.write("<br>末尾删除的元素是: "+del);
```

```
document.write("<br>末尾删除一个元素后: " +arr);
arr.shift();
document.write("<br>删除第一个元素后: " +arr);
arr.splice(1,2);
document.write("<br>删除从下标 1 开始的 2 个元素后: " +arr);
arr.sort();
document.write("<br>排序后: " +arr);
arr.reverse();
document.write("<br>反转后: " +arr);
var b=arr.slice(1,2);
document.write("<br>截取下标为 1、2 的元素: " +b);
document.write("<br>连字符连接后: " +arr.join("-"));
```

上述示例展示了 Array 对象常用方法的用法,其运行效果如图 12-8 所示。

图 12-8　Array 对象常用方法运行效果

2. Date 对象

Date 对象用于处理有关日期和时间的功能,如显示时钟,获取系统时间,计算星期值等。Date 对象提供了使用日期和时间的共用方法集合,用户可以利用 Date 对象获取系统中的日期和时间并加以利用。

(1) Date 对象的创建。

创建 Date 对象的语法形式有如下几种。

① var d1 = new Date();

创建日期为当前系统时间的 Date 对象。

② var d2 = new Date("2019-01-25");

创建日期为 2019-01-25 的 Date 对象。

③ var d3 = new Date(2019,1,25);

创建 Date 对象,分别通过参数指定年、月、日。

④ var d4 = new Date(year,month,date[,hours[,minutes[,seconds[,ms]]]]);

创建 Date 对象,分别通过参数指定年、月、日、时、分、秒、毫秒。

⑤ var d5 = new Date(ms)；

创建 Date 对象，通过参数 ms 指定从 1970 年 1 月 1 日 0 时 0 分 0 秒经过的毫秒数。

（2）Date 对象的常用方法。

Date 对象的常用方法如表 12-9 所示。

表 12-9　Date 对象的常用方法

方　　法	说　　明
getDate()	返回 Date 对象中用本地时间表示的一个月中的日期值（1～31）
getDay()	返回 Date 对象中用本地时间表示的一周中的星期值（0～6）
getFullYear()	返回 Date 对象中用本地时间表示的年份值（4 位数字）
getHours()	返回 Date 对象中用本地时间表示的小时值（0～23）
getMilliseconds()	返回 Date 对象中用本地时间表示的毫秒值（0～999）
getMinutes()	返回 Date 对象中用本地时间表示的分钟值（0～59）
getMonth()	返回 Date 对象中用本地时间表示的月份值（0～11）
getSeconds()	返回 Date 对象中用本地时间表示的秒钟值（0～59）
getTime()	返回 Date 对象从 1970 年 1 月 1 日至今的毫秒数
getYear()	返回 Date 对象中用本地时间表示的年份值，建议使用 getFullYear()
setDate()	设置 Date 对象中用本地时间表示的数字日期（1～31）
setFullYear()	设置 Date 对象中用本地时间表示的年份值（4 位数字）
setHours()	设置 Date 对象中用本地时间表示的小时值（0～23）
setMilliseconds()	设置 Date 对象中用本地时间表示的毫秒值（0～999）
setMinutes()	设置 Date 对象中用本地时间表示的分钟值（0～59）
setMonth()	设置 Date 对象中用本地时间表示的月份值（0～11）
setSeconds()	设置 Date 对象中用本地时间表示的秒钟值（0～59）
setTime()	设置 Date 对象从 1970 年 1 月 1 日至今的毫秒数
setYear()	设置 Date 对象中的年份值
toString()	返回对象的字符串表示
valueOf()	返回指定对象的原始值

以下是 Date 对象的常用方法用法示例。

【例 12-30】 Date 对象的常用方法用法示例。

```
var now, year, month, date, hour, minute, second, day, time;
now=new Date();
year=now.getFullYear();
month=now.getMonth() +1;
date=now.getDate();
```

```
hour=now.getHours();
minute=now.getMinutes();
second=now.getSeconds();
if(month<10) month="0"+month;
if(date<10) date="0"+date;
if(hour<10) hour="0"+hour;
if(minute<10) minute="0"+minute;
if(second<10) second="0"+second;
day=now.getDay();
switch(day) {
  case 0: day="星期日"; break;
  case 1: day="星期一"; break;
  case 2: day="星期二"; break;
  case 3: day="星期三"; break;
  case 4: day="星期四"; break;
  case 5: day="星期五"; break;
  case 6: day="星期六"; break;
}
time=year+"年"+month+"月"+date+"日"+day;
time=time+""+hour+":"+minute+":"+second;
document.write(time);
```

图 12-9　Date 对象常用
方法运行效果

上述示例展示了 Date 对象常用方法的用法。其运行效果如图 12-9 所示。

3. Math 对象

程序中除了简单的四则运算外,还经常要用到复杂的数学函数,如三角函数、平方根运算等。这些运算可使用 Math 对象来处理。Math 对象的属性包含一些常用的数学常数,如欧拉常数、圆周率等。Math 对象是 JavaScript 中的一个全局对象,不需要由用户创建。

（1）Math 对象的属性。

Math 对象的属性是数学中常用的常量,如表 12-10 所示。

表 12-10　Math 对象的常用属性

属　　性	说　　明
E	欧拉常量,2.718 281 828 459 045
LN10	10 的自然对数,2.302 585 099 404 6
LN10E	以 10 为底数的 e 的对数,0.434 294 481 903 251 8
LN2	2 的自然对数,0.693 147 180 559 945 3
LN2E	以 2 为底数的 e 的对数,1.442 695 040 888 963 3
PI	圆周率常数,3.141 592 653 589 793

属　　　性	说　　　明
SQRT1_2	0.5 的平方根,0.707 106 781 186 547 6
SQRT2	2 的平方根,1.414 213 562 373 095 1

例如,在计算一个圆的面积时,圆周率就可以使用 Math.PI。

(2) Math 对象的方法。

Math 对象的常用方法如表 12-11 所示。

表 12-11　Math 对象的常用方法

方　　　法	说　　　明
abs()	返回数值的绝对值
acos()	返回数值的反余弦值
asin()	返回数值的反正弦值
atan()	返回数值的反正切值
atan2()	返回由 X 轴到点(x,y)的角度,以弧度为单位
ceil()	返回不小于数字参数的最小整数
cos()	返回数值的余弦值
exp()	返回 e 的幂值
floor()	返回不大于数字参数的最大整数
log()	返回数值的自然对数
max()	返回参数列表中数值的最大值
min()	返回参数列表中数值的最小值
pow()	返回 x 的 y 次幂值
random()	返回 0~1 的伪随机数
round()	返回与参数最接近的整数
sin()	返回数值的正弦值
sqrt()	返回数值的平方根
tan()	返回数值的正切值

以下是 Math 对象的常用方法用法示例。使用 Math 对象的 random()方法和 floor()方法生成一个 8 位的随机整数。

【例 12-31】　Math 对象的常用方法用法示例。

```
var rand, digit=8, i, result="";
for(i=0; i<digit; i++) {
  result=result +Math.floor(Math.random() * 10);
```

```
}
document.write("生成" + digit + "位随机数： " + result);
```

上述示例展示了 Math 对象的 random()方法和 floor()方法的用法。其运行效果如图 12-10 所示。

图 12-10　Math 对象常用
方法运行效果

4. Number 对象

Number 是用来处理数字类型对象的。Number 对象具有用于格式化数值的各种功能，可以用于表达诸如最大值、最小值、无穷大或无限等值的属性和方法。

（1）Number 对象的创建。

Number 对象是对原始数值的包装，使用该对象可以将数字作为对象直接进行访问。创建 Number 对象的语法形式如下。

```
var num=new Number([value]);
```

其中，num 是要创建的对象名，可选参数 value 是新对象的数字值。如果省略 value，则返回值为 0。例如创建一个对象，代码如下。

```
var num1=new Number();
var num2=new Number(100);
var num3=new Number(-8);
```

（2）Number 对象的属性。

Number 对象的常用属性如表 12-12 所示。

表 12-12　Number 对象的常用属性

属　　性	说　　明
MAX_VALUE	Number 对象的最大可能值
MIN_VALUE	Number 对象的最小可能值
NEGATIVE_INFINITY	Number 对象的负无穷大值
POSITIVE_INFINITY	Number 对象的正无穷大值

（3）Number 对象的方法。

Number 对象的常用方法如表 12-13 所示。

表 12-13　Number 对象的常用方法

方　　法	说　　明
toExponential()	利用科学记数法表示对象的值，然后将其转换成字符串
toFixed()	将对象四舍五入为指定小数位数的数字，然后将其转换成字符串
toLocaleString()	将对象转换为本地格式的字符串

续表

方　　法	说　　明
toPrecision()	将对象格式化为指定的长度
toString()	将对象转换成一个字符串
valueOf()	返回对象的基本数字值

5. String 对象

String 对象用于操纵和处理字符串,通过各种方法实现抽取子串、字符串连接、字符串分隔等字符串相关的操作。

(1) String 对象的创建。

String 对象是动态对象,用户可以使用构造函数显式创建 String 对象。其语法形式如下。

```
var str=new String([text]);
```

其中,str 是要创建的 String 对象名,text 是可选参数,是字符串文本。例如:

```
var s=new String("Hello, JavaScript.");
```

在 JavaScript 中,字符串和 String 对象间会自动转换,任何一个字符串常量都可以看成是一个 String 对象,可以按对象来使用,只要在字符变量的后面加“.”便可以直接调用 String 对象的属性和方法。

(2) String 对象的常用属性 length。

String 对象的 length 属性用于获得当前字符串的长度,也即字符串中的字符个数。空串的长度为 0,代码如下。

```
var str1=new String("Hello,JavaScript.");
document.write(str1.length);    //输出 18
var str2="Hello,JavaScript.";
document.write(str2.length);    //输出 18
```

(3) String 对象的常用方法。

String 对象提供了很多处理字符串的方法,可以对字符串进行查找、截取、连接、拆分、格式化等操作。String 对象的常用方法如表 12-14 所示。

表 12-14　String 对象的常用方法

方　　法	说　　明
charAt()	返回字符串中指定位置的字符
concat()	连接两个或多个字符串
indexOf()	返回某个子串在字符串中首次出现的位置
lastIndexOf()	返回某个子串在字符串中最后出现的位置

方　　法	说　　明
slice()	提取字符串的片断,在新字符串中返回被提取的部分
split()	把一个字符串分隔成字符串数组
substr()	从字符串的指定位置开始提取指定长度的子串
substring()	提取字符串中两个指定索引号之间的字符
toLowerCase()	把字符串中的字符转换为小写
toUpperCase()	把字符串中的字符转换为大写

以下是 String 对象的常用方法用法示例。

【例 12-32】　String 对象的常用方法用法示例。

```
var str=new String("Hello, JavaScript.");
var s1="Java", s2="Script";
var s3=new String("We love our motherland");
document.write("str.charAt(4): " +str.charAt(4));
document.write("<br>str.indexOf(\"a\"): " +str.indexOf("a"));
document.write("<br>str.indexOf(\"a\", 9): " +str.indexOf("a", 9));
document.write("<br>str.indexOf(\"b\"): " +str.indexOf("b"));
document.write("<br>str.lastIndexOf(\"a\"): " +str.lastIndexOf("a"));
document.write("<br>str.slice(7, 11): " +str.slice(7, 11));
document.write("<br>str.substr(11, 6): " +str.substr(11, 6));
document.write("<br>str.substring(0, 5): " +str.substring(0, 5));
document.write("<br>str.toLowerCase(): " +str.toLowerCase());
document.write("<br>s1.concat(s2): " +s1.concat(s2));
var arrStr=new Array();
arrStr=s3.split(" ");
document.write("<br>s3.split(\" \"): " +arrStr.join(","));
```

上述示例展示了 String 对象常用方法的用法,其运行效果如图 12-11 所示。

图 12-11　String 对象常用方法运行效果

12.7 JavaScript 的事件处理

JavaScript 的一个最基本的特征就是采用事件驱动的方式，使页面操作变得非常简单。事件（Event）提供了一种让浏览器响应用户操作的机制，可以让页面呈现出更丰富的交互式特征。

12.7.1 事件与事件处理

事件（Event）是一些可以通过脚本响应的页面动作。网页中的每个元素都可以产生某些事件。事件是在 HTML 页面中定义的，被附加到各种页面元素上，也可以被附加到 HTML 中。一个事件总是针对页面元素或标签而言的，如将鼠标指针移动到图片上、单击按钮、提交表单等，都会产生相关的事件。不同类型的浏览器可能支持的事件种类和数量是不一样的，通常高版本的浏览器会支持更多的事件。

绝大部分事件都是由用户引发的。事件往往与事件处理程序配套使用。事件处理是预先编好的脚本代码，它总会与页面中的某个元素的特定的事件相关联，当事件产生时，事件处理程序会做出响应。事件处理使得程序的逻辑结构更清晰，更具有灵活性。

事件处理的过程分为三个步骤：①发生事件；②触发相应的事件处理程序；③事件处理程序做出响应。所以，在进行事件编程时，要把握三个要点：①确定事件源，设置页面中响应事件的元素。在一个页面中，并非所有的元素都会去响应事件。②确定页面元素响应事件的类型，同一个元素可以响应多个事件。③确定响应事件的处理程序，可以是自定义函数，或者是一段 JavaScript 代码，也可以是内置对象的方法。

事件发生时，浏览器就会创建一个 Event 对象供该事件的事件处理程序使用，该对象包含事件类型、事件发生时光标的位置、键盘各个键的状态以及鼠标上各个按钮的状态等。

事件处理函数也叫事件句柄，是事件发生时要进行的操作。每一个事件都对应于一个事件句柄。将函数或脚本指定给一个事件的事件句柄后，当该事件发生时，浏览器就会执行指定的函数或脚本，从而实现用户操作与网页内容的交互。事件的命名原则是在事件名称前加上前缀 on，如 Click 事件的事件句柄为 onClick。

只要为事件句柄绑定具体的事件处理程序，就可以对相应的事件做出响应。为事件句柄指定事件处理程序，有以下两种方式。

（1）在页面的标签中指定事件处理程序，语法形式如下。

```
<标记 事件句柄 1="事件处理程序 1" [事件句柄 2="事件处理程序 2" [⋯]] >⋯</标记>
```

一个标签可以设置一个或多个事件句柄，并绑定事件处理程序。事件处理程序可以是 JavaScript 脚本、函数或内置对象的方法。如为 img 标签分别指定的单击和双击事件的处理程序代码如下。

```
<img src="reg.jpg" onclick="reg()" onDbClick="show()" alt="注册"></img>
```

（2）在运行时为页面元素指定事件处理程序，语法形式如下。

事件源对象.事件句柄=function() {…};

这种方式是在程序运行过程中，动态地为某一个网页元素对象指定事件处理程序。赋值号右侧是一个匿名函数，函数体内的代码即是事件处理程序。以下为动态指定事件处理程序的示例。

【例 12-33】　为页面元素动态指定事件处理程序。

```
<html>
  <head>
    <title>为页面元素动态指定事件处理程序示例</title>
  </head>
  <body>
    <form name="frm" method="post" action="">
      <input name="btn" type="button" id="btn" value="提交">
    </form>
    <script type="text/javascript">
      frm.btn.onclick=function() { alert("您已成功提交信息!"); };
    </script>
  </body>
</html>
```

上述示例中，在脚本代码中为表单按钮 btn 指定事件处理程序。在页面中，单击"提交"按钮后，弹出"您已成功提交信息！"字样的提示框。特别要注意，在 JavaScript 脚本中指定事件处理程序时，事件句柄名必须用小写，才能正确响应事件。上述示例的运行效果如图 12-12 所示。

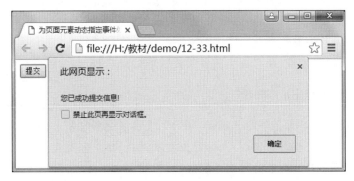

图 12-12　为页面元素动态指定事件处理程序示例运行效果

事件处理程序通常不需要返回值，浏览器会按默认方式进行处理。有些情况下又需要使用返回值来判断事件处理程序是否正确进行处理，或者通过这个返回值来决定是否进行下一步的操作。在这种情况下，事件处理程序的返回值是布尔型的值，如果为 false，则阻止浏览器的下一步操作；如果为 true，则进行默认的操作。

12.7.2　事件类型

大多数事件的命名是描述性的,很容易理解,如 Click、MouseMove 等。事件都是与页面标签相关,往往都是由用户操作页面元素时触发的。根据事件的来源及作用对象的不同,JavaScript 事件可分为以下几种不同的类型。

(1) 鼠标事件,是指用户使用鼠标操作网页元素时触发的事件。鼠标事件又分为两种,一种是追踪鼠标当前位置的事件,如 MouseOver、MouseOut 等;另一种是追踪鼠标被单击的事件,如 MouseUp、MouseDown、Click 等。常见的鼠标单击、双击、文本框选择、单选按钮、复选框按钮选中、移入或移出及在特定区域上盘旋都会触发鼠标事件。

(2) 键盘事件,是指用户在键盘上按键、输入时引发的事件。键盘事件负责追踪键盘的按键何时按下或释放以及在何种上下文中被按下或释放,如 KeyDown、KeyUp 和 KeyPress 等事件。

(3) UI 事件,用来追踪用户何时从页面的一部分转到另一部分,如获知用户何时在一个表单中输入,如 Focus、Blur 等事件。

(4) 表单事件,是指与表单及表单元素上的交互有关的事件。Submit 事件用来追踪表单何时被提交,Change 事件监视用户向元素的输入,Select 事件在<select>元素被更新时被触发。

(5) 窗口事件,是指当窗口发生变动或客户端与服务器端交互时触发的事件,如 Load、Unload 等事件。

12.7.3　表单事件

表单是 Web 应用中和用户交互的最常用的工具。表单可以接收不同类型的用户输入,然后再将数据发送至服务器端。JavaScript 脚本可以在数据发送之前进行有效性验证,并给用户正确的反馈,这样可以减轻服务器端的数据处理压力,也可以节约网络带宽,减少传输延时,提高传输效率。

表单的控件种类很多,在对表单的各类控件进行操作时,都会触发相应的事件。

1. Focus 事件和 Blur 事件

表单控件获得焦点时会触发 Focus 事件,失去焦点时会触发 Blur 事件。当光标进入文本框中时,文本框就获得了焦点,光标移出文本框时,文本框失去焦点。单击按钮时,按钮就获得了焦点,当单击表单的其他区域时,按钮就失去了焦点。

【例 12-34】 Focus 事件与 Blur 事件用法示例。

```
<html>
  <head>
    <title>Focus 事件与 Blur 事件示例</title>
    <style>#hello { color:red; } </style>
  </head>
  <body>
```

```
交通查询
<form method="post" name="frm">
  <span id="hello"></span><br/>
  出发站：<input type="text" size="15" name="txtChuFa" value="北京"
  onFocus="document.getElementById('hello').innerText='祝你一路顺风！'"
  onBlur="document.getElementById('hello').innerText=''"/><br/>
  到达站：<input type="text" size="15" name="txtDaoDa" value="香港"
  onFocus="document.getElementById('hello').innerText='香港欢迎你！'"
  onBlur="document.getElementById('hello').innerText=''"/><br/>
  <input value="机票查询" type="submit"/>
</form>
</body>
</html>
```

上述示例中，当"出发站"和"到达站"文本框获得焦点时，上方分别显示红色的"祝你一路顺风！"和"香港欢迎你！"字样，当它们失去焦点时，上方文字消失。运行效果如图 12-13 所示。

图 12-13　Focus 事件与 Blur 事件用法示例运行效果

2. Submit 事件和 Reset 事件

Submit 事件是用户在提交表单时单击提交按钮时被触发的事件，将表单中的数据提交至服务器端。该事件的处理程序通过返回 false 值来阻止表单的提交。Reset 事件与 Submit 事件的处理过程类似，在单击重置按钮时触发。该事件只是将表单中的各元素值设置为原始值，它能够清空表单中的所有内容。

【例 12-35】　Submit 事件用法示例（部分代码）。

```
<form name="testform" method="post"
action="" onSubmit="alert('Hello ' +testform.fname.value +'!')">
  请输入名字<br/>
  <input type="text" size="6" name="fname"/><br/>
  <input type="submit" value="提交"/>
</form>
```

上述示例中，在文本框中输入名字"王小东"，单击"提交"按钮后，显示"Hello 王小东！"信息框。运行效果如图 12-14 所示。

图 12-14　Submit 事件用法示例运行效果

3. Select 事件

Select 事件是指当文本框或多行文本框中的内容被选中时所触发的事件。

【例 12-36】　Select 事件用法示例（部分代码）。

```
<span id="tip"></span><br/>
<form name="frm" method="post" action="">
  <input value="Web前端开发技术" size="20" type="text"
    onSelect="document.getElementById('tip').innerText='选择成功!';"
    onBlur="document.getElementById('tip').innerText='';"/>
  <input type="button" value="搜索"/>
</form>
```

上述示例中，当在文本框中选择文字时，上方会出现"选择成功!"提示字样。运行效果如图 12-15 所示。

4. Change 事件

当文本框或多行文本框中的值发生改变且失去焦点时会触发 Change 事件，下拉列表框中的选项改变后也会触发 Change 事件。

图 12-15　Select 事件用法
示例运行效果

【例 12-37】　Change 事件用法示例（部分代码）。

```
<form name="frm" action="" method="post">
  第 < select id =" item " onChange =" frm. poem. value = this. options [this.
selectedIndex].value">
    <option value="轻轻地你走了">1</option>
    <option value="正如你轻轻地来">2</option>
    <option value="你挥一挥衣袖">3</option>
    <option value="不带走一片云彩">4</option>
  </select>句:<input id="sel" name="poem" type="text" size="15"/>
</form>
```

上述示例中，当在下拉列表框中选择某一选项时，右侧的文本框会出现对应的诗句。运行效果如图 12-16 所示。

图 12-16　Change 事件用法
示例运行效果

12.7.4　鼠标事件

鼠标操作是在页面中使用比较频繁的动作。利用鼠标事件可以捕捉和响应页面操作中的鼠标移动、单击、双击、滑过等动作。

1. Click 事件和 DbClick 事件

Click 事件是常用事件之一，当用户单击鼠标按键时可产生 Click 事件，同时 Click 事件指定的事件处理程序或代码将被调用执行。单击是指完成按下鼠标按键并释放这一个完整的过程后产生的事件。DbClick 事件则是在用户双击鼠标按键时触发产生的。

【例 12-38】　Click 事件用法示例（部分代码）。

```
<body>
  <input type="button" value="打印本页" onClick="javascript:window.print
()"/><br/>
  白日依山尽,黄河入海流。<br/>欲穷千里目,更上一层楼。
</body>
```

上述示例中，当单击页面中的"打印本页"按钮时，触发 Click 事件，会运行脚本"javascript：window. print()"，从而打印本窗口的内容。

2. MouseOver 事件和 MouseOut 事件

MouseOver 事件在鼠标移动到页面元素上方时触发，而 MouseOut 事件在鼠标移出页面元素上方时触发。

【例 12-39】　MouseOver 事件和 MouseOut 事件用法示例（部分代码）。

```
<div onMouseOver="this.style.backgroundColor='#FFAAD3'"
  onMouseOut="this.style.backgroundColor='#B8FF71'">
  向晚意不适,<br/>
  驱车登古原。<br/>
  夕阳无限好,<br/>
  只是近黄昏。
</div>
```

上述示例中，当鼠标移入 div 时，其背景转换为一种颜色，当鼠标移出 div 时，其背景又转换为另一种颜色。

12.7.5　键盘事件

键盘事件主要有 KeyPress 事件、KeyDown 事件和 KeyUp 事件。KeyPress 事件在

键盘上的某键被按下并释放时触发,一般用于键盘上的单键操作。KeyDown 事件在键盘上的某个键被按下时触发,KeyUp 事件在键盘上的某个键被按下后松开时触发。后两个事件一般用于组合键的操作。

【例 12-40】 KeyPress 事件用法示例。

```html
<html>
  <head>
    <title>KeyPress 事件用法示例</title>
    <style>span{ color : red;} </style>
    <script type="text/javascript">
      function check(e) {
        var key=window.event ? e.keyCode : e.which;
        var tip=document.getElementById("tip");
        if(key >=48 && key <=57){
          tip.innerText="";
          return true;
        }
        tip.innerText="只能输入数字!";
        return false;
      }
    </script>
  </head>
  <body>
    <form name="frm" method="post" action="">
      学号:<input type="text" size="10" onKeyPress="return check(event)"/>
      <span id="tip"></span><br/>
      姓名:<input type="text" size="10"/><br/>
      <input type="submit" name="提交"/>
    </form>
  </body>
</html>
```

上述示例中,定义了 check() 函数,用于检测按键值。当按下 0~9 的数字键时,清空提示信息,并返回 true;按下其他键时,显示提示信息"只能输入数字!",返回 false。在"学号"文本框中指定 KeyPress 事件处理程序为"return check(event)",来响应按键,使"学号"框中只能输入数字。check()函数中的"var key = window. event ? e. keyCode : e. which;"一句是为了兼容不同类型的浏览器。IE浏览器用 event. keyCode 获取当前按键值,而NetScape、Firefox、Opera 则是用 event. which 获取当前按键值。示例运行效果如图 12-17 所示。

图 12-17　KeyPress 事件用法示例运行效果

12.7.6　窗口事件

窗口事件是指浏览器在加载或卸载页面、改变浏览器大小、位置及页面滚动条操作时触发的事件。Load 事件在页面加载完毕后触发,可以在事件处理程序中完成对页面字体、背景等的设置。UnLoad 事件在卸载页面时触发,常被用在关闭当前页或跳转至其他页时的一些处理中。在 HTML4.01 中,只规定了 body 和 frameset 拥有 Load 和 UnLoad 事件,但大多数浏览器都支持 img 和 object 的 Load 事件。以 body 为例,Load 事件是指整个文档在浏览器窗口中加载完毕后所触发的事件。

【例 12-41】　Load 事件用法示例。

```html
<html>
  <head>
    <title>Load事件用法示例</title>
    <script type="text/javascript">
      function welcome() { alert("欢迎访问本网!"); }
    </script>
  </head>
  <body onLoad="welcome()">
    欢迎访问本网!
  </body>
</html>
```

上述示例中,定义了 welcome() 函数显示欢迎信息。为 body 元素设置 Load 事件处理程序,加载页面时会显示欢迎信息。

12.8　文档对象模型与浏览器对象

文档对象模型(Document Object Model,DOM)是 W3C 推荐的处理可扩展标志语言的标准编程接口。在网页上,文档的对象被组织在一个树形结构中,用来表示文档中对象的标准模型就称为 DOM。DOM 以一种独立于平台和语言的方式访问和修改一个文档的内容和结构,是表示和处理一个 HTML 或 XML 文档的常用方法。DOM 技术使得用户页面可以动态地变化,如动态地显示、隐藏或增加一个网页元素,改变网页元素的属性等,DOM 技术使得页面的交互性大大地增强了。

12.8.1　DOM 节点树和节点

HTML DOM 定义了访问和操作 HTML 文档的标准方法。DOM 采用分层的树状结构来表示文档,文档中的所有内容都以树节点的形式呈现。整个 HTML 文档就是一棵树,<html>标记是树的根节点,<head>和<body>是<html>的子节点。HTML文档中的每一个标记(对象)都对应于 DOM 中的一个节点(Node)。这种表达页面标记关系的树状结构称为 DOM 节点树。如下所示的 HTML 文档对应的 DOM 节点树如图 12-18 所示。

```
<html>
  <head>
    <title>文档标题</title>
  </head>
  <body>
    <a href="">我的链接</a>
    <h1>我的标题</h1>
  </body>
</html>
```

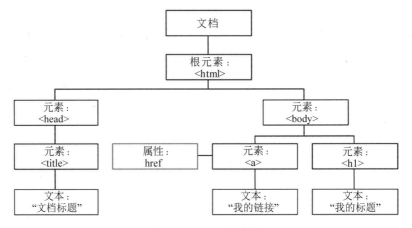

图 12-18　DOM 节点树

在 DOM 中,每个节点都是一个对象。DOM 节点有三个重要的属性:节点名称 nodeName、节点类型 nodeType 和节点的值 nodeValue。DOM 中的节点类型如表 12-15 所示。

表 12-15　DOM 节点类型

节 点 类 型	nodeType	nodeName 节点名	nodeValue
元素节点	1	标记名	undefined 或 null
属性节点	2	属性名	属性值
文本节点	3	#text	文本内容
注释节点	8	#comment	
文档节点	9	#document	
文档类型节点	10	DOCTYPE	

(1) 元素节点(Element Node):HTML 文档中的所有标记都是元素节点,它是构成 DOM 的基础,组成 DOM 的语义逻辑结构。元素节点可以互相包含,HTML 元素不能被其他元素包含,它是 DOM 树的根节点,代表了整个文档。

(2) 文本节点(Text Node):是包含在元素节点中的内容部分,如 p 标签中的文本。

（3）属性节点（Attribute Node）：表示了元素节点的属性，对元素做出具体的描述。如 a 标签的 href 属性，img 标签的 src 属性等。属性节点总是包含在元素节点中。

（4）注释节点（Comment Node）：是文档中的注释所形成的节点。

（5）文档节点（Document Node）：表示当前的文档。

（6）文档类型节点（Document Type Node）：表示文档的 DTD 规范。

其中前 3 类节点在文档操作中经常会用到。

12.8.2　DOM 节点的访问

在进行 DOM 操作之前，要先得到 DOM 的节点。可以通过 document 对象的方法来访问节点，也可以通过节点在 DOM 树上的相互关系来访问节点。

1. 通过 getElementById(id)方法访问节点

使用 document 对象的 getElementById()方法可以按元素的 id 属性访问元素，如获取 id 属性值为"user"的元素，其代码如下。

```
var node=document.getElementById("user");
```

上述用法中，方法的返回值是被访问元素的引用，提供的参数是一个字符串，表示被访问元素的 id 属性值。如果页面中有两个及以上相同 id 值的元素，则该方法只返回符合条件的第一个元素，如果没有匹配的元素，则返回 null。

2. 通过 getElementsByName(name)方法访问节点

使用 document 对象的 getElementsByName()方法可以按元素的 name 属性访问元素，如获取 name 属性值为"info"的元素，其代码如下。

```
var nodes=document.getElementsByName("info");
var txt=nodes[0].innerText;
```

上述用法中，提供给方法的参数是表示被访问元素的 name 属性值的字符串。方法返回的结果是一个包含对应 name 属性值的对象数组。所以，这种方法也用来访问具有相同 name 属性的一组元素。如果要访问结果中的一个元素，可以通过数组下标来标识。如果没有符合条件的元素，则返回的数组的长度为 0。在程序中可以通过数组的长度值来判断是否找到了匹配的元素。上述代码也可以写成如下形式。

```
var txt=document.getElementsByName("info")[0].innerText;
```

3. 通过 getElementsByTagName(tagName)方法访问节点

getElementsByTagName（tagName）方法的用法与前述的 getElementsByName(name)方法类似，不同处是提供的参数是被访问元素的标记名。如获取 input 标记的元素，其代码如下。

```
var nodes=document.getElementsByTagName("input");
```

4. 通过 getElementsByClassName(className)方法访问节点

getElementsByClassName(className)方法的用法与前述的 getElementsByName(name)方法类似,不同处是提供的参数是被访问元素的 class 属性值。需要注意的是本方法在 IE9.0 之前的版本不支持。如获取 class 属性值为"little"的元素,其代码如下。

```
var nodes=document.getElementsByClassName("little");
```

5. 通过页面中的 form 元素访问节点

如果要访问页面中的 form 对象,除了上述方法之外,还可以通过 document 对象的 forms 属性来访问。forms 属性中是包含所有 form 的数组,可以从该数组中查找要访问的 form 对象,也可再通过该 form 的 elements 属性或 name 属性再次访问 form 所包含的其他元素。代码如下。

```
var myForms=document.forms;        //通过 forms 属性得到文档中的 form 数组 myForms
var node1=myForms[0];              //得到数组中的第 1 个 form
var node2=myForms[1].elements[0];  //得到数组中的第 2 个 form 的第 1 个元素
var node3=myForms[2].ipt;          //得到数组中的第 3 个 form 中名为 ipt 的元素
var node4=document.regForm;        //得到文档中名为 regForm 的表单
```

6. 通过使用节点导航属性访问节点

可以在 DOM 节点树中使用节点的导航属性,来达到访问特定节点的目的。这些属性包括 parentNode、childNodes、firstChild、lastChild、previousSibling 和 nextSibling 等。DOM 中节点的导航属性如表 12-16 所示。

表 12-16　DOM 中节点的导航属性

属　　性	说　　明
parentNode	返回当前节点的父节点
childNodes	返回当前节点的所有子节点列表(数组)
firstChild	返回当前节点的第一个子节点
lastChild	返回当前节点的最后一个子节点
previousSibling	返回当前节点的前一个兄弟节点
nextSibling	返回当前节点的后一个兄弟节点

【例 12-42】 DOM 节点导航属性用法示例(部分代码)。

```
<div>
  <span>Tianjin</span>
  <span>Wuhan</span>
  <span>Hohhot</span>
```

```
    </div>
    <script type="text/javascript">
      var node=document.getElementsByTagName("div");
      var child=node[0].firstChild;
      while(child!=null) {
        document.write(child.innerText +",");
        child=child.nextSibling;
      }
    </script>
```

上述示例中,页面中有 div 元素,脚本代码首先取得 div 元素以及它的第一个子节点 child,再通过循环依次输出第一个子节点及其所有兄弟节点中的文本。在 Firefox、Chrome、Opera、Safari 等浏览器中,节点间的空白符也是文本节点,所以在输出时会看到 "undefined" 的内容。示例代码运行效果如图 12-19 所示。

图 12-19　DOM 节点导航属性用法示例运行效果

12.8.3　DOM 节点的操作

DOM 将网页中的元素组织为一个树形模型,页面中的任何元素都与这个 DOM 树中唯一的一个节点相对应,使用 DOM 树可以方便地将页面中的任意一个元素或内容检索出来。因而 DOM 在前端设计中应用非常广泛,使开发人员可以方便地动态修改页面的内容和呈现方式。针对 DOM 节点的操作包括节点的创建、添加、删除、插入、获取和修改属性等。DOM 节点操作的常用方法如表 12-17 所示。

表 12-17　DOM 节点操作的常用方法

方　法　名	说　　　明
appendChild(node)	为节点添加一个名为 node 的子节点
cloneNode(boolean)	克隆一个节点,参数 boolean 为 true 时,表示带所有子节点的深度复制,否则为不带子节点的简单复制
createAttribute()	创建属性节点
createComment(text)	创建注释节点
createDocumentFragment()	创建文档片段
createElement(name)	创建标记名为 name 的节点
createTextNode(text)	创建包含文本 text 的文本节点

续表

方 法 名	说 明
getAttribute(name)	获取节点的名为 name 的属性的值
insertBefore(nodeB,nodeA)	在 nodeA 之间插入一个 nodeB 的节点
replaceChild(nodeB,nodeA)	用一个名为 nodeB 的子节点替换名为 nodeA 的节点
removeChild(node)	删除一个名为 node 的子节点
setAttribute(name,value)	设置节点名为 name 的属性的值为 value

以下为 DOM 节点操作的示例。

【例 12-43】 为页面元素动态指定事件处理程序。

```html
<html>
  <head>
    <title>DOM 节点操作示例</title>
    <script type="text/javascript">
      function create(para) {
        var node=document.createElement("li");
        var txt=document.createTextNode(para);
        var p=document.getElementById("dest");
        node.setAttribute("id", "id" +p.childNodes.length);
        node.appendChild(txt);
        p.appendChild(node);
      }
      function insert(para1, para2) {
        var node=document.createElement("li");
        var txt=document.createTextNode(para1);
        var pos=parseInt(para2);
        var p=document.getElementsByTagName("li")[pos-1];
        node.setAttribute("id", "id" +p.parentNode.childNodes.length);
        node.appendChild(txt);
        p.parentNode.insertBefore(node, p);
      }
      function erase(para) {
        var pos=parseInt(para);
        var p=document.getElementById("dest");
        if(p.childNodes.length>=pos)
          p.removeChild(p.childNodes[pos-1]);
      }
      function replace(para1, para2) {
        var pos=parseInt(para2);
        var p=document.getElementById("dest");
```

```
        if(p.childNodes.length>=pos) {
            var node=document.createElement("li");
            var txt=document.createTextNode(para1);
            node.appendChild(txt);
            node.setAttribute("id", "id" +p.childNodes.length);
            p.replaceChild(node, p.childNodes[pos-1]);
        }
    }
    function copy(para) {
        var nsrc=document.getElementById("dest");
        var ndst=nsrc.cloneNode(para);
        var dst=document.getElementById("area");
        dst.appendChild(ndst);
    }
    </script>
  </head>
  <body>
    <form name="f" method="post" action="">
      <div id="area">
        <ul type="circle" id="dest"></ul>
      </div>
      参数 1:<input type="text" name="p1" size="8"/><br/>
      参数 2:<input type="text" name="p2" size="8"/><br/>
      <input type="button" value="创建节点" onClick="create(f.p1.value)"/>
      <input type="button" value="插入节点" onClick="insert(f.p1.value,
f.p2.value)"/>
      <input type="button" value="删除节点" onClick="erase(f.p1.value)"/>
<br/>
      <input type="button" value="替换节点" onClick="replace(f.p1.value,
f.p2.value)"/>
      <input type="button" value="复制节点" onClick="copy(false)"/>
      <input type="button" value="深度复制" onClick="copy(true)"/>
    </form>
  </body>
</html>
```

　　上述示例中,在脚本中定义了 5 个函数 create()、insert()、erase()、replace()和 copy(),分别用于创建节点、插入节点、删除节点、替换节点和复制节点。示例代码运行效果如图 12-20 所示。其中,左上图为创建 3 个节点后的效果,中上图为在第 2 个节点前插入一个节点的效果,右上图为删除第 3 个节点后的效果,左下图为将第 3 个节点替换为新节点后的效果,中下图为普通复制后的效果,右下图为深度复制后的效果。普通复制只会复制当前节点,不会复制其子节点,所以中下图中并未表现出复制后的 ul 元素。

图 12-20　DOM 节点操作示例运行效果

12.8.4　浏览器对象

我们在使用 JavaScript 与页面交互的过程中，与浏览器相关的内容都来自于浏览器对象。这些浏览器对象被按照树状结构组织起来，通常被称为浏览器对象模型（Browser Object Model，BOM）。BOM 提供了独立于内容的，可以与浏览器窗口进行互动的对象结构。

浏览器对象模型的具体实例化对象就是 window 对象，它是 BOM 中的核心对象，有很多属性和方法。window 对象在 BOM 结构中处于顶层，它表示浏览器的一个实例，是一个全局对象，页面中的任何对象都包含在这个 window 对象里面。在 BOM 结构中，window 对象下面除了包含前面介绍的 document 对象外，还包含 history、location、navigator、screen 及 frame 对象，这些对象都有自己的属性和方法，通过这些属性和方法可以控制页面的呈现方式与访问过程。

1. window 对象

window 对象是 BOM 中的顶层对象。window 对象代表了浏览器中打开的窗口或一个框架。window 对象是全局对象，所有定义在全局作用域中的变量、函数都会变成 window 对象的属性和方法，在调用的时候可以省略 window。window 对象指向当前活动窗口，其中包括许多属性、方法和事件驱动程序。window 对象的常用方法如表 12-18

所示。

表 12-18　window 对象的常用方法

方　　法	说　　明
alert(txt)	弹出式窗口,txt 为窗口显示的文字
back()	页面的后退
close()	关闭一个窗口
confirm(txt)	弹出式确认窗口,txt 为窗口显示的文字
forward()	页面前进
home()	返回主页
moveBy(xoff,yoff)	将窗口移到指定的位移
moveTo(x,y)	将窗口移动到指定的坐标
open(url,name,paralist)	创建一个新窗口
print()	打印网页
prompt(txt,dftxt)	弹出式提示框,txt 为窗口显示的文字,dftxt 为默认输入文字
resizeBy(xoff,yoff)	按给定的位移量重新设置窗口的大小
resizeTo(x,y)	将窗口设定为指定的大小
setInterval(code,it)	按照指定的周期 it(毫秒值)来调用函数或执行代码 code
setTimeout(code,del)	在指定的时延 del(毫秒值)后调用函数或执行代码 code
stop()	停止加载网页

【例 12-44】　window 对象常用方法用法示例。

```
<html>
  <head>
    <title>window 对象方法示例</title>
    <script type="text/javascript">
      function showWinWH(){
        alert("Window size : " +window.innerWidth +" * " +window.innerHeight);
      }
    </script>
  </head>
  <body>
    <form name="frm" method="post" action="">
      <input type="button" value="显示窗口大小" onClick="showWinWH()"/>
      <input type="button" value="访问百度"
        onClick="window.open('http://www.baidu.com')"/>
```

```
    </form>
  </body>
</html>
```

2. location 对象

location 对象是 JavaScript 中的一种默认对象，它表示当前加载文档的 URL。它可以访问当前文档 URL 的各个不同部分。URL 的一般构成如下：

协议//主机:端口/路径(#)哈希标识符?搜索条件

location 对象是窗口对象的一个属性，如果修改了窗口中的 location 对象，浏览器会载入修改后的 URL 所指示的文档。location 对象的常用属性如表 12-19 所示。

表 12-19　location 对象的常用属性

属　　性	说　　明
hash	返回 URL 中#以及以后的内容
host	返回 URL 中主机名和端口号
hostname	返回 URL 中的主机（域名）
href	返回整个 URL，即返回在浏览器的地址栏上显示的内容
pathname	返回 URL 中的路径名
post	返回 URL 中的端口号，一般 http 的端口号是 80
protocol	返回 URL 中的协议，取值为 http：、https：、file：等
search	返回 URL 中"?"以及以后的内容

location 对象的常用方法如表 12-20 所示。

表 12-20　location 对象的常用方法

方　　法	说　　明
assign()	加载新的文档
reload()	重新加载当前文档
replace()	用新的文档替换当前文档

【例 12-45】 location 对象用法示例（部分代码）。

```
<input type="button" value="显示当前 URL" onClick="this.value=window.
location"/>
<input type="button" value="加载新文档"
  onClick="location.replace('http://www.cctv.com')"/>
```

3. history 对象

history 对象表示浏览器的浏览历史。history 对象是一个数组，其元素存放了浏览历史中的 URL，维护了浏览器当前会话内曾经打开的历史文件列表。history 最主要的属性就是 length，用于设定历史的项目数，也就是 JavaScript 历史中用浏览器的"前进""后退"按钮可以到达的范围。history 对象有 3 个方法，主要用于检查客户端浏览器窗口的历史列表中访问过的网页个数，还可以实现从一个页面跳到另一个页面。history 对象的 3 个方法如表 12-21 所示。

表 12-21　history 对象的常用方法

方　　法	说　　明
back()	加载 history 列表中的前一个 URL
forward()	加载 history 列表中的后一个 URL
go(num|URL)	加载 history 列表中的某个 URL，num 指出要访问的 URL 在列表中的位置，URL 则直接指定要访问的 URL

【例 12-46】　history 对象常用方法用法示例（部分代码）。

```
<input type="button" value="后退到上一页" onClick="history.back()"/>
<input type="button" value="前进到下一页" onClick="history.forward()"/>
```

4. navigator 对象

navigator 对象包含浏览器的相关信息，通常用于检测浏览器与操作系统的版本。没有应用于 navigator 对象的公开标准，不过所有浏览器都支持该对象。navigator 对象的常用属性如表 12-22 所示。

表 12-22　navigator 对象的常用属性

属　　性	说　　明
appName	返回浏览器的名称
appVersion	返回浏览器的平台和版本信息
platform	返回运行浏览器的操作系统平台
systemLanguage	返回操作系统使用的默认语言
userAgent	返回由客户机发送服务器的 user-agent 头部的值

【例 12-47】　navigator 对象常用属性用法示例（部分代码）。

```
document.write("浏览器名称:" +navigator.appName +"<br\>");
document.write("浏览器版本:" +navigator.appVersion +"<br\>");
document.write("操作系统平台:" +navigator.platform +"<br\>");
document.write("操作系统语言:" +navigator.systemLanguage +"<br\>");
```

```
document.write("user-agent 头部:" +navigator.userAgent +"<br\>");
```

上述代码在 Chrome 49.0 版本上运行效果如图 12-21 所示。

图 12-21　navigator 对象常用属性用法示例运行效果

5. screen 对象

screen 对象包含客户端显示屏幕的信息,通常程序利用这些信息来优化显示输出,以达到用户的显示要求。一个程序可以根据显示器的尺寸选择使用大图像还是使用小图像,还可以根据显示器的颜色深度选择使用 16 位色还是使用 8 位色的图像。另外,程序还能根据有关屏幕尺寸的信息将浏览器窗口定位在屏幕中间。screen 对象的常用属性如表 12-23 所示。

表 12-23　screen 对象的常用属性

属　　性	说　　明
availHeight	返回可用的屏幕高度
availWidth	返回可用的屏幕宽度
height	返回显示屏幕的高度
width	返回显示屏幕的宽度

12.9　综 合 案 例

本章案例对前面几章的"学生注册"页面进行进一步的完善与改进,增加了和用户的交互性,同时对用户输入的部分数据做了验证。对页面所做的完善改进有以下几处:①限制注册的"用户名"必须是 6～16 位数字,"联系电话"必须是以"1"开头的 11 位数字;②"密码"和"确认密码"必须一致,长度不少于 6 位;③实现"兴趣"项的"全选/不选"功能;④实现"籍贯"中的"省"与"县市"的下拉列表联动;⑤在"用户""密码""确认密码"和"联系电话"输入后,按回车键,直接进入下一项;⑥注册的必需项(标有"＊"的项)不能为空,具体的改动见页面代码。

以下为脚本文件 reg.js 中的代码。

```
var userOK=false;                //用户名验证是否通过
var pwdOK=false;                 //密码验证是否通过
var cfmPwdOK=false;              //确认密码验证是否通过
var telOK=false;                 //联系电话验证是否通过
function checkNo() {             //限制输入数字的函数
  var k=event.keyCode;           //48~57是数字键,96~105是小键盘的数字键,8是退格
  if((k <=57 && k >=48) || (k <=105 && k >=96) || (k ==8) || (k ==13))
    return true;
  return false;
}
function transFocus(toId) {      //输入回车后移动焦点的函数
  var objTo=document.getElementById(toId);
  if(event.keyCode==13) {
    objTo.focus();
    event.preventDefault();
  }
}
function optInput(currId, nextId) {   //处理文本框输入的函数
  var chkErr=!checkNo();
  switch(currId) {
    case "userId":
      if(chkErr) {
        document.getElementById("userError").innerHTML="用户名只能输入数字";
        return false;
      }
      document.getElementById("userError").innerHTML="";
      break;
    case "telId":
      if(chkErr) {
        document.getElementById("telError").innerHTML="联系电话只能输入数字";
        return false;
      }
      document.getElementById("telError").innerHTML="";
      break;
  }
  transFocus(nextId);
  return true;
}
function checkIt(id){                        //验证输入内容的函数
  var checkedObj=document.getElementById(id);  //待验证元素
  var value=checkedObj.value;                //待验元素的值
  var len=value.length;                      //待验元素的值的长度
  var errTip;                                //待验元素的错误提示
  switch(id) {
```

```
    case "userId":                                      //验证用户名
      errTip=document.getElementById("userError");
      errTip.innerHTML="";
      if(len==0){                                       //用户名不能为空
        errTip.innerHTML="用户名不能为空!";
        userOK=false;
      } else if(len<6 || len>16){                       //长度必须为 6~16
        errTip.innerHTML="用户名长度应当为 6~16 位!";
        checkedObj.select();
        userOK=false;
      }else userOK=true;
      break;
    case "pwdId":                                        //验证密码
      errTip=document.getElementById("pwdError");
      errTip.innerHTML="";
      if(len==0){
        errTip.innerHTML="密码不能为空!";
        pwdOK=false;
      }else if(len<6){
        errTip.innerHTML="密码长度不少于 6 位!";
        checkedObj.select();
        pwdOK=false;
      }else pwdOK=true;
      break;
    case "cfmPwdId":                                     //验证确认密码
      var pwdValue=document.getElementById("pwdId").value;
      errTip=document.getElementById("cfmPwdError");
      errTip.innerHTML="";
      if(len==0){
        errTip.innerHTML="确认密码不能为空!";
        cfmPwdOK=false;
      }else if(value!=pwdValue){
        errTip.innerHTML="两次密码不一致!";
        checkedObj.select();
        cfmPwdOK=false;
      }else cfmPwdOK=true;
      break;
    case "telId":                                        //验证联系电话
      errTip=document.getElementById("telError");
      errTip.innerHTML="";
      if(len==0){
        errTip.innerHTML="联系电话不能为空!";
        telOK=false;
      }else if(len!=11){
```

```
        errTip.innerHTML="联系电话必须是 11 位!";
        checkedObj.select();
        telOK=false;
      }else if(value[0]!='1'){
        errTip.innerHTML="联系电话必须是 1 开头!";
        checkedObj.select();
        telOK=false;
      }else telOK=true;
      break;
    }
}


function sel(){                              //处理兴趣选项"全选/全不选"
  var ints=document.getElementsByName("interest");
  var sel=document.getElementById("selAll").checked;
  for(var i=0; i<ints.length; i++)
    ints[i].checked=sel;
}
function validateForm() {                    //验证表单数据的函数
  if(!userOK)   { alert("用户名输入有误!");   return false; }
  if(!pwdOK)    { alert("密码输入有误!");     return false; }
  if(!cfmPwdOK) { alert("确认密码输入有误!"); return false; }
  if(!telOK)    { alert("联系电话输入有误!"); return false; }
  return true;
}
//初始化二级下拉列表框的数组
provinces=new Array('选择省份', '北京', '天津', '河北', '辽宁', '山东', '湖北',
'内蒙古');
cities=new Object();
cities['北京']=new Array('东城', '西城', '宣武', '朝阳', '海淀');
cities['天津']=new Array('和平', '河东', '河西', '南开', '河北');
cities['河北']=new Array('石家庄', '邯郸', '唐山', '邢台', '张家口');
cities['湖北']=new Array('武汉', '十堰', '襄阳', '荆门', '孝感');
cities['辽宁']=new Array('沈阳', '大连', '朝阳', '阜新', '铁岭');
cities['山东']=new Array('济南', '青岛', '聊城', '德州', '淄博');
cities['内蒙古']=new Array('呼和浩特', '包头', '乌海', '赤峰', '通辽');


function setProvince(province) {             //初始化省份列表值
  var prov=document.getElementById(province);
  for(var i=0; i<provinces.length; i++) {
    prov.options[i]=new Option();
    prov.options[i].text=provinces[i];
    prov.options[i].value=provinces[i];
  }
```

```
          prov.options[0].value='0';
    }

    function setProvince(province, city) {                    //根据省份值设置县市列表框的值
        var citys=document.getElementById(city);
        citys.length=1;
        if((province=='0') || (typeof(cities[province])=='undefined')) return;
        for(var i=0; i<cities[province].length; i++) {
            citys.options[i +1]=new Option();
            citys.options[i +1].text=cities[province][i];
            citys.options[i +1].value=cities[province][i];
        }
    }
```

以下为注册页面文档 register_v2.html 中的部分代码。（行首的数字为代码行号。）

```
3     <head>
4         <meta http-equiv="Content-Type" content="text/html; charset=utf-8" />
5         <title>软件一班</title>
6         <link rel="stylesheet" type="text/css" href="style.css" />
7         <script type="text/javascript" src="js/reg.js"></script>
8     </head>
9         <body onLoad="setProvince('province')">
   ...
31    < form name="f1" id="f1" onSubmit="return validateForm();" action=""
   method="post">
   ...
36    <td><input type="text" id="userId" onKeyDown="return optInput('userId',
   'pwdId');"onBlur="checkIt('userId');"/><span> * </span><div id="userError">
   </div></td>
   ...
39    < td > < input type ="password" id ="pwdId" onKeyDown ="return optInput
   ('pwdId','cfmPwdId');"onBlur="checkIt('pwdId');"/><span> * </span><div id=
   "pwdError"></div></td>
   ...
43    <td><input type="password" id="cfmPwdId" onKeyDown="return
   optInput('cfmPwdId','sexMaleId');" onBlur="checkIt('cfmPwdId');" /><span> *
   </span>
   <div id="cfmPwdError"></div></td>
...
51    <td><input type="checkbox" name="interest" value="wenxue"/>文学
52        <input type="checkbox" name="interest" value="yinyue"/>音乐
53        <input type="checkbox" name="interest" value="tiyv"/>体育
54        <input type="checkbox" name="interest" value="jianshen"/>健身
55        <input type="checkbox" id="selAll" onClick="sel();"/>全选/不选
```

...

```
60    <td><select id="province" onChange="setCity(this.value, 'citys');">
      </select>
61    <select name="city" id="citys"><option value="0">选择县市</option>
      </select></td>
      ...
64    <td><input type="text" id="telId" onKeyDown="return optInput('telId',
      'submitId');" onBlur="checkIt('telId');" /><span> * </span><div id=
      "telError"></div></td>
      ...
```

代码解释：

第 7 行引用了外部的脚本文件 reg.js。

第 9 行设置了页面加载事件处理程序 setProvince('province')，用以初始化"籍贯"中省份下拉列表的初始选项。

第 31 行为注册表单设置了提交事件处理程序 validateForm()，用以验证表单数据的合法性。

第 36 行为用户名输入文本框设置 KeyDown 事件处理程序 optInput('userId','pwdId')，限定只能输入数字，并处理了回车后的焦点转移。设置了 Blur 事件处理程序 checkIt('userId')，用于验证输入合法性，并给出错误提示。

第 39 行设置了输入密码文本框的事件处理程序，和第 36 行的做法类似。

第 43 行设置了输入确认密码文本框的事件处理程序。和第 31、36 行的做法类似。

第 55 行设置对"全选/不选"复选框 Click 事件处理程序 sel()，用于处理对兴趣信息全部选定或全不选。

第 60 行设置对籍贯中省份下拉列表的 Change 事件处理程序 setCity(this. value, 'citys')，使用户选择了省份后，设置县市列表的初始选项。

第 64 行设置了联系电话文本框的事件处理程序，和前面第 36、39、43 行的做法类似。

习 题

1. 选择题

(1) 在网页中使用 JavaScript 脚本时，JavaScript 脚本代码需要出现在（　　）之间。

    A. ＜JavaScript＞＜/JavaScript＞

    B. ＜JScript＞＜/JScript＞

    C. ＜script type＝"text/javascript"＞＜/script＞

    D. ＜js＞＜/js＞

(2) 下面关于 JavaScript 变量的描述，错误的是（　　）。

    A. 在 JavaScript 中，可以使用 var 关键字声明变量

    B. 声明变量时必须指明变量的数据类型

C. 可以使用 typeof 运算符返回变量的类型

D. 可以不定义变量,而使用变量来确定其类型

(3) JavaScript 支持的注释字符是( )。

    A. //   B. ;   C. --   D. & &

(4) 包含浏览器信息的 DOM 对象是( )。

    A. navigator   B. window   C. document   D. location

(5) 向页面输出"Hello World"的正确 JavaScript 语法是( )。

    A. document. write("Hello World")   B. "Hello World"

    C. response. write("Hello World")   D. ("Hello World")

(6) 定义 JavaScript 数组的正确方法是( )。

    A. var txt = new Array = "tim", "kim", "jim"

    B. var txt = new Array(1:"tim", 2:"kim", 3:"jim")

    C. var txt = new Array("tim", "kim", "jim")

    D. var txt = new Array:=("tim")("kim")("jim")

(7) 把 7.25 四舍五入为最接近的整数的方法是( )。

    A. round(7.25)   B. rnd(7.25)

    C. Math. round(7.25)   D. Math. rnd(7.25)

(8) 将一个名为 validate()的函数和一个按钮的单击事件关联起来的正确用法是( )。

    A. <input type="button" value="验证" onDbClick="validate()">

    B. <input type="button" value="验证" onClick="validate()">

    C. <input type="button" value="验证" onMouseOver="validate()">

    D. <input type="button" value="验证" onKeyDown="validate()">

(9) 在名为"win"的新窗口中打开链接"http://www. me. com"的 JavaScript 语法是( )。

    A. open. new("http://www. me. com", "win")

    B. window. open("http://www. me. com", "win")

    C. new("http://www. me. com", "win")

    D. new. window("http://www. me. com", "win")

(10) 下列属于 JavaScript 常量的是( )。

    A. NaN   B. undefined   C. Math. PI   D. Infinity

(11) 下列定义函数 display()语法正确的是( )。

    A. function display(){}   B. function:display(){}

    C. function=display(){}   D. display(){}

(12) 引用外部 show.js 文件方法的正确选项是( )。

    A. <script src="show.js"></script>

    B. <script name="show.js"></script>

    C. <script href="show.js"></script>

    D. <script src="show"></script>

(13) 当页面中的文本框获得焦点时触发的事件是(　　)。

    A. Click   B. Load   C. Blur   D. Focus

(14) JavaScript 中 Load 事件的作用是(　　)。

    A. 浏览器窗口加载页面时,执行的 JavaScript 事件

    B. 浏览器窗口离开页面时,执行的 JavaScript 事件

    C. 用户提交一个表单时,执行的 JavaScript 事件

    D. 鼠标移出对象时,执行的 JavaScript 事件

(15) 下列不属于访问指定节点的方法是(　　)。

    A. obj. value   B. getElementsByTagName()

    C. getElementsByName()   D. getElementById()

2. 填空题

(1) 在 HTML 中嵌入 JavaScript 代码时,需要使用_____标记。

(2) JavaScript 中的消息对话框分为_____、_____和_____。

(3) 可以通过 Array 对象的_____属性来获取数组的长度。

(4) 使用 Math 对象的_____方法可以获得 0～1 的随机数,使用 Math 对象的_____属性可以获得圆周率。

(5) DOM 是_____的英文缩写,一个最基本的 DOM 树通常由三种类型的节点组成,分别是_____、_____和_____。

(6) document 对象包含一些创建和修改节点的方法,如可以通过调用 document 对象的_____方法来创建一个元素节点,通过调用 document 对象的_____方法来删除一个子节点,通过调用 document 对象的_____方法添加一个子节点。

jQuery 应用

jQuery 是一个优秀的 JavaScript 脚本库,凭借其简洁的语法和跨平台的兼容性,极大地提高了编写 JavaScript 代码的效率。jQuery 是由 John Resig 于 2006 年 1 月在纽约创建的一个开源项目,至今已吸引了来自世界各地的众多 JavaScript 高手加入其团队。如今,jQuery 已经成为最流行的 JavaScript 脚本库之一。

13.1 jQuery 概述

jQuery 是一个快速、简洁的 JavaScript 框架,是继 prototype 之后又一个优秀的兼容多浏览器的 JavaScript 脚本库。jQuery 设计的宗旨是"write less,do more",即倡导写更少的代码,做更多的事情。它封装了 JavaScript 常用的功能代码,提供一种简便的 JavaScript 设计模式,优化了 HTML 文档操作、事件处理、动画设计和 Ajax 交互。

13.1.1 jQuery 的功能与特点

jQuery 在页面开发中的功能主要有以下几点。

(1)访问和操作页面元素。jQuery 为准确地获取 DOM 元素,提供了可靠而高效的选择器机制。通过一套方便快捷的方法,有效地操作页面元素,减少了编写的代码量。

(2)控制页面的外观。jQuery 能控制页面元素的 CSS 属性,操作页面样式,能很好地兼容不同的浏览器。此外,通过使用丰富的插件,完善页面功能与显示视觉效果,改善用户体验。

(3)对页面事件的处理。jQuery 提供了截取页面事件的简洁方式,使页面表现层与逻辑功能层分离,使代码逻辑清晰,降低了开发的难度。

(4)与 Ajax 技术完美结合。jQuery 能辅助 Web 开发人员创建出反应灵敏、功能丰富的网站。

同时,jQuery 也有许多引人注目的特点。

(1)脚本库是免费开源的,其模块化的使用方式使开发者可以很轻松地开发出功能强大的静态或动态网页。

(2)代码精致简洁。jQuery 是一个轻量级的脚本库,其核心脚本文件很小,不会影响页面加载速度,与 ExtJS 相比要轻便得多。

(3)强大的功能函数和 DOM 选择器,能够帮助开发人员快速地实现功能,编写出的代码简洁高效,结构清晰。

(4) 跨浏览器兼容。jQuery 有良好的兼容性,基本兼容了现在主流的浏览器,使开发者不用再为浏览器的兼容问题而伤透脑筋。jQuery 兼容主流浏览器包括 IE6.0＋、FF1.5＋、Safari 2.0＋、Opera 9.0＋等。

(5) 链式表达式。JQuery 的链式表达式可以把多个操作写在一行代码里,使代码更加简洁,有助于加快浏览器加载页面的速度。

(6) 插件丰富,扩展开发方便。jQuery 有着丰富的第三方插件,如树形菜单、日期控件、图片切换插件、弹出窗口等。用户可以直接下载使用,也可以根据自己的需要去改写和封装插件,简单实用。jQuery 提供的扩展接口可在 jQuery 的命名空间上增加新函数,方便用户的功能扩展。

总之,jQuery 的核心特性可以总结为,具有独特的链式语法和短小清晰的多功能接口,具有高效灵活的 CSS 选择器并可进行扩展,拥有便捷的插件扩展机制和丰富的插件,脚本库开源,代码简洁高效。

13.1.2　jQuery 的使用

jQuery 是一套免费的 JavaScript 脚本库,使用之前需要先把它下载到本地。可以访问官方网址 http://jquery.com/download/下载最新的 jQuery 脚本库。最新发布的脚本库有两个版本,即 Minified 版的“jquery-3.3.1.min.js”和 Uncompressed 版的“jquery-3.3.1.js”。前者文件较小,适合项目中使用,但不便于开发和调试,后者文件较大,但便于调试和阅读。

将 jQuery 库下载到本地计算机后,在使用时还需要在项目中配置 jQuery 库。将下载文件 jquery-3.3.1.js(或 jquery-3.3.1.min.js)放置在项目指定的文件夹中,然后在需要应用 jQuery 的页面中进行配置,将其引用到页面文件中。

```
<script type="text/javascript" src="js/jquery-3.3.1.js"></script>
```

或者

```
<script type="text/javascript" src="js/jquery-3.3.1.min.js"></script>
```

需要注意的是,引用 jQuery 库的＜script＞标签要放在所有自定义脚本文件的＜script＞标签的前面,以使自定义的脚本代码中能够使用 jQuery 库。

13.1.3　jQuery 的语法

jQuery 的基本用法是通过选取页面元素,并对选取的元素执行某些操作。jQuery 的基本语法形式如下。

```
$(selector).action()
```

其中,“＄”符号定义了 jQuery;“(selector)”是选择器,“查询”和“查找”页面元素;“action()”执行对元素的操作。在 jQuery 中,选择器都是以“＄(selector)”的形式出现的,selector 通常是字符串,包含选择器表达式。请看以下的几个实例。

```
$(this).hide()        //隐藏当前元素
$("p").hide()         //隐藏所有<p>元素
$("p.test").hide()    //隐藏所有 class="test"的<p>元素
$("#test").hide()     //隐藏所有 id="test"的元素
```

以下是应用 jQuery 的一个完整的示例。

【例 13-1】 jQuery 应用示例。

```html
<html>
  <head>
    <title>jQuery 应用示例</title>
    <script type="text/javascript" src="js/jquery-3.3.1.js"></script>
    <script type="text/javascript">
      $("document").ready(function() {
        $("span").click(function() { $(this).hide(); });
      });
    </script>
  </head>
  <body>
    <span>隐藏</span>
  </body>
</html>
```

上述示例在页面中使用 span 元素定义了一个字符串"隐藏"，然后通过 jQuery 编程指定单击 span 元素时执行 $(this).hide()，用于隐藏当前的 span 元素。

上例中的"$("document").ready(function() {…});"选择了 document 元素,ready()是指当 document 加载完毕后即执行它括号中的函数 function() {…}。这个过程类似于 JavaScript 中的 window.onLoad()＝function() {…},只不过后者要等页面全部加载完毕后才去执行,而前者只需页面框架加载完毕就可执行。对于"$("document").ready (function() {…});",可以简写成"$(function() {…});"。

13.2　jQuery 选择器

jQuery 中通过选择器选取页面元素,并对其执行某种操作。

13.2.1　基本选择器

基本选择器在实际应用中使用广泛,是其他类型选择器的基础。基本选择器包括 ID 选择器、元素选择器、类名选择器、复合选择器和通配符选择器。下面对这些选择器分别进行介绍。

1. ID 选择器

ID 选择器根据元素的 ID 值来匹配元素,以 jQuery 包装集的形式返回给对象。使用

ID 选择器的语法形式如下。

```
$("#id");
```

其中,id 为要选择元素的 ID 属性值。如要查询 ID 属性值为"big"的元素,可以写成 $("＃big")。如果页面中有两个或以上相同的 ID 属性值,程序运行时会报出 JS 运行错误的对话框,所以在页面中设置时,要确保该 ID 属性值在页面中是唯一的。

2. 元素选择器

元素选择器根据元素的名称来匹配元素,也就是根据元素标记名来匹配元素。在一个页面中,可能有多个相同名称的元素,所以元素选择器匹配到的元素可能是一组。使用元素选择器的语法形式如下。

```
$("element");
```

其中,element 为要选择元素的名称。如果要查询页面中的所有表单元素,可以写成 $("form")。

3. 类名选择器

类名选择器根据元素的类名来匹配元素,也就是根据元素的 class 属性值来匹配元素。使用类名选择器的语法形式如下。

```
$(".class");
```

其中,class 为要选择元素的类名。如果要查询页面中的所有类名为"red"的元素,可以写成 $(".red")。

4. 复合选择器

复合选择器是将以上的三种选择器组合在一起,选择器之间用逗号分隔,只要符合其中的任何一个条件,就会被查询到,返回一个 jQuery 包装集,再使用索引,就可以取得其中的每一个 jQuery 对象。使用复合选择器的语法形式如下。

```
$("selector1, selector2, …, selectorN");
```

其中,selector1,selector2,…,selectorN 为多个选择器。如果要查询页面中的所有 p 元素、类名为"first"的 div 元素及 id 属性值为"user"的 input 元素,就可以写成 $("p, div. first, input＃user")。

5. 通配符选择器

通配符选择器是用"＊"匹配页面上的所有元素。使用通配符选择器的语法形式如下。

```
$("*");
```

以下是 jQuery 基本选择器用法示例。

【**例 13-2**】 jQuery 基本选择器用法示例。

```html
<html>
  <head>
    <title>jQuery 基本选择器用法示例</title>
    <style type="text/css">
      div, span { float:left; text-align:center; width:100px; height:50px;
border:1px; }
      input { width:120px;}
    </style>
    <script type="text/javascript" src="js/jquery-3.3.1.js"></script>
  </head>
  <body>
    <script type="text/javascript">
      $(function() {
        $("#b1").click(function(){$("#all *").css("background", "white");
        $("#d1").css("background", "red"); });
        $("#b2").click(function() { $("#all *").css("background", "white");
        $("span").css("background", "red"); });
        $("#b3").click(function() { $("#all *").css("background", "white");
        $(".d2").css("background", "red"); });
        $("#b4").click(function() { $("#all *").css("background", "white");
        $("#d1,span").css("background", "red"); });
        $("#b5").click(function() { $("#all *").css("background", "red"); });
      });
    </script>
    <div id="all">
      <div id="d1">div<br/>id="d1"</div>
      <span>span</span>
      <div class="d2">div<br/>class="d2"</div>
    </div>
    <div style="clear:both;"></div>
    <input type="button" id="b1" value="使用 ID 选择器"/><br/>
    <input type="button" id="b2" value="使用元素选择器"/><br/>
    <input type="button" id="b3" value="使用类名选择器"/><br/>
    <input type="button" id="b4" value="使用复合选择器"/><br/>
    <input type="button" id="b5" value="使用通配符选择器"/>
  </body>
</html>
```

上述示例中,在 5 个按钮绑定的单击事件中,分别按照 5 种基本选择器匹配对应的元素,将选择到的元素的背景色设为红色。图 13-1 是示例代码的运行效果。

13.2.2 层次选择器

层次选择器就是根据 DOM 元素间的层次关系来获取元素。其主要的层次包括祖先后代、父子、相邻、兄弟等关系。通过这些关系可以快捷地定位元素。

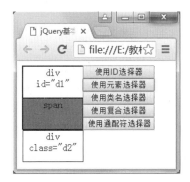
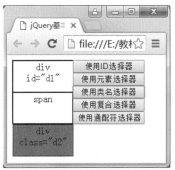

图 13-1　基本选择器用法示例运行效果

1. ancestor descendant 选择器

ancestor descendant 选择器就是祖先后代选择器。它可以选取指定祖先元素的所有指定类型的后代元素。使用 ancestor descendant 选择器的语法形式如下。

```
$("ancestor descendant");
```

其中,ancestor 指代祖先元素,descendant 指代后代元素。如果要查询表单中的所有 input 元素,就可以写成 $("form input")。

2. parent>child 选择器

parent>child 选择器可以选取指定父元素的所有子元素。使用 parent>child 选择器的语法形式如下。

```
$("parent>child");
```

其中,parent 指代父元素,child 指代子元素。child 必须是 parent 的直接子元素。如果要选择 id 属性值为"item"的 ul 元素下面的 li 元素,就可以写成 $("♯item>li")。

3. prev+next 选择器

prev+next 选择器可以选取紧接在指定的 prev 元素后面的 next 元素。使用 prev+

next 选择器的语法形式如下。

```
$("prev+next");
```

其中,prev 指代前面指定的元素,next 指代 prev 后面的相邻元素。prev 和 next 必须是相同级别的元素。如果要选择 id 属性值为"user"的 input 元素后面相邻的 span 元素,就可以写成 $("♯user＋span")。

4. prev～siblings 选择器

prev～siblings 选择器可以选取指定的 prev 元素后面的所有兄弟元素 siblings。使用 prev～siblings 选择器的语法形式如下。

```
$("prev~siblings");
```

其中,prev 指代前面指定的元素,siblings 指代 prev 后面的兄弟元素。prev 和 siblings 必须是同辈的兄弟元素。如果要选择 div 元素后面的兄弟元素 p,就可以写成 $("div～p")。

以下是 jQuery 层次选择器用法示例。

【例 13-3】 jQuery 层次选择器用法示例(部分代码)。

```
<script>
  $(function(){
    $("#btn").click(function() {
      var v =$("div>label").text();
      $("div>label").text(v +"-->div 的 label 子元素");
      var len =$("div p").length;
      for(var i=0; i<len; i++) {
        v =$("div p").eq(i).text();
        $("div p").eq(i).text(v +"-->div 后代中的 p 元素");
      }
      v =$("div+p").text();
      $("div+p").text(v +"-->div 的相邻 p 元素");
      var len =$("div~p").length;
      for(var i=0; i<len; i++) {
        v =$("div~p").eq(i).text();
        $("div~p").eq(i).text(v +"-->div 的兄弟 p 元素");
      }
    });
  });
</script>
<div class="outer">
  <label>绝句</label>
  <p>古木阴中系短篷,</p>
  <p>杖藜扶我过桥东。</p>
</div>
```

```
<p>沾衣欲湿杏花雨,</p>
<p>吹面不寒杨柳风。</p>
<label>南宋志南</label><br/>
<input type="button" id="btn" value="显示 div 与其他元素的关系"/>
```

上述示例中,在显示按钮绑定的单击事件中,以 div 元素为基准点,分别按照 4 种层次选择器,查找 div 元素的直接 label 子元素、后代 p 元素、相邻 p 元素和兄弟 p 元素,并修改了查找到的匹配元素的内容。图 13-2 是示例代码的运行效果。左侧是按钮单击前的页面效果,右侧图是按钮单击后的页面效果。

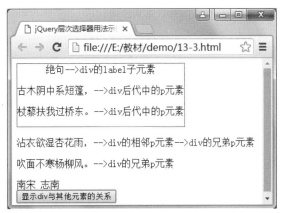

图 13-2　层次选择器用法示例运行效果

13.2.3　过滤选择器

过滤选择器根据过滤规则进行元素的匹配,书写时都以冒号“:”开头。过滤选择器又分为基本过滤选择器、内容过滤选择器、可见性过滤选择器、表单属性过滤选择器和子元素过滤选择器。

1. 基本过滤选择器

基本过滤选择器的使用很广泛,通常用于实现简单的过滤效果。表 13-1 是基本过滤选择器的语法。

表 13-1　基本过滤选择器语法

选　择　器	说　　明	示　　例
:animated	匹配所有正在执行动画效果的元素	$(":animated") 匹配所有正在执行的动画
:eq(index)	匹配给定索引值的元素,索引号从 0 开始	$("tr:eq(1)") 匹配表格的第 2 行
:even	匹配所有索引值为偶数的元素,从 0 开始计数	$("tr:even") 匹配表格的偶数行
:first	匹配找到的第一个元素	$("tr:first") 匹配表格的第 1 行

续表

选 择 器	说 明	示 例
：gt(index)	匹配所有大于给定索引值的元素，索引号从 0 开始	\$("tr：gt(2)") 匹配表格的第 3 行以后的行
：header	匹配所有 h 元素，如 h1、h2 等	\$(":header") 匹配所有的 h 元素
：last	匹配找到的最后一个元素	\$("tr：last") 匹配表格的最后一行
：lt(index)	匹配所有小于给定索引值的元素，索引号从 0 开始	\$("tr：lt(2)") 匹配表格的第 3 行以前的行
：not(selector)	除所有与选择器匹配外的元素	\$("input：not(checked)") 匹配所有未选中的 input 元素
：odd	匹配所有索引值为奇数的元素，从 0 开始计数	\$("tr：odd") 匹配表格的奇数行

2. 内容过滤选择器

内容过滤选择器根据元素中的文字或所包含的子元素特征获取元素，其文字内容可以模糊或精确匹配进行元素定位。表 13-2 是内容过滤选择器的语法。

表 13-2　内容过滤选择器语法

选择器	说 明	示 例
：contains(text)	匹配包含给定文本的元素	\$("p：contains('script')") 匹配包含"script"文本内容的 p 元素
：empty	匹配不包含子元素或者文本的空元素	\$("td：empty") 匹配不包含子元素或文本内容的表格单元格
：has(selector)	匹配含有选择器所匹配的元素的元素	\$("div：has(p)") 匹配包含 p 元素的 div 元素
：parent	匹配包含子元素或者文本的元素	\$("td：parent") 匹配包含子元素或文本内容的表格单元格

3. 可见性过滤选择器

元素的可见性有可见和隐藏两种状态，可见过滤选择器根据元素的可见性状态来选择元素。两种可见性过滤选择器分别是：visible 及：hidden。：visible 可以匹配所有可见的元素，：hidden 匹配所有不可见的元素，包括 display 属性值是 none 的元素及 type 属性为 hidden 的 input 元素。如果要选择不可见的 p 元素，就可以写成 \$("p：hidden")。

4. 表单属性过滤选择器

表单属性过滤选择器根据表单中某元素的状态属性来匹配该元素，如 checked、disabled、enabled 和 selected 等属性。表 13-3 是表单属性过滤选择器的语法。

表 13-3　表单属性过滤选择器语法

选择器	说　　明	示　　例
:checked	匹配所有选中的(不含 option)元素	$("input：checked") 匹配选中的 input 元素
:disabled	匹配所有的不可用元素	$("input：disable") 匹配不可用的 input 元素
:enabled	匹配所有的可用元素	$("input：enabled") 匹配可用的 input 元素
:selected	匹配所有选中的 option 元素	$("input：selected") 匹配选中的 input 元素

5. 子元素过滤选择器

子元素过滤选择器匹配某元素的特定子元素。表 13-4 是子元素过滤选择器的语法。

表 13-4　子元素过滤选择器语法

选　择　器	说　　明	示　　例
:first-child	匹配第一个子元素	$("ul li：first-child") 匹配 ul 的第一个 li 子元素
:last-child	匹配最后一个子元素	$("ul li：last-child") 匹配 ul 的最后一个 li 子元素
:nth-child(equation/even/index/odd)	匹配某元素的第 N 个子元素或者奇(偶)子元素	$("ul li：nth-child(3)") 匹配 ul 中的第 3 个 li 子元素
:only-child	匹配本身是其父元素的唯一子元素的元素	$("ul li：only-child") 匹配只含有一个 li 元素的 ul 元素中的 li 元素

对于：nth-child 选择器,有 4 种用法。:nth-child(index)用于匹配某元素的第 index 个子元素,index 由 1 开始计数;:nth-child(even)用于匹配某元素的所有偶数子元素;:nth-child(odd)用于匹配某元素的所有奇数子元素;:nth-child(equation)用于匹配某元素的按公式 an+b 计算所得的子元素,式中的 a 是计数周期,b 是偏移量,n 从 0 开始取值。如 nth-child(3n+2)会匹配第 2,5,8,11,…个子元素。

以下是 jQuery 过滤选择器用法示例。

【例 13-4】 jQuery 过滤选择器用法示例(部分代码)。

```
<script type="text/javascript">
  $(function(){
    $("tr:even").css("background-color", "#E8F3D1");
    $("tr:odd").css("background-color", "#F9FCEF");
    $("tr:first").css("background-color", "#B6DF48");
    $("td:empty").css("background-color", "#CEEEC5");
    $("td:contains('物理')").css("color", "#FF0000");
    $("td:contains('班会')").css("font-weight", "bold");
  });
</script>
```

上述示例中,在 jQuery 代码中利用基本过滤选择器匹配表格的 tr 元素,将偶数行和奇数行分别设置不同的背景色"＃E8F3D1"和"＃F9FCEF",将第 1 行设置为不同的背景色"＃B6DF48"。利用内容过滤选择器匹配表格的 td 元素,将空的单元格设置为背景色"＃CEEEC5",将"物理"内容的单元格设置为红色字体,将"班会"内容的单元格设置为加粗字体。图 13-3(a)是示例代码的运行效果。

上述示例中,如果利用子元素过滤选择器把背景色显示方式修改为按列显示不同背景色,就会产生另一种显示效果,如例 13-5 所示。图 13-3(b)是示例代码的运行效果。

(a)

(b)

图 13-3　过滤选择器用法示例运行效果

【例 13-5】　jQuery 过滤选择器用法示例(部分代码)。

```
<script type="text/javascript">
  $(function(){
    $("tr td:nth-child(3n+0)").css("background-color", "#E9FCEF");
    $("tr td:nth-child(3n+1)").css("background-color", "#E8F3D1");
    $("tr td:nth-child(3n+2)").css("background-color", "#F0E0C0");
    $("tr:first td").css("background-color", "#B6DF48");
    $("td:empty").css("background-color", "#CEEEC5");
    $("td:contains('物理')").css("color", "#FF0000");
    $("td:contains('班会')").css("font-weight", "bold");  });
</script>
```

13.2.4　属性选择器

属性选择器根据元素的某个属性作为条件来匹配元素,书写时都以"["开头,以"]"结束。表 13-5 是属性选择器的语法。

表 13-5　属性选择器语法

选　择　器	说　　明	示　　例
[attribute]	匹配包含给定属性的元素	\$("div[id]") 匹配含有 id 属性的 div 元素
[attribute=value]	匹配给定属性等于某个特定值的元素	\$("div[name='a1']") 匹配 name 属性的值等于 a1 的 div 元素
[attribute!=value]	匹配给定属性的值不等于某个特定值的元素	\$("div[id!='a']") 匹配 id 属性的值不等于 a 的 div 元素
[attribute^=value]	匹配给定属性的值以某个特定值的开头的元素	\$("div[name^='a']") 匹配 name 属性的值以 a 开头的 div 元素
[attribute\$=value]	匹配给定属性的值以某个特定值的结尾的元素	\$("div[name\$='s']") 匹配 name 属性的值以 s 结尾的 div 元素
[attribute*=value]	匹配给定属性的值包含某个特定值的元素	\$("div[name*='user']") 匹配 name 属性的值中含有 user 的 div 元素
[attriSel1][attriSel2][attriSelN]	复合属性选择器,匹配同时满足多个条件的元素	\$("div[name][id*=usr]") 匹配含有 name 属性,且 id 属性的值包含 usr 的 div 元素

13.2.5　表单选择器

表单选择器用于匹配经常在表单内出现的元素。但是这些匹配的元素也可能出现在表单之外。表 13-6 是表单选择器的语法。

表 13-6　表单选择器语法

选　择　器	说　　明	示　　例
:button	匹配所有普通按钮	\$(":button") 匹配所有普通按钮
:checkbox	匹配所有复选框	\$(":checkbox") 匹配所有复选框
:file	匹配所有文件域	\$(":file") 匹配所有文件域
:hidden	匹配所有隐藏域	\$(":hidden") 匹配所有隐藏域
:image	匹配所有图像域	\$(":image") 匹配所有图像域
:input	匹配所有 input 元素	\$("form :input") 匹配 form 表单中的 input 元素
:password	匹配所有密码域	\$(":password") 匹配所有密码域
:radio	匹配所有单选按钮	\$(":radio") 匹配所有单选按钮

选 择 器	说 明	示 例
: reset	匹配所有重置按钮	$(":reset") 匹配重置按钮
: submit	匹配所有提交按钮	$(":submit") 匹配所有提交按钮
: text	匹配所有文本框	$(":text") 匹配所有文本框

以下是应用表单选择器: checkbox 来设置的复选框选项的应用示例。

【例 13-6】 jQuery 表单选择器用法示例(部分代码)。

```
<script type="text/javascript">
  $(function(){
    $("#btn").click(function(){
      $(":checkbox").val(["苹果","西瓜"]);
    });
  });
</script>
<input type="checkbox" name="chk" value="苹果"/>苹果
<input type="checkbox" name="chk" value="香蕉"/>香蕉
<input type="checkbox" name="chk" value="西瓜"/>西瓜
<input type="checkbox" name="chk" value="葡萄"/>葡萄<br/>
<button id="btn">设置复选框的值</button>
```

13.3 jQuery 操作 DOM

13.3.1 访问元素属性

每一种页面元素都有一组属性,为页面元素提供了附加信息或配置参数。通过属性可以设置页面元素的外观、特性及显示风格。jQuery 可以很方便地访问页面元素的属性。jQuery 中对页面元素属性的访问主要有 attr()和 removeAttr()两个方法,其用法如表 13-7 所示。

表 13-7 jQuery 访问元素属性的方法

方 法	说 明	示 例
attr(name)	获取匹配的第一个元素的属性值(无值时返回 undefined)	$("input").attr("type");获取第一个 input 元素的 type 属性值
attr(key,value)	将所有匹配元素的 key 属性值设置为 value	$("p").attr("align", "left");将所有 p 元素的 align 属性值设置为 left
attr(key,fn)	将所有匹配元素的 key 属性值设置为 fn 函数的返回值(fn 回调为函数)	$("p").attr("title", function(i,orig) { return this.id; });将所有 p 元素的 title 属性值设置为元素的 id 值

方　　法	说　　明	示　　例
attr(properties)	为匹配元素设置形如{名：值，名：值}的多个属性值	$(":text").attr({id:"user",value:""})；将所有文本框的 id 属性设置为 user，value 属性值设置为空
removeAttr (name)	为所有匹配元素删除 name 属性	$("img").removeAttr("alt") 删除所有 img 元素的 alt 属性

对于 attr()方法中用到的回调函数 fn(idx，orig)有两个参数，参数 idx 为被选元素列表中当前元素的下标，参数 orig 为属性的原始值。回调函数 fn()的返回值为属性要设置的新值。

13.3.2　访问元素内容

元素的内容是指放置在元素起始标记和结束标记之间的文本。在元素＜p＞Hello jQuery＜/p＞中，元素的内容即为文本串"Hello jQuery"。jQurery 中对元素内容的访问主要有 text()和 html()两个方法。这两个方法的用法如表 13-8 所示。

表 13-8　jQuery 访问元素内容的方法

方　　法	说　　明	示　　例
text()	获取全部匹配元素的内容(不包含子元素标记)	$("♯t").text()；获取 id 值为"t"的元素的内容
text(txt)	将所有匹配元素的内容设置为 txt(不包含子元素标记)	$("♯t").text("＜b＞Hello＜/b＞")；将所有 id 值为"t"的元素的内容设置为"Hello"(不包括＜b＞＜/b＞标记)
text(fn)	将所有匹配元素的内容设置为 fn 函数的返回值(不包含子元素标记)	$("♯t").text(function(i,orig) { return "("+orig +")";})；将所有 id 值为"t"的元素的内容设置为原值外加括号
html()	获取全部匹配元素的内容(包含子元素标记)	$("♯t").html()；获取 id 值为"t"的元素的内容(包含子元素标记)
html(txt)	将所有匹配元素的内容设置为 txt(包含子元素标记)	$("♯t").html("＜b＞Hello＜/b＞")；将所有 id 值为"t"的元素的内容设置为"＜b＞Hello＜/b＞"(包括＜b＞＜/b＞标记)
html(fn)	将所有匹配元素的内容设置为 fn 函数的返回值(包含子元素标记)	$("♯t").html(function(i,orig) { return "＜b＞"＋ orig ＋ "＜/b＞";})；将所有 id 值为"t"的元素的内容设置为原值外加＜b＞＜/b＞标记

使用 text()方法所获取或设置的元素内容，不包含其中包括的子元素标签，而使用 html()方法所获取或设置的元素内容，则包含元素内部子元素的标签。如对于以下 p 元素：

＜p id="test"＞忽如一夜＜span style="color:red"＞春风＜/span＞来＜/p＞

使用 $("♯test").text()得到的内容是"忽如一夜春风来"，而使用 $("♯test")

.html()得到的内容是"忽如一夜＜span style＝"color：red"＞春风＜/span＞来"。

同样,对于＜p id＝"test"＞＜/p＞元素来说,使用＄("♯test").text("忽如一夜＜span style＝'color：red'＞春风＜/span＞来")后,p 元素得到的内容是"忽如一夜春风来",而使用＄("♯test").html("忽如一夜＜span style＝'color：red'＞春风＜/span＞来")后,p 元素得到的内容是"忽如一夜＜span style＝'color：red'＞春风＜/span＞来","春风"二字以红色字体显示。

13.3.3　访问元素值

使用 jQuery 的 val()方法可以访问表单元素的字段值,即元素的 value 属性值。val()方法的用法如表 13-9 所示。

表 13-9　jQuery 访问元素值的方法

方法	说　　明	示　　例
val()	获取匹配的第一个元素的当前值	＄("♯t").val();获取 id 值为"t"的表单元素的值
val(v)	将所有匹配元素的值设置为 v	＄("input：text").val("OK");将所有文本框的值设置为 OK
val(arrVal)	将所有匹配元素(通常是 checkbox、select、radio 等元素)的值设置为 arrVal,arrVal 是一个字符串数组	＄("：checkbox").val(["a","b","c"]);将复选框的多选值设置为"a""b"和"c"

对于 val()方法所获取到的元素值,可能是一个字符串或者一个数组。

13.3.4　操作元素样式

在 jQuery 中,对页面元素样式的操作,可以通过修改元素的 CSS 类或直接修改 CSS 属性来实现。

1. 通过修改 CSS 类来操作样式

在 jQuery 中,可以将元素的 CSS 类像集合一样来操作。可以为选定的元素增加或删除所使用的 CSS 类,来改变元素的 CSS 样式。表 13-10 是 jQuery 中通过修改元素 CSS 类的方法。

表 13-10　jQuery 中修改元素 CSS 类的方法

方　　法	说　　明	示　　例
addClass()	为匹配元素增加指定的 CSS 类	＄("p").addClass("sel");为 p 元素增加"sel"类
hasClass(class)	判断匹配元素是否包含指定的类	＄("p").hasClass("sel");判断 p 元素是否包含"sel"类
removeClass(class)	从匹配的元素中删除指定的 CSS 类	＄("p").hasClass("sel");删除 p 元素的"sel"类

方　法	说　明	示　例
toggleClass(class)	如果匹配元素存在(不存在)指定的 CSS 类,就删除(添加)指定的 CSS 类	$("p").toggleClass("sel");为 p 元素切换"sel"类
toggleClass(class,switch)	当 switch 为 true 时,就为匹配元素添加指定的 CSS 类,否则就删除指定的 CSS 类	var switch＝true; $("p").click(function(){ $(this).toggleClass("sel", switch); switch＝!switch;}); 每次单击切换 sel 样式

addClass(class)和 removeClass([classes])的参数可以一次传入多个 CSS 类,用空格分隔。例如:

```
$("#btnAdd").bind("click", function(event) { $("p")
.addClass("colorRedborderBlue"); });
```

removeClass 方法的参数可选,如果不传入参数则移除全部 CSS 类:

```
$("p").removeClass()
```

2. 通过 css()方法来获取或设置某个元素的样式值

通过 css()方法可以获取或设置某个元素的样式值,表 13-11 是 css()的用法。

表 13-11　jQuery 中 css( )方法的用法

运 算 符	描　述	示　例
css(name)	返回首个匹配元素的样式值	$("p").css("background-color")
css(name,value)	为匹配元素设置样式值	$("p").css("border-width","2px")
css(prop)	以{属性1:值1,属性2:值2}的形式为匹配元素设置多个样式值	$("p").css("font-style":"normal","font-weight":"bold")

13.3.5　操作 DOM 节点

DOM 的重要功能就是它的节点模型。在 DOM 树中,通过节点之间的关系,可以实施创建、插入、查找、删除、复制、替换节点等一系列的 DOM 节点操作。这些功能是可以通过 JavaScript 脚本来实现的,但在 jQuery 中,提供了更加方便简洁的操作方法。下面详细介绍在 jQuery 中操作 DOM 节点的方法。

1. 创建节点

如果在 HTML 页面中动态增加一个页面元素,那么就需要先创建一个节点,然后再将节点插入到页面文档的父元素之中。

jQuery 提供了创建节点的方法 jQuery(html,[ownerDocument]),也即 $()方法。

其中的第一个参数 HTML 表示要创建的节点的 HTML 字符串，其中可以包含斜杠或反斜杠；第二个参数 ownerDocument 表示要创建节点所属的文档对象，如果省略则表示是当前的文档对象。

将创建好的节点插入到页面的某个父元素中，可使用父元素的 append() 方法。例如，下面的代码可以创建一个节点，并插入到页面的 body 中。

```
var $div=$("<div>Write Less, Do More.</div>");
$("body").append($div);
```

上述代码也可以写成以下形式。

```
var $div=$("<div ></div>");
$div.html("Write Less, Do More.");
$("body").append($div);
```

使用 html() 方法，可以方便地设置更丰富的子标签及属性。

在创建节点时，要注意 html 参数所提供的节点标签是否完全闭合，否则达不到预期的效果。

2. 插入节点

页面的节点创建好后，还需要执行插入操作，将节点插入到页面 DOM 的正确位置上。在 jQuery 中，有多种方法可以实现这一功能。根据插入节点的位置关系不同，可以分为内部插入和外部插入两种插入方法。

1）内部插入

内部插入是指将要插入的节点当作目标节点的子节点或节点内容来插入。插入操作完成后，所插的内容是处于原节点的内部。jQuery 的内部插入节点方法如表 13-12 所示。

表 13-12　jQuery 中内部插入节点方法

运　算　符	描　　述	示　　例
append(cont|fn)	为元素内部插入内容	$("p").append("\<b\>Hi\</b\>")
appendTo(cont)	将元素插入到另一元素集合中	$("\<b\>Hi\</b\>").append("p")
prepend(cont|fn)	为元素内部插入前置内容	$("p").prepend("\<b\>Hi\</b\>")
prependTo(cont)	将元素插到另一元素集合中前面	$("\<b\>Hi\</b\>").prependTo("p")

append() 和 prepend() 方法中，参数 fn 是一个函数，该函数返回一个字符串，作为方法插入的内容。

append() 方法将一个元素插入到另一个元素中，并追加至元素的后面。如 $("div"). append($("span")) 会将 span 元素插入到 div 元素内部的后面。而 prepend() 方法则是将一个元素插入到另一个元素中，并追加至元素的前面。如 $("div").prepend($("span")) 会将 span 元素插入到 div 元素内部的前面。

appendTo() 和 prependTo() 方法是将一个元素插入到另一个元素集合中，实际上是颠倒了 append()和 prepend()方法的用法。如 $("span").appendTo($("div"))会将 span 元素插入到 div 元素内部的后面,$("span").prependTo($("div"))会将 span 元素插入到 div 元素内部的前面。

2)外部插入

外部插入是指将要插入的节点当作目标节点的兄弟节点来插入。插入操作完成后,所插的内容处于原节点之前或之后。jQuery 的外部插入节点方法如表 13-13 所示。

表 13-13 jQuery 中外部插入节点方法

运 算 符	描 述	示 例
after(cont|fn)	在元素之后插入内容	$("p").after("Hi")
before(cont|fn)	在元素之前插入内容	$("p").before("Hi")
insertAfter(cont|fn)	将元素插到另一指定元素之后	$("p").insertAfter("Hi")
insertBefore(cont)	将元素插到另一指定元素之前	$("Hi").insertBefore("p")

after()和 before()方法中,参数 fn 是一个函数,该函数返回一个字符串,作为方法插入的内容。

after()方法将一个元素插入到匹配元素之后,before()方法则将一个元素插入到匹配元素之前。如 $("#p1").after($("#p2"))会将 id 值为 p2 的元素插到 id 值为 p1 的元素后面,而 $("#p1").before($("#p2"))会将 id 值为 p2 的元素插到 id 值为 p1 的元素前面。

insertAfter()方法将匹配元素插入到指定元素之后,insertBefore()方法则将匹配元素插入到指定元素之前。如 $("#p1").insertAfter($("#p2"))会将 id 值为 p1 的元素插到 id 值为 p2 的元素后面,而 $("#p1").insertBefore($("#p2"))会将 id 值为 p1 的元素插到 id 值为 p2 的元素前面。

3. 删除节点

删除节点是指去除多余的或不必要的页面元素。在 jQuery 中,提供了两种删除节点的方法,即 remove()和 empty()。

empty()方法用于删除匹配元素集合中的所有子节点,而并不删除该节点;remove()方法则是按照参数表达式筛选后,从 DOM 中删除所有匹配的元素。以下示例通过 jQuery 代码删除列表中的匹配项。

【例 13-7】 jQuery 删除节点示例(部分代码)。

```
<ul>
  <li title="item">生产总量</li>
  <li>1785</li>
  <li>4023</li>
  <li>5981</li>
<ul>
<button id="btn1">删除第二项数据</button><br/>
```

```
<button id="btn2">删除全部数据</button>
<script type="text/javascript">
  $(function(){
    $("#btn1").click(function() { $("ul li:eq(2)").remove(); });
    $("#btn2").click(function() { $("ul").empty(); });
  });
</script>
```

4. 复制节点

复制节点是指将某个元素节点复制到页面的另外一个位置。在 jQuery 中,提供了 clone()方法用于复制节点,该方法有两种使用方式,即不带参数的 clone()和带参数的 clone(true)。

clone()方法可以复制匹配的节点,且选中复制成功的节点。这种用法只复制节点本身,而不复制元素的行为。clone(true)方法可以复制匹配的节点以及节点的所有事件处理。

如以下示例,在单击按钮时,可以复制自身。

【例 13-8】 jQuery 复制节点示例(部分代码)。

```
<button id="btn">复制节点</button>
<script type="text/javascript">
  $("#btn").click(function() {
    $(this).clone(true).appendTo("body");
  })
</script>
```

5. 替换节点

在 jQuery 中,为替换节点提供了两种方法,即 replaceWith()和 replaceAll()。replaceWith(content)方法是将所有匹配的元素替换成指定的 HTML 或 DOM 元素,其中的参数 content 为替换的内容。replaceAll(selector)方法是用所选择的元素替换 selector 匹配的元素,其中的参数 selector 用于匹配被替换的元素。其用法如以下示例所示。

【例 13-9】 jQuery 替换节点示例(部分代码)。

```
<div id="div1">JavaScript</div>
<div id="div2">Hello, JavaScript</div>
<button id="btn">替换节点</button>
<script type="text/javascript">
  $("#btn").click(function() {
    $("#div1").replaceWith("<div style='color:red'>jQuery</div>");
    $("<div style='color:red'>Write Less, Do More</div>").replaceAll("#div2");
  });
```

```
</script>
```

在上述示例代码中,将 id 值为"div1"的元素替换成了"<div style='color：red'> jQuery </div>",用"<div style='color：red'>Write Less，Do More</div>"替换了 id 值为"div2"的元素。

6. 遍历节点

在 jQuery 中,使用 each()方法来实现元素的遍历,比 JavaScript 脚本的实现代码更加简洁方便。在使用 each(callback)方法时,参数 callback 是一个函数,该函数还可以接受一个形参 index,它代表遍历元素的序号(从 0 开始),其用法如以下示例所示。

【例 13-10】 jQuery 遍历节点示例(部分代码)。

```
<ul>
  <li>苹果</li>
  <li>香蕉</li>
  <li>鸭梨</li>
</ul>
<div id="div"></div>
<button id="btn">遍历节点</button>
<script type="text/javascript">
  $("#btn").click(function() {
    $("ul li").each(function(index) {
      var text =$("#div").html();
      $("#div").html(text +"" + (index +1) +" -" +$(this).text() +"<br\>");
    });
  });
</script>
```

在上述示例代码中,单击"遍历节点"按钮,将会通过遍历 ul 下面的列表项 li 而获得每一项的显示值,并在 div 中展示出来。

7. 包裹节点

在某些情况下,需要将某个节点使用其他标记包裹起来,这种操作被称为包裹节点。在 jQuery 中,可以使用 wrap()、wrapAll()和 wrapInner()方法实现包裹节点的功能。这些方法对于需要在文档中插入额外的结构化标记非常有用,而且它们不会破坏原始文档的语义。

wrap()方法使匹配元素使用标记包裹起来。对于代码 $("#li1").wrap("<strong></strong>");包裹的效果为

```
<strong><li id="li1">jQuery</li></strong>
```

wrapAll()方法会将所有匹配的元素用一个元素来包裹。如代码 $("#li2"). wrapAll("<strong></strong>");的包裹效果为

```
<strong>
  <li id="li2">每爱芙蓉依北渚</li>
  <li id="li2">还思蝴蝶过西家</li>
</strong>
```

wrapInner()方法将每一个匹配的元素的内容用标记包裹起来。代码 $("#li3")
.wrapInner("<strong></strong>");的包裹效果为 li 元素的内容被一对<strong>
标记包裹起来:

```
<li id="li3"><strong>鸣鸠日暖遥相应</strong></li>
<li id="li3"><strong>雏燕风柔渐独飞</strong></li>
```

13.4 jQuery 事件

事件是用户与浏览器及页面元素之间交互的重要桥梁。利用 JavaScript 事件能很好
地完成这些交互操作,jQuery 增加并扩展了基本的事件处理机制,提供了更加优雅的事
件处理语法,而且极大地增加了事件处理能力。

13.4.1 事件处理

jQuery 提供了一套事件注册方法,可以为各种事件注册处理函数,也可以撤销已经
注册过的事件处理函数。为事件注册好处理函数后,当目标元素触发指定事件时,这些函
数就会被调用,完成事件处理任务。jQuery 的事件处理方法如表 13-14 所示。

表 13-14 jQuery 的事件处理方法

方　　法	描　　述
bind(type[,data],fn)	为元素注册事件处理函数,支持可选的 data 参数
one(type[,data],fn)	为元素注册一次性事件处理函数,支持可选的 data 参数
unbind([type])	为元素注册撤销事件处理函数

1. 注册事件处理函数

在 jQuery 中,为元素注册事件处理可以使用 bind(type[,data],fn)方法。其中第一
个参数 type 表示事件类型,是一个字符串,可以取值 blur、change、click、dbclick、error、
focus、keydown、keypress、keyup、load、mousedown、mouseenter、mouseleave、
mousemove、mouseout、mouseover、mouseup、resize、scroll、select、submit、unload 等。第
二个参数 data 是可选参数,是作为 event.data 属性值传递给事件对象的额外数据对象。
第三个参数 fn 是一个函数,表示要注册的事件处理函数。

例如,代码 $("img").bind("mouseenter",handleMouseEnter);是为图片元素注册
mouseenter 事件处理函数 handleMouseEnter。可以使用代码 $("#btn").bind
("click",function(){alert("单击了按钮。")});为按钮注册一个鼠标单击事件的处理函

数,在单击该按钮时弹出提示信息"单击了按钮"。以下示例实现通过下拉列表的选择动
态改变页面背景色。

【例 13-11】　jQuery 注册事件处理函数示例(部分代码)。

```
<form name="form" method="post" action="">
  背景色:
  <select id="selBack">
    <option value="red">红色</option>
    <option value="green">绿色</option>
    <option value="blue">蓝色</option>
  </select>
</form>
<script type="text/javascript">
  $(function(){
    $("#selBack").bind("change", function() {
      var color=$(this).val();
      $("body").css("background", color);
    });
  });
</script>
```

也可以使用 bind()方法为一个元素的多个事件注册一个处理函数,如代码 $("div").
bind("mouseenter mouseout", fn);一次就为页面中的 div 元素的 mouseenter 和
mouseout 事件注册了同一个事件处理函数 fn。当然此时也可以写成链式调用的形式,如
下所示。

```
$("div").bind("mouseenter", fn).bind("mouseout", fn);
```

bind()方法还有一种用法,是一次为一个元素的多个事件注册不同的处理函数,如下
所示。

```
$("div").bind({"mouseenter": fn1, "mouseout": fn2});
```

此外,在 bind()方法中,还可以为事件处理函数传递数据,如以下示例代码所示。

【例 13-12】　jQuery 为注册事件处理函数传递数据示例(部分代码)。

```
<ul>
  <li>落絮游丝三月候</li>
  <li>风吹雨洗一城花</li>
  <li>未知东郭清明酒</li>
  <li>何似西窗谷雨茶</li>
</ul>
<script type="text/javascript">
  $(function() {
    function fn(e) {
      var cssData={ "color" : e.data };
```

```
        if(event.type=="mouseout")  cssData.color="black";
        $(this).css(cssData);
    }
    $("li:odd").bind("mouseenter mouseout", "red", fn);
    $("li:even").bind("mouseenter mouseout", "green", fn);
});
</script>
```

上述示例代码中,fn()函数接受参数 e,在函数体中通过 e.data 使用外部传入的数据来设置样式值。而在 bind()方法中,则分别为事件处理函数 fn()传入数据"red"及"green"。代码的功能是当鼠标分别进入奇数和偶数的 li 元素时,元素内容分别以红色和绿色显示。

2. 撤销事件处理函数

在 jQuery 中,通过 unbind([type][, fn])方法来撤销事件处理函数。其中第一个参数 type 表示事件类型,是一个字符串,可以取值 blur、change、click、dbclick、error、focus、keydown、keypress、keyup、load、mousedown、mouseenter、mouseleave、mousemove、mouseout、mouseover、mouseup、resize、scroll、select、submit、unload 等。第二个参数 fn 是要撤销的事件处理函数。如果该方法没有参数,则撤销所有的注册事件;如果带有参数 type,则撤销该参数所指定的事件类型;如果带有参数 fn,则只撤销注册时指定的函数 fn。

例如,要撤销按钮的单击事件处理函数,可以使用下面的代码。

```
$("button").unbind("click");
```

3. 注册一次性事件处理函数

在 jQuery 中,通过 one(type[, data], fn)方法来注册至多使用一次的事件处理函数。这种情况下,当事件发生时,处理函数执行过一次后即撤销之前的注册。one()方法的第一个参数 type 表示事件类型,第二个参数可选是传递给事件对象的数据,第三个参数是要注册的事件处理函数。其用法如下面的代码所示。

```
$("div").one("click", fn);
```

4. 动态注册事件处理函数

bind()方法有一个缺陷,即使用 bind()方法注册的事件处理函数不会应用到后来添加到 DOM 中的新元素上。jQuery 中的方法 on()可以解决这个问题,让匹配相应选择器的元素在动态添加到 DOM 之后,自动绑定事先定义好的事件处理函数。on(type, selector, data, fn)方法的第二个参数 selector 表示一个选择器字符串,用以过滤选定的元素,该选择器的后代元素将调用处理函数。on()方法的其他三个参数与 bind()方法中的参数用法相同。

13.4.2　人工调用事件处理函数

jQuery 提供了人工调用注册在元素上的事件处理函数,其效果类似于用户的操作触发的事件发生。jQuery 中使用 trigger(type)及 triggerHandler(type)方法进行人工调用事件处理函数,模拟用户的操作触发事件。

1. trigger()方法与 triggerHandler()方法

trigger(type)方法与 triggerHandler(type)方法的语法格式完全相同,其中的参数表示事件类型。trigger()方法的用法如以下示例代码。

【例 13-13】　jQuery 人工调用事件处理函数示例(部分代码)。

```
<button id="btn">欢迎</button>
<script type="text/javascript">
  $(function() {
    $("#btn").bind("click", function() {
      alert("欢迎访问");
    });
    $("#btn").trigger("click");
  });
</script>
```

上述示例代码中,先为 btn 按钮注册了 click 事件的处理函数,紧接着又使用 trigger()方法模拟了 btn 按钮的 click 事件。页面载入完成后,就会执行 btn 按钮的 click 事件,而无须用户的单击操作。

triggerHandler()方法与 trigger()方法的不同之处在于,前者不会导致浏览器同名的默认行为被执行,而后者会导致浏览器同名的默认行为被执行。如使用 trigger()方法触发一个 submit 事件,同样会导致浏览器执行提交表单的操作。

如果要阻止浏览器的默认行为,只需使函数返回 false,或者调用事件对象的 preventDefault()方法。

2. 模拟鼠标悬停事件

模拟鼠标悬停事件是模拟鼠标移动到一个对象上面又从该对象上面移出的事件。在 jQuery 中,可以通过 hover(over, out)方法来实现。hover(over, out)方法的第一个参数 over 用于指定当鼠标移动到匹配元素上面时的处理函数,第二个参数 out 用于指定当鼠标移出匹配元素时的处理函数。如以下代码所示,当鼠标移至 a 元素上时,字体变为红色,移出时字体变为蓝色。

```
$("a").hover(
  function(){$(this).css("color","red");},
  function(){$(this).css("color","blue");}
);
```

3. 模拟鼠标连续单击事件

模拟鼠标连续单击事件是指为每次鼠标单击事件设置不同的处理函数,使得每次的单击事件有不同的效果。在 jQuery 中,可以通过 toggle(odd,even)方法来实现。toggle(odd,even)方法的第一个参数 odd 用于指定奇数次单击时的处理函数,第二个参数 even 用于指定偶数次单击时的处理函数。如以下代码所示,当鼠标单击按钮时,提示 span 显示出来,再次单击按钮时,提示 span 隐藏。

```
$("#btn").toggle(
  function(){$("#tipSpan").css("display","");},
  function(){$("#tipSpan").css("display","none");}
);
```

13.4.3 事件快捷方法

jQuery 定义了一些快捷方法,方便为那些常用的事件注册事件处理函数。使用这些方法与使用 bind()方法效果完全相同,不但有效地减少了按键次数,而且注册事件处理函数时更清晰容易。如 $("div").mouseenter(fn);完全等同于 $("div").bind("mouseenter",fn);。

jQuery 定义的事件快捷方法如表 13-15~表 13-19 所示。

表 13-15　Document 对象事件快捷方法

方　法	描　述
load(fn)	即 load 事件,在页面中的子元素及资源文件载入完成时触发
ready(fn)	在页面中的元素已经处理完成,DOM 就绪时触发
unload(fn)	即 unload 事件,当用户离开当前页面时触发

ready()方法值得特别关注,它并不直接对应某个具体的 DOM 事件,但在 jQuery 中十分有用。

表 13-16　浏览器事件快捷方法

方　法	描　述
error(fn)	即 error 事件,在载入外部资源文件出错时触发
resize(fn)	即 resize 事件,当浏览器窗口大小发生变化时触发
scroll(fn)	即 scroll 事件,当用户拖动滚动条时触发

浏览器事件通常针对的是 window 对象,error 事件和 scroll 事件也适用于页面元素。

表 13-17　鼠标事件快捷方法

方　　法	描　　述
click(fn)	即 click 事件,在用户单击鼠标按键时触发
dbclick(fn)	即 dbclick 事件,在用户双击鼠标按键时触发
focusin(fn)	即 focusin 事件,当元素得到焦点时触发
focusout(fn)	即 focusout 事件,当元素失去焦点时触发
hover(fn1,fn2)	在鼠标进入或离开元素时触发
mousedown(fn)	即 mousedown 事件,当在某元素上按下鼠标时触发
mouseenter(fn)	即 mouseenter 事件,当鼠标进入某元素显示区域时触发
mouseleave(fn)	即 mouseleave 事件,当鼠标离开某元素显示区域时触发
mousemove(fn)	即 mousemove 事件,当鼠标在某元素显示区域内移动时触发
mouseout(fn)	即 mouseout 事件,当鼠标离开某元素显示区域时触发
mouseover(fn)	即 mouseover 事件,当鼠标进入某元素显示区域时触发
mouseup(fn)	即 mouseup 事件,当释放鼠标按键时触发

hover()方法可方便地同时注册 mouseenter 和 mouseleave 事件处理函数。当它有两个参数时,第一个函数响应 mouseenter 事件,第二个函数响应 mouseleave 事件。当它只有一个参数时,mouseenter 和 mouseleave 事件发生时该函数均会被触发。

表 13-18　表单事件快捷方法

方　　法	描　　述
blur(fn)	即 blur 事件,在元素失去焦点时触发
change(fn)	即 change 事件,当元素的值发生变化时触发
focus(fn)	即 focus 事件,当元素得到焦点时触发
select(fn)	即 select 事件,在用户选中某个可选值时触发
submit(fn)	即 submit 事件,当用户提交表单时触发

表 13-19　键盘事件快捷方法

方　　法	描　　述
keydown(fn)	即 keydown 事件,当用户按下一个键后触发
keypress(fn)	即 keypress 事件,当用户按下一个键并释放后触发
keyup(fn)	即 keyup 事件,当用户释放一个键时触发

13.5 jQuery 的动画效果

动画效果也是 jQuery 吸引人的地方。通过 jQuery 的动画方法,能够轻松地为页面添加非常精彩的视觉效果,给用户一种全新的体验。

13.5.1 基本动画

1. show()方法与 hide()方法

直接显示或隐藏元素是最简单的动画。jQuery 提供了显示和隐藏匹配元素的方法 show()和 hide()。

show()方法可以显示匹配的元素,它有两种使用方式,一种是不带参数的形式 show(),用于实现不带任何效果地显示匹配的元素;另一种是带参数的形式 show(speed[，callback]),第一个参数 speed 表示动画的时长,可以使用"slow""normal""fast",对应于600ms、400ms、200ms,也可以使用数字,如"3000"表示 3000ms,第二个参数 callback 为在动画完成时执行的回调函数。

hide()方法可以隐藏匹配的元素,相当于将匹配元素的 CSS 样式属性 display 的值设置为 none。它有两种使用方式,一种是不带参数的形式 hide(),用于实现不带任何效果的隐藏匹配的元素;另一种是带参数的形式 hide(speed[，callback]),参数的用法和含义与 show()方法一致。它们的基本用法如下所示。

```
$("#tip").hover(
  function(){  $("#menu").show(300);  },
  function(){  $("#menu").hide(300);  }
);
```

上述代码中,当光标移入♯tip 元素时,在 300ms 内显示♯menu 元素,光标移出♯tip 元素时,在 300ms 内隐藏♯menu 元素。

2. toggle()方法

在 jQuery 中,可以使用 toggle()方法,切换匹配元素的可见状态。如果匹配元素是可见的,切换为隐藏;如果匹配元素是隐藏的,则切换为可见。toggle()方法有三种使用方式。第一种方式是不带参数的 toggle(),用于在两种可见状态间切换;第二种方法是toggle(switch),参数 switch 为布尔值,为 true 时显示元素,为 false 时隐藏元素;第三种方式是 toggle(speed[，callback]),其参数的含义与用法与前面提到的 show()方法及hide()方法相同。其基本用法如下所示。

```
$("#btn").click(function() {
  $("div").toggle();
});
```

13.5.2　淡入淡出动画

在 jQuery 中,可以通过元素渐渐变换背景色的动画效果来显示或隐藏元素,即淡入淡出效果。

1. fadeIn()方法与 fadeOut()方法

fadeIn()方法和 fadeOut()方法是通过改变元素的透明度来实现动画效果的。两个方法的基本语法如下。

```
$("element").fadeIn(speed[, callback]);
$("element").fadeOut(speed[, callback]);
```

其中的参数和前面介绍的 show()和 hide()方法类似,不再赘述。它们的基本用法如下所示。

```
$("#tip").hover(
  function(){  $("#menu").fadeIn(300);  },
  function(){  $("#menu").fadeOut(300);  }
);
```

上述代码中,当光标移入♯tip 元素时,在 300ms 内淡入显示♯menu 元素,光标移出♯tip 元素时,在 300ms 内淡出隐藏♯menu 元素。

2. fadeTo()方法

fadeIn()方法和 fadeOut()方法是通过改变元素的透明度,切换元素的显示状态,其透明度从 0.0 到 1.0 淡出或从 1.0 到 0.0 淡出,来实现动画效果。如果要将透明度指定到某一个值,则需要使用 fadeTo()方法。fadeTo()方法的基本语法如下。

```
$("element").fadeTo(speed, opacity[, callback]);
```

其中的第一个参数和第三参数和前面介绍的 show()和 hide()方法类似,第二个参数是指定的不透明值,取值范围为 0.0~1.0,0.0 表示完全透明,1.0 表示完全不透明。其基本用法如下所示。

```
$("#btn").click(
  function(){  $("#div").fadeTO(300, 0.6);  }
);
```

上述代码中,当单击♯btn 元素时,♯div 元素在 300ms 透明度变化至 0.6。

13.5.3　滑动动画

在 jQuery 中有一种滑动动画效果,是通过改变元素的高度来实现的,即类似于"拉窗帘"的效果。

1. slideDown()方法与 slideUp()方法

slideDown()方法可以通过向下逐渐增加元素的高度来动态地显示匹配的元素。而 slideUp()方法则是通过向上逐渐减小元素的高度来动态地隐藏匹配的元素。这两种方法能够实现滑动的动画效果。两个方法的基本语法如下。

```
$("element").slideDown(speed[, callback]);
$("element").slideUp(speed[, callback]);
```

其中的参数和前面介绍的几种方法类似，不再赘述。它们的基本用法如下所示。

```
$("#tip").toggle(
  function(){  $(this).next().slideDown("slow");  },
  function(){  $(this).next().slideUp("slow");  }
);
```

上述代码中，当鼠标单击♯tip 元素时，它后面的相邻元素滑动显示出来，再次单击♯tip 元素时，它后面的相邻元素滑动隐藏起来，如此反复。

2. slideToggle()方法

slideToggle()方法可以实现通过元素高度的变化动态地切换元素的可见性。在使用 slideToggle()方法时，如果元素是可见的，就通过减小高度使元素隐藏起来；否则就通过增加元素的高度使元素显示出来。slideToggle()方法的基本语法如下。

```
$("element").slideToggle(speed[, callback]);
```

其中的参数和前面介绍的几种方法类似，不再赘述。其基本用法如下所示。

```
$("#tip").click(function() {
  $("#div").slideToggle(400);
});
```

上述代码中，当鼠标单击♯tip 元素时，可以控制♯div 元素的滑动显示或隐藏。

13.5.4 自定义动画

前面介绍了几种形式的动画实现方式。jQuery 中允许用户自定义动画，制作出更复杂、更高级的动画效果。自定义动画是通过 animate()方法来创建的。

1. animate()方法

animate()方法可以使开发人员设计出复杂、高级的动画效果，提供了更自由的扩展空间。animate()方法的基本语法如下。

```
$("element").animate(params[, speed] [, easing] [, callback]);
```

其中，params 是一组包含作为样式属性及其值的集合。easing 是要使用的擦除效果的名称,jQuery 默认提供 linear 和 swing 两种取值。speed 和 callback 与前面介绍的几种方法类似,不再赘述。需要注意的是,在使用 animate()方法时,必须设置元素的定位属性 position 为 relative 或 absolute,元素才能动起来。其用法如下所示。

```
$("#panel").click( function(){
  $(this).animate({left : "+=500px"}, 3000);
});
```

上述代码中,当鼠标单击♯panel 元素后,可以使它向右移动 500 像素。

2. stop()方法

stop()方法可以使匹配元素正在运行的动画停止,并立即执行动画队列中的下一个动画。stop()方法的基本语法如下。

```
$("element").stop([clearQueue] [, gotoEnd]);
```

其中的两个参数都是布尔值,clearQueue 表示是否清空尚未执行完毕的动画队列, gotoEnd 表示是否让正在执行的动画直接到达动画结束时的状态。其基本用法如下所示。

```
$("#stop").click(function() {
  $("#animate").stop("true", "true");
});
```

上述代码中,当鼠标单击♯stop 元素时,可以控制♯animate 元素的动画效果停止。

13.6　综 合 案 例

本章案例对前面几章的"班级首页"及"学生注册"使用 jQuery 技术进行进一步的完善与改进。对页面所做的完善改进有以下几处:①对"班级首页"中的"班级风采"栏目下的图片效果做了修改,使鼠标指针悬停在图片上时,增加了红色的边框;②对"班级首页"中的"班级动态"栏目下的文字优化了显示效果,使鼠标指针移入文字上方时,以红色字体显示,鼠标指针移出时,恢复初始颜色值;③对"班级首页"中的课程表显示效果做了修改,使表中奇偶行以不同颜色显示;④对"班级首页"中的"公告栏"增加了"加速|减速"按钮,可以调整公告栏内滚动字幕的滚动速度;⑤对"注册"页面增加了"换肤"按钮,可以切换注册页面的背景色与文字颜色;⑥为"注册"页面中的"兴趣"复选框增加了"反选"项,实现了对当前兴趣选项的反选操作。具体的改动见页面代码。

以下为修改的主要代码。

(1) index.html 页面(部分代码,行首的数字为代码行号)。

```
3   <head>
4   <meta http-equiv="Content-Type" content="text/html; charset=utf-8" />
5       <title>软件一班</title>
```

```
6   <link rel="stylesheet" type="text/css" href="style.css" />
7   <script src="js/jquery-3.3.1.js"></script>
8   </head>
...
57    <div class="events-section">
58    <h1>公告栏</h1>
59   <div class="second_heading">Bulletin Board</div><br/>
60   <marquee direction="up" height="190" scrollamount="3" …>
61       <div class="right-title"><a href="#">关于本学期期末考试安排的通知</a>
    </div>
62       <p>本次考试从 2019 年 1 月 7 日开始到 2019 年 1 月 18 日结束。……</p>
...
65   </marquee>
66       <div class="velocity"><span class="fast">加速</span>|<span class="
    slow">减速</span></div>
67     </div>
...
129  <script type="text/javascript">
130  $(function() {
131    $(".gallery-section img").hover(
132      function(){ $(this).css("border-color", "red");},
133      function(){ $(this).css("border-color", "white");}
134    );
135    $(".drawing-section p a").hover(
136      function(){ $(this).css("color","#FF0000");},
137      function(){ $(this).css("color","");}
138    );
139    $(".kcbtr:even").css("background-color", "#98F3D1");
140    $(".kcbtr:odd").css("background-color", "#E9FCEF");
141    $(".events-section div.velocity .fast").click( function(){
142      var speed=parseInt($("marquee").attr("scrollamount"));
143      $("marquee").attr("scrollamount", speed+10);
144    });
145    $(".events-section div.velocity .slow").click( function(){
146      var speed=parseInt($("marquee").attr("scrollamount"));
147      $("marquee").attr("scrollamount", speed-10);
148    });
149  });
150  </script>
```

代码解释：

第 7 行引用了外部的 jQuery 脚本文件 jQuery-3.3.1.js。

第 66 行定义了包含"加速|减速"按钮的 div 元素。

第 129～150 行为 jQuery 脚本代码。其中：

第131～134行设置了"班级风采"图片效果。

第135～138行设置了"班级动态"文字效果。

第139～140行设置了"课程表"显示效果。

第141～148行设置了"公告栏"滚动字幕加速与减速效果。

(2) register_v2.html 页面(部分代码,行首的数字为代码行号)。

```
    …
3   <head>
4   <meta http-equiv="Content-Type" content="text/html; charset=utf-8" />
5     <title>软件一班</title>
6   <link rel="stylesheet" type="text/css" href="style.css" />
7   <script type="text/javascript" src="js/reg.js"></script>
8   <script src="js/jquery-3.3.1.js"></script>
9   </head>
    …
28  <div id="register">
29    <div id="skin">换肤</div>
30  <form name="f1" id="f1" onSubmit="return validateForm();" action=""
    method="post">
    …
51  <tr>
52      <td class="stytd">兴趣:</td>
53      <td><input type="checkbox" name="interest" value="wenxue"/>文学
54        <input type="checkbox" name="interest" value="yinyue"/>音乐
55        <input type="checkbox" name="interest" value="tiyv"/>体育
56        <input type="checkbox" name="interest" value="jianshen"/>健身
57        <input type="checkbox" id="selAll" onClick="sel();"/>全选/不选
58        <input type="checkbox" id="inverse"/>反选
59      </td>
60  </tr>
    …
74  </form>
    …
92  <script type="text/javascript">
93    $(function() {
    //注册页面换肤
94    $("#skin").click(
95      function(){
96      $("input:text").toggleClass("input");
97        $("input:password").toggleClass("input");
98        $("input:radio").toggleClass("input");
99        $("input:checkbox").toggleClass("input");
100        $("fieldset").toggleClass("skin");
101    });
```

```
        //注册页面兴趣项反选
102        $("#inverse").change(
103          function(){
104            $("[name='interest']").each(
105              function() {
106                if($(this).prop("checked"))  $(this).prop("checked", false);
107                else $(this).prop("checked", true);
108        });
109          });
110        });
111  </script>
        …
```

代码解释：

第 8 行引用了外部的 jQuery 脚本文件 jQuery-3.3.1.js。

第 29 行定义了包含"换肤"按钮的 div 元素。

第 92～111 行为 jQuery 脚本代码。其中：

第 94～101 行设置了"注册"页面的换肤效果。

第 102～109 行设置了"注册"页面的兴趣项反选功能。

习　题

1. 选择题

(1) 在 jQuery 中被称为工厂函数的是（　　　）。

    A. ready()　　　　B. function()　　　　C. $()　　　　D. next()

(2) 下列选项不属于 DOM 模型节点类型的是（　　　）。

    A. 元素节点　　　B. 属性节点　　　C. 图像节点　　　D. 文本节点

(3) 下列关于 css()方法的写法,正确的是（　　　）。

    A. css(color：#CCF)　　　　　　B. css("color", "#CCF")

    C. css("#CCF", "color")　　　　D. css(color, #CCF)

(4) 下列选项属于 jQuery 基本选择器的是（　　　）。

    A. ：first-child　　B. ：visible　　C. h1 span　　D. .document

(5) 在 jQuery 中需要选择<p>元素里所有<a>元素,则下列选择器写法正确的是（　　　）。

    A. $("p a")　　B. $("p+a")　　C. $("p>a")　　D. $("p~a")

(6) 在 jQuery 中,属于鼠标事件方法的选项是（　　　）。

    A. onclick()　　B. mouseover()　　C. reset()　　D. blur()

(7) 在 jQuery 中,既可模拟鼠标连续单击事件,又可以切换元素可见状态的方法是（　　　）。

A. hide( )   B. toggle( )   C. hover( )   D. slideUp( )

(8) 在 jQuery 中，关于 fadeIn( )方法，正确的说法是(　　)。

  A. 可以改变元素的高度

  B. 可以改变元素的透明度

  C. 可以改变元素的宽度

  D. 与 fadeIn( )相对的方法是 fadeOn( )

(9) 在 jQuery 中，能够操作 HTML 代码及其文本的方法是(　　)。

  A. attr( )   B. text( )   C. html( )   D. val( )

(10) 在 jQuery 中，用于获取和设置元素属性值的方法是(　　)。

  A. val( )   B. attr( )   C. removeAttr( )   D. css( )

(11) 以下 jQuery 代码，不能实现网页加载完成后弹出消息框的是(　　)。

  A. $(document). ready(function( ){
      alert("write less, do more.");
    });

  B. $(function( ){
      alert("write less, do more.");
    });

  C. $(function show( ){
      alert("write less, do more.");
    });

  D. $(function show( ){
      document. write("write less, do more.");
    });

(12) 关于 jQuery，以下说法中不正确的是(　　)。

  A. jQuery 作为 JavaScript 的一个框架，遵循了 JavaScript 语言规范

  B. jQuery 具有轻量级、代码简洁、丰富的插件、浏览器兼容性等优点

  C. jQuery 中支持多种选择器，可灵活地控制网页样式

  D. 随着 jQuery 的不断更新，它将逐步取代 JSP 等服务器端技术

(13) 关于改变高度动画效果，以下说法错误的是(　　)。

  A. slideUp( )和 slideDown( )用于改变元素的高度

  B. slideUp( )会使元素从下往上逐渐隐藏

  C. slideDown( )会使元素从上往下逐渐展示

  D. slideUp( )和 slideDown( )只能用毫秒作为速度参数

(14) 以下 jQuery 代码运行后，对应 HTML 代码变为(　　)。

HTML 代码:<p>Hello</p>

jQuery 代码:$("p").append("jQuery");

  A. <p>Hello</p>jQuery

    B. <p>Hello<b>jQuery</b></p>

    C. <b>jQuery</b><p>Hello</p>

    D. <p><b>jQuery</b>Hello</p>

（15）在页面中有如下代码，能输出"1"设备的 jQuery 的代码是（　　　）。

```
<div id="box">
<h2 id="top1" name="header1">1</h2>
<h2 id="top2" name="header2">2</h2>
</div>
```

    A. alert($ (".top1"). html())

    B. alert($ ("[name＝'header1']"). html())

    C. alert($ ("[name＝'header']"). html())

    D. alert($ ("＃header1"). html())

2. 填空题

（1）jQuery 访问对象中的 size()方法的返回值和 jQuery 对象的_____属性一样。

（2）jQuery 中 $ (this). get(0)的写法和_____是等价的。

（3）在一个表格中，如果想要匹配所有行数为偶数的行，用_____实现，奇数的行用_____实现。

（4）在页面的表单中增加了多个<input>类型的复选框元素，其中有的处于选中状态，通过 jQuery 选择器，将这些选中状态的元素隐藏，代码是_____。

（5）在编写页面的时候，如果想要获取指定元素在当前窗口的相对偏移，用_____来实现，该方法的返回值有两个属性，分别是_____和_____。

（6）如果将所有的 div 元素都设置为绿色，实现的方法是_____。

（7）在 jQuery 中，当鼠标指针悬停在被选元素上时要运行两个方法，实现该操作的是_____。

（8）在 jQuery 中，想让一个元素隐藏，用_____实现，显示隐藏的元素，用_____实现。

（9）在 div 元素中，包含一个<span>元素，通过 has 选择器获取<div>元素中的<span>元素的语法是_____。

（10）在<ul>元素中，添加了多个<li>元素，通过 jQuery 选择器获取最后一个<li>元素的方法是_____。

（11）在三个<ul>元素中，分别添加多个<li>元素，通过 jQuery 中子元素选择器，将这三个<ul>元素中的第一个<li>元素隐藏，代码是_____。

图 书 资 源 支 持

感谢您一直以来对清华版图书的支持和爱护。为了配合本书的使用,本书提供配套的资源,有需求的读者请扫描下方的"书圈"微信公众号二维码,在图书专区下载,也可以拨打电话或发送电子邮件咨询。

如果您在使用本书的过程中遇到了什么问题,或者有相关图书出版计划,也请您发邮件告诉我们,以便我们更好地为您服务。

我们的联系方式:

地　　址:北京市海淀区双清路学研大厦 A 座 701

邮　　编:100084

电　　话:010-83470236　010-83470237

资源下载:http://www.tup.com.cn

客服邮箱:2301891038@qq.com

QQ:2301891038(请写明您的单位和姓名)

资源下载、样书申请

书 圈

扫一扫,获取最新目录

课 程 直 播

用微信扫一扫右边的二维码,即可关注清华大学出版社公众号"书圈"。